财 富 的

道 德 问 题

REICHTUM
ALS
MORALISCHES PROBLEM

［德］**克里斯蒂安·诺伊豪斯尔** ·············· 著
（Christian Neuhäuser）

王伯笛 ······································ 译

上海三联书店

中文版序

　　财富是全球范围内的道德问题，对中国而言也不例外。中国是位于美国与德国之间的世界第二大经济体，而且不久就会成为第一大经济体。除德国与美国外，中国的亿万富翁（以美元为单位）最多，有 900 多人。此外，中国有 10 万多人的财富超过 5 千万美元。中国人口中最富有的 10% 拥有全中国近 70% 的财富。也就是说，中国的财富集中程度同样很高。因此，我很高兴中文译本能够让本书与中文读者见面。

　　在我看来，本书的论点对中文语境也很重要。极端的财富集中会带来巨大的政治、经济和社会权力失衡，而这样的失衡又会对人与人之间的尊重造成直接的伤害。因此，若监管不得当，财富将威胁人们和睦且有尊严地共生共处。由于财富问题同时也是一个全球性问题，所以我们还需要一场有关如何应对财富集中问题和如何在国际协作下解决该问题的全球对话。

　　不过，本书的论述中有两处在中文语境中的含义与在欧洲语境中不同。在欧洲语境下，对财富过分集中的讨论所强调的是其对民主稳定性的危害。但民主政体作为唯一合法的政治体制在欧洲语境下所享有的那种理所应当并不适用于中国。这方面的讨论角度其实并不单一，例如有从儒家传统着手的尝试。总而言之，财富问题威胁民主的论述不可被草率地套用。

话虽如此，我还是认为有个类似的理由是成立的。该理由依据的假设是，财富过分集中对任何合法的政治体制而言都是危险的。原因在于，贪婪、腐败和效率低下的官僚主义终将反噬自身。充斥着裙带关系的政治体制的合法性无法得到人们的信任。这一点同样能够通过儒家传统得到论证，儒家虽认同对富足生活的追求，但并不赞同对财富无穷尽的追逐。

第二处需要改动的论述涉及财富与经济增长的关系。高度饱和的欧洲市场经济不再需要通过财富集中来实现增长。相反，促进增长的关键因素是由科学推动的技术创新和大众整体教育水平的提升。但发展中经济体的情况可能有所不同。发展中经济体可能需要依赖一小部分十分富有的群体来推动自身的经济发展，例如通过对高科技的投资。

但我怀疑这样的观点是否正确。因为超级富有的投资群体很可能更倾向于攫取，而非建立可持续的技术格局。特别需要指出的是，相比于一小部分超级富有的群体，经济增长其实更需要的是例如大规模教育水平良好的中产阶级这样的因素，后者对经济增长更重要。而这种深层结构发展往往是由国家推动的。我认为中国的情况也是这样。此外，在我看来，中国的经济发展同样到了一个对少数非常富有的参与者拥有吸引力不再重要的阶段。相反，重要的是能向广大中产阶级承诺持久的繁荣，这样才能激励他们为经济增长做出重要的贡献。正如本书所论述的那样，极端的财富集中所威胁的正是对普遍繁荣的承诺。

　　基于上述理由，我希望本书提出的观点也能在中文读者中引起广泛的共鸣。无论如何，我认为就经济公平的问题开诚布公地进行国际对话，对欧洲与中国的政治体制稳定和人们有尊严的共生共处而言都是非常重要的。我希望本书能对此有所贡献。

克里斯蒂安·诺伊豪斯尔（Christian Neuhäuser）

2024 年 8 月

目 录

序　言

　　大约二十年前，我第一次走进大学课堂。对我来说，那是一段令人兴奋又不可思议的时光。我来自一个工薪家庭，在上大学前并不知道大学到底是什么，也不知道大学是如何运作的。我不仅从没进过大学，更是对学习哲学、政治学和社会学这些学科意味着什么一无所知。我之所以会觉得那段大学时光不可思议，是因为我当时对"知识殿堂"的理解很天真——或许我仍没完全摆脱这种看法。在我看来，那些伟大的哲学理论，那些激动人心且对我来说颇为新颖的观点和讨论，对于我们人类把这个世界打造得更美好、更公正的目标而言至关重要。

　　因此，差不多刚上大学时，我才会对一件发生在某堂课上的事感到震惊。那堂课讲的是社会学经典理论，当时课上讨论的是格奥尔格·齐美尔（Georg Simmel）的文章。具体原因我已经记不起来了，但当时有一位高年级的同学举手说："有一点毋庸置疑：我们都想成为有钱人。"让我吃惊的是，当时没有人反驳她的观点，我也没有。我说过，我当时是大一新生，我根本没有勇气发言——更别说对峙一位早就以发言时犀利善辩，并且得理不饶人而著称的同班同学。但我依然坚信她说的并不对。至少我知道我并不想成为一个有钱人，同班几位同学也不想，但没人吭声。

大约十五年后，我和卢塞恩大学的一位同事有过一次激烈的讨论，讨论内容是瑞士当时一项名为"1∶12—收入正义"的公民动议。此动议认为，同一家公司内的最高收入不得高于全职情况下最低收入者的 12 倍。我的同事虽赞同提升社会正义，但他觉得这项动议的形式过于极端。于是，我问他为什么觉得极端，为什么认为一个人的工作价值能是其他人工作价值的 12 倍以上。他给出了一个令我惊讶的答案。他说，设限当然比不设限更公正，但考虑到我们的社会是如何运转的，12 倍这个界限离社会现实太远，应该从 25 倍起算才合适。

我与同事在瑞士的这段对话，我刚上大学时课上的经历以及很多相似的事，最终促使我决定写这本书。虽然财富是一个重要且常被讨论的话题，但我突然发现，哲学对这一话题的探讨并不多见。这本书试图从哲学的角度审视财富，其主旨在于说明为什么人不仅可以富有，而且可以**过于**富有。在我看来，这一点适用于世界上最富有的国家、最富有的企业，当然同样适用于所谓的"超级富豪"，也就是千万富翁和亿万富翁。此书的另一论点或许更出人意料，即：过于富有这一标准也适用于很多自认为并不富有，而只算小康[1]的人。财富不仅可以是好的，让人向往的，它也可能成为一个严肃的社会问题。它甚至会妨碍人类**有尊严地生活在一起**[2]。鉴于此书的中心论点非同寻常，其遵循的方法论也是不同寻常的哲学方法。

首先，这本书涉及的论证并不只着眼于哲学同行间的讨论，也不只是为了拓展概念性以及规范性论据的合理限度。比如，虽然讨论涉及财富和金钱间的紧密关系，但却不旨在推导概括性的金钱理论。再比如，虽然讨论将采用某种将尊严视为自尊的特定理论，但我并不会针对其他尊严理论为这种理解进行辩护。相反，本书只在"财富的道德问题"这一主旨必须得到维护的情况下，才会涉及概念性及规范性论据。这样做的主要目的其实颇具野心，我想通过哲学工具证明，财富的道德问题是公共讨论必须严肃对待的议题。

其次，坚定地着眼于对公共讨论进行反思的特点，将本书与通常被称为大众哲学的出版物区别开来。后者的内容通常是编辑精良的历史性概述，或多或少夹杂有趣的名人轶事和浅显易懂的常识。这类书籍娱乐性强，读起来更像是犯罪、悬疑或历史小说。说不好听了，这类书贩卖的是知识分子的快感；说好听了，这类书用轻松

1　为了清楚区分"富足"（wohlstand）与"富有"（reich）两种截然不同，且对本书讨论至关重要的概念，译文采用"小康"这一更符合中文语境与使用习惯的概念来翻译"富足"。但本书中的讨论与中文语境下与小康相关的学术讨论无关。——译者注

2　作者在本书中提出了"尊严共存"（Zusammenleben in Würde）的概念，即人类以有尊严的方式在这个世界上共生共处。但由于德语和中文在语法和表达方式上的差别，具体译文需根据上下文进行调整，以保证中文语句通顺及符合表达习惯。因此，这一概念有时会以"尊严共存"的形式出现，有时会以副词加动词的形式出现，如"有尊严地生活在一起"或"以有尊严的方式共生共处"。——译者注

愉快的方式让人增长知识，或者说这至少是其目标。然而，这以上种种都与本书无关。本书的确是想对在政治上有争议的观点和概念进行合乎学术要求的细致讨论。尽管我将力求做到语言清晰，但我面对的研究对象却十分复杂。

这本书的受众不局限于少数专业人士，但它也不是一本仅供娱乐的大众哲学读物。确切地说，这本书的读者群体，应该是那些由衷地认为哲学反思应在公共讨论和政治讨论中占据一席之地的人。因此，本书的哲学论述所追求的，是用一本书的篇幅厘清一个观点：即财富不仅是好的，也会成为道德问题。这也是本书的结构在八个章节中遵循的思路。

在第一章里，我会首先介绍这一中心主题，并说明为什么对财富进行道德上的反思具备初步合理性。这一思路可被归结为一种我称之为**正义边界论**（Grenztheorie der Gerechtigkeit）的特定正义论角度。该理论认为，一个公正的社会，是一个所有人都能有尊严和有自尊地生活的社会。这样的社会所允许的社会经济不平等，不仅存在底限也存在上限。

通过将财富概念限定为金钱财富，第二章的讨论将更有针对性。我会从另一个将商品、价值和才能囊括在内的广义角度出发，为这一限定进行辩护。但在什么情况下，一个行为者才算得上富有？我的回答是：如果一个个体行为者拥有的钱，明显多于保证其**有自尊地生活**所需，那么此人就算富有。在此意义上，当一个团体行为者拥有的钱，明显多于他们为人们的自尊生活作贡献之所需，那么该团体行为者就算富有。例如，拥有 2500 亿美元现金储备的苹果公司就是这样的企业。

第三章将深化这一思路，这一章首先论述的是如何对金钱财富进行衡量。此外，这种具有哲学实质且在社会学层面具备可操作性的财富概念，要能够澄清财富和权力，以及财富和社会地位之间的关系。财富与权力和社会地位间存在关联，这一点毋庸置疑。但关键在于，对这种关系的说明必须能清晰展现财富有道德问题的那一面。第三章将在对财富概念进行定义的基础上对此展开讨论。

第四章聚焦的问题，是针对金钱财富应采用哪种类型的批判。伦理学美学批判的重点在于指出金钱财富对富人自己的幸福生活来说是个问题。这种批判虽然往往适用，但它却无法提供普世的正义论角度。因此，我将回到之前使用过的自尊的规范性尺度，并论证这一标准不仅适于表明一个人在什么情况下算富有，还适于指出一个人在什么情况下算过于富有。而当一个人的财富与他人的自尊陷入系统性冲突时，此人就算过于富有。但此外还有一个问题，富人的财富也可能是他们的自尊的根本组成部分。针对这一点，我将论证为什么尽管如此，富人依然不对其财富拥有无条件的权利。

我在第五章和第六章中将会讨论一些案例，我认为这些案例能清楚表明金钱财富如何对**尊严共存**构成威胁。第五章涉及像德国、奥地利和瑞士这样的富裕社会中的财富问题。我将讨论相对贫困、失业和不体面的工作，以及这些社会民主制度中的相关问题。在上述这些方面，财富对以所有人的自尊为导向，并致力于解决严重问题的方案而言是一块绊脚石。第六章将转向全球层面，我将论述对这一层面的严重问题来说，如绝对贫困、气候变化和全球经济危机，财富同样妨碍了有效的解决方案。

归纳起来，这些观点意在指出，有道德问题的财富形式实际上应被禁止。第七章讨论并驳斥了三种在原则上与这一强有力的立场看法相左的反对观点。第一种观点主张存在绝对的财产权，且这一绝对权利甚至能保护有损尊严的财富不被剥夺。对此，我将论证为何这一如此绝对的财产权理论不能自圆其说。第二种观点认为，至少有些富人的财富是他们应得的。而我将指出应得理念结构上存在的问题及其本身的局限性。第三种观点强调财富对经济稳定和繁荣发展至关重要。但我将驳斥这一基本形式，因为经济体制的良好运转并不需要财富的参与。但是，第三种观点在特定条件下也具备一定的合理性：例如，我们目前的经济体制的运转确实依赖金钱财富。

这将是我在第八章，也就是最后一章讨论的问题。首先，我将指出任何改革都应适当顾及所有参与者的合理利益，其中也包括富人，这就要求采用小步走的改革方式。而这种逐步进行的改革，随后也能被证明适于建立一个无需财富就能运转，且能保持稳定的市场经济。这需要的，不过是长期逐步建立起一个让财富变得不再可能的税收体制（以及一些进一步的结构性辅助措施）。我最后考虑的是一个至关重要的问题，也就是这样一种政策目前能否有望成功。尽管我对此并不确定，但我认为，如果说存在一丝可能性，那就只能是在欧洲层面。但要做到这一点，就必须在欧洲建立一个深深扎根于民众之中的公民社会，一个致力于让所有生活在欧洲的人都能有尊严地共同生活在一起的公民社会。这并非不可能，但要实现这一愿望我们还需保持乐观。

尽管我在结尾仍对前景抱有疑虑，但我希望以上对本书思想脉络的简短总结，至少能激起读者对这一话题的些许兴趣。毕竟，只要我们当下还不能废除财富，它就依然会是个道德问题。我们仍需对行动多加思索，而且最后，我们其实也必须有所行动。这本书应该为此提供基础。同时，我还想指出另外两个读者或许以为此类书会涵盖，但本书中却未过多着墨的话题。这是因为本书优先讨论的是财富的结构性导向，也就是全社会对更多财富的追求，以及随之而来的问题。

首先，虽然全世界亿万富翁的数量在过去十年翻了一番，[3] 达到 2000 人左右，但本书不对这一群体进行系统性的道德讨论。目前，全球范围内已经出现了新罗马主义倾向，也就是一群完全脱离普通民众，极度富有，并在自己内部解决重要的政治和社会问题的精英。[4] 但这一事实太容易分散掉我们的注意力，让我们漏掉非常重要的一点，那就是财富这一结构性的问题涉及整个社会层面。由于该问题也是超级富豪这一新兴阶层及其政治与社会权力的基础，所以

3　本书德文原著首次出版时间为 2018 年。——译者注

4　见 Chrystia Freeland, *Die Superreichen. Aufstieg und Herrschaft in einer neuen globalen Geldelite*, Frankfurt/M. 2013; Darell M. West, Billionaires. *Reflections on the Upper Crust*, Washington D.C. 2014. 对此略加节制的辩护，见 Ruchir Sharma, *The Rise and Fall of Nations. Forces of Change in the Post-Crisis World*, New York 2016, S. 110—115.

我将关注更深层的结构维度。

出于类似的考虑，本书也不会赘述"有效利他主义"（effektiver Altruismus）这一目前在哲学界内外讨论甚多的理念。[5]有效利他主义是指：在收入颇丰的情况下仍保持勤俭的生活方式，并通过捐款尽可能多地帮助世界上特别需要帮助的人。本书不会对这一思路做过多讨论，是因为它只关心个人伦理，与系统性的政治影响无关。在这一点上，本书将财富当作结构性的道德问题进行讨论的思路，与有效利他主义的理念相符。想按照有效利他主义生活的人，仍然完全可以这样做。但上述推荐的结构性措施被贯彻的力度越大，按照该主义生活的必要性就越低。

话虽如此，有效利他主义所主张的个人伦理方法和这里所追求的政治化程度更高的改革之间却存在某种程度的张力，原因有二。第一，能否如"有效利他主义者"那样，要求每个人都这样生活，这从道德角度看并不明朗。这样的要求过于苛刻，有可能意味着人们必须搁置所有其他个人计划，以及这些计划所代表的对幸福生活的理解。正如本书后面将指出的那样，这种"唯道德论"（Moralismus）很可能忽视了当事人的个人尊严。因为尊严的基础，在于一个人能实现自己对幸福生活的理解。第二，我们并不清楚有效利他主义事实上到底有多有效。自我命名充其量只是陈述了单个行为者的一个目标。我作为一个个人如何能尽力提供有效的帮助？

5　见 Peter Singer, *Effektiver Altruismus. Eine Anleitung zum ethischen Leben*, Berlin 2016; William MacAskill, *Gutes besser tun. Wie wir mit effektiven Altruismus die Welt veraendern koennen*, Berlin 2016.

这是有效利他主义的核心疑问。许多人受此感召，并在有效利他主义这一社会运动中大有作为，这完全有可能。但它也可能导致我们在偏离必要的结构性改革的道路上越走越远，并因此打乱或者至少是妨碍其他有效的替代方案发挥作用。

基于以上原因，本书从政治伦理学的角度出发，将财富视作结构性的问题。本书旨在说明，过度的财富是一个政治问题，而尊严共存的基本条件需要政治手段来创建。

成书并非易事，在这一过程中我得到了很多人的帮助，我想向他们致以由衷的感谢。我尤其要感谢那些读过此书部分内容，或是在讲座的基础上与我详细讨论过此书某些章节的人，他们是：Valentin Beck, Barbara Bleisch, Anne Burkhardt, Daniel Cabalzar, Andreas Cassee, Robin Celikates, Simon Derpmann, Franziska Dübgen, Meike Drees, Anna Goppel, Stefan Gosepath, Henning Hahn, Martin Hartmann, Martina Herrmann, Lisa Herzog, Sabine Hohl, Marc Hübscher, Daniel Jacob, Fabian Koberling, Felix Koch, Nora Kreft, Hannes Kuch, Corinna Mieth, Patrick Münch, Lukas Naegeli, Andreas Oldenbourg, Stefan Rederer, Bastian Ronge, Peter Schaber, Cord Schmelzle, Gottfried Schweiger, David Schweikard, Swaantje Siebke, Ralf Stoecker, Eva Weber-Guskar, Anna Wehofsits, Gabriel Wollner。如果没有这些哲学工作者的帮助，这本书应该会逊色不少——是的，我想可能真是这样。我特别要感谢 Meike Drees 和 Martina Herrmann 在这本书还只是草稿时给出的详细批注。我很感谢 Ronya Sadaati 对书稿的初校，

我也很感谢苏尔坎普出版社（Suhrkamp）的两位编辑，Eva Gilmmer 和 Jan-Erik Strasser。尤其是 Jan-Erik Strasser，他的细致工作和众多让我受益良多的批注，使这本书得以从手稿中脱胎换骨，十分感谢！没有经过专业审校的学术书籍，就像没有金子的诺克斯堡（Fort Knox）[6]，如果我能这样比喻的话。

我还想感谢我的家人，尤其是我妻子 Monica Hang Ying Leung，谢谢她给予我的支持、耐心和理解。像我这样写一本批判财富的书，在某些情况下其实会给身边的人带来莫大的压力。因为在这一过程中，严重的不公、贪婪、嫉妒以及不义之财的惊人威力，可能三不五时就会触发道义上的愤慨。与此同时，以下事实偶尔也会让我出乎意料地长时间陷入少有的费解之中：一台几百万欧元的镶钻手机；几百欧元的高档葡萄酒其实并不真的算是高档葡萄酒；用来炫富的游艇随随便便都要 1 亿多欧元；全球范围内目前有十张价值超过 1 亿欧元的画，而这十张画的总价值达到 13.5 亿欧元（如果不算无担保购买的话）；目前法拉利和兰博基尼的年产量约为 1 万台，而 1 千个最富有的人中的每一位都可以一次性购买所有这些巨贵无比的车……

6　美国一处重要的金库所在地。——译者注

财 富 的

道 德 问 题 REICHTUM
ALS
MORALISCHES PROBLEM

第一章

财富、正义与体面

2014 年的世界生产总值为 **71.83 万亿美元**。[1] 这不仅是一个无法想象的天文数字，更是一大笔钱。但我们人类真的如此富有吗？两百年前的世界生产总值大约是 **1750 亿美元**，也就是说，人类财富翻了 **400 倍**。早期的古典自由主义经济学家曾憧憬人类有朝一日能通过财富解决经济匮乏的问题，那么这个梦想实现了吗？无法设想的过剩时期是否终于到来？如果的确如此，那我们大多数人真的是对此毫无察觉。[2] 过去的两百年间，世界经济虽然确实如亚当·斯密（Adam Smith）所期望的那样，因生产力提升而经历了快速增长，[3] 但一系列新老问题却依然存在：绝对贫困和相对贫困人口持续增加；收入还是极其不平等，甚至较以前更严重；失业人口庞大，而且没有一份体面工作的人越来越多；许多国家还不是民主政体；

1　世界生产总值指全世界所有国家国内生产总值之和。国内生产总值代表一个国家一年内生产的所有商品的价值，即所有产品和服务的价值总和。因此，世界生产总值表示一年内全球生产的商品价值总和。

2　约翰·肯尼斯·加尔布雷斯（John Kenneth Galbraith）在其 1958 年出版的《富饶社会》(The Affluent Society) 一书中以美国为例，指出人类社会其实已经进入过剩时期，只是还未认识到这点。但对他来说，这一时期的核心问题是财富分配错误，见 John Kenneth Galbraith, The Affluent Society, New York 1998.

3　早在 1776 年，亚当·斯密就指出这是政治经济学的根本问题，见 Adam Smith, Der Wohlstand der Nationen. Eine Untersuchung seiner Natur und seiner Ursachen, München 1974/2005. 事实上，工业化不可否认地带来了生产的巨大增长，从而带来了这种物质意义上的繁荣，可参见经济史论述 Nathan Rosenberg/L. E. Birdzell Jr., How the West Grew Rich. The Economic Transformation of the Industrial World, New York 1986，以及 David Landes, Wohlstand und Armut der Nationen. Warum die einen reich und die anderen arm sind, München 2009.

即便在欧洲，公民的政治自决也越发不理性；市场，尤其是金融市场，正变得日益不稳定且不受控制，这或将带来灾难性的后果；尽管我们拥有巨大的物质财富，但面对气候变化及其后果，我们却相当无助，至少是无所作为。

面对这些问题，一种立场认为，人类的财富还远远不够。70多万亿美元还是太少，因此经济必须继续增长，世界生产总值必须再攀高峰，只有这样人类才能解决这些棘手的问题。按照这个思路，政治经济的首要任务是确保经济增长，其他都是次要的。与此相反，另一种立场认为，人类整体其实已经足够富有，而且更多的增长无法解决上述问题。困难的症结更有可能在于财富分配不均，因此政治经济的着眼点应是重新分配，而非经济增长。事实上，这两种立场在当今的政治格局和政治经济中都有迹可循，它们也都影响了不同政党的施政方案。

但此外还有第三种可能，这种可能性直到最近才被提及——此前从未有人有过这种想法：可能是因为我们**过于**富有，我们拥有的物质商品**过多**。这样一来，更多的财富和更高的增长就只能是有百害而无一利。那么政治必须关注的是去增长，甚至是为经济缩量。换句话说，我们不应该变得更富有，而是必须变得更贫穷，比如节俭可以被看作这种经济与政治的新范式。虽然这一立场还无法形成任何政治影响力，但一方面在气候变化的背景下，另一方面考虑到发达国家的人口变迁，如人口减少和由此导致的劳动力不足，以及持续疲软的全球经济，围绕着这一立场的讨论其实目前已经展开。⁴那么真如这一立场所说的那样吗？或许我们的确过于富有？

财富的问题

到底是财富本身有道德问题，还是说财富是造成道德问题的原因之一？这个问题乍听之下很奇怪，因为我们通常对经济财富的评价都极其正面。谁不想变得富有？或者至少比目前的状况再富一点儿？当然，我们未加思索的主观意愿并不能说明财富客观上没有问题，但常见的论述中也有人支持这种积极的评价。伯纳德·曼德维尔（Bernard Mandeville）和亚当·斯密很早就主张将以财富为目标的经济奋斗看作一种公民义务，因为这种奋斗能以经济增长的形式促进公共福利。⁵这些思想家及其后继者的经济理论，不仅使某种财富导向和财富文化成了欧洲国家文化上自我形象的固定组成部分，更成了欧洲最畅销的思想史出口。⁶我们对财富的主观态度，深受这

4　目前持这一立场的有：Nico Paech, *Befreiung vom Überfluss. Auf dem Weg in die Postwachstumsökonomie*, München 2012; Tim Jackson, *Wohlstand ohne Wachstum. Leben und Wirtschaften in einer endlichen Welt*, München 2013; Robert Skidelsky/Edward Skidelsky, *Wie viel ist genug? Vom Wachstum zu einer Ökonomie des guten Lebens*, München 2013; Tomás Sedlácek, *Die Ökonomie von Gut und Böse*, München 2013; Serge Latouche, *Es reicht! Abrechnung mit dem Wachstumswahn*, München 2015.

5　有名的要数伯纳德·曼德维尔 1742 年的著作《蜜蜂的寓言》（*Die Bienenfabel*），他在书中将财富追求、经济增长和公共福利间的关系描述为自私的蜜蜂才是勤劳的，因为只有它们能为整个蜂房做贡献，见 Bernard Mandeville, *Die Bienenfabel oder Private Laster, öffentliche Vorteile*, Berlin 1980. 虽然我不想被卷入应如何诠释亚当·斯密的讨论中，但我认为其《国富论》（*Wohlstand der Nation*）的第四部同样应在此意义上进行理解。

6　这是达伦·阿奇默鲁（Daron Acemouglu）和詹姆斯·罗宾逊（James Robinson）的观点，见 Daron Acemouglu/James Robinson, *Warum Nationen scheitern. Die Ursprünge von Macht, Wohlstand und Armut*, Frankfurt/M. 2013.

一目前已有几百年历史的传统影响。不过，现在或许是时候提出质疑了。

对财富的这种积极看法在其他文化及其世界观中也有迹可循，比如儒家思想。[7] 然而，自亚当·斯密以来的创新之处在于，经济生活如何才能变得更适于提升财富开始被视为一个科学问题。如是，积极的财富导向以政治经济学的形式获得了科学基础。[8] 这不仅带来了巨大的经济增长，更将财富牢牢地固定在社会结构中。在我看来，财富的积极社会意义已经相当稳固，以至于对财富的批判不仅长久以来无人问津，甚至几乎已经成为一种禁忌。[9] 当然，不论是过去还是现在，对财富的积极评价并不意味着我们不能批评个人的不义之财。虽然对此类批评的回应指责的往往是对方的嫉妒心理，但近些年来反对所谓超级富豪的声音越来越多，至少在公民社会范围内，这些批判能够找到共鸣。[10]

7　至少马克思·韦伯（Max Weber）是这样认为的，见 Max Weber, *Die Wirtschaftsethik der Weltreligionen. Konfuzianismus und Taoismus*, Schriften 1915—1920, Tübingen 1991. 亦见 Martin Jacques, *When China Rules the World*, London 2009. 孔子也有言"邦有道，贫且贱焉，耻也；邦无道，富且贵焉，耻也"。从字面上看，这句话的意思是：若社会安定、人人遵守规则，那么贫贱就是可耻的；若社会混乱不安，那么富贵就是可耻的（摘自 D. C. Lau, *Confucius. The Analects*, Hong Kong 1992, S. 73 [作者自译]）。

8　例如卡尔·波兰依（Karl Polanyi）在其 1944 年的著作里持这样的观点，见 Karl Polanyi, *The Great Transformation. Politische und ökonomische Ursprünge von Gesellschaften und Wirtschaftssystemen*, Frankfurt/M. 1978.

9　根据弗洛伊德的理论，"禁忌"具有双重含义：禁忌既意味着神圣与被奉献，又意味着被禁止的、危险的和不洁的事物，见 Sigmund Freud, *Totem und Tabu. Einige Übereinstimmungen im Seeleben der Wilden und der Neurotiker*, Frankfurt/M. 2000, S. 311. 玛丽·道格拉斯（Mary Douglas）认为，禁忌不仅通过划定边界来规范行为，也通过象征性的障碍规范人们的经验，见 Mary Douglas, *Ritual, Tabu und Körpersymbolik. Sozialanthropologische Studien in Industriegesellschaft und Stammeskultur*, Frankfurt/M. 1986，S. 74.

10　见 Freeland, *Die Superreichen*.

相比之下，以整个社会的财富导向为着眼点的财富批判虽然涉及面更广，且不乏根据，但却才刚刚起步。这一类批判并不拘泥于诸如超级富豪的财富是否是其应得，或者个人坐拥数十、上百亿美元是否欠妥之类的问题。这些问题都很重要，本书也多多少少会提及这些。但这些问题的批判力度有限，而且会让讨论过早偏离问题的真正所在。这里的核心疑问在于，通过商品数量的增长来提高国民生产总值这一完全单一的经济与政治取向，从根本上看是否存在问题，以及在多大程度上造成了问题，是否应因此受到批判。在气候变化日益严峻的大背景下，一场以**去增长**为关注点的讨论正逐步展开。[11] 对此，我想从哲学的角度为此尽一份力。但总体上看，探讨经济财富以及我们对待财富的方式是否存在道德问题，才是我真正关心的。

就这点而言，气候变化也许是个特别浅显易懂的例子。在此，我想对环境问题和一些其他案例做简短说明，以便为第五章和第六章要进行的详细讨论做铺垫。当今社会的财富导向与经济增长的优先地位相辅相成，因为只有经济增长才能保证不断刷新"帕累托最优"（Pareto-Superiorität），即在一部分人变得更富有的同时没有人变得更贫穷。[12] 但与此同时，经济产出的巨大增长明显因其能源和

11　见 Jackson, *Wohlstand ohne Wachstum*；Paech, *Befreiung vom Überfluss*；Rainer Klingholz, *Sklaven des Wachstums. Die Geschichte einer Befreiung*, Frankfurt/M. 2014.

12　"帕累托效率"（Pareto-Effizienz）的意思是，"生产组织方式的改变虽不能改善任何人的情况，但也没有使任何人的情况变糟"，见 William D. Nordhaus/Paul A. Samuelson, *Das internationale Standardwerk der Makro- und Mikroökonomie*, München 2010, S. 249. 与此相对，"帕累托最优"则强调，一些人的情况得到改善的同时没有人受损，这显然只有在商品总数增加的情况下才有可能。

资源消耗对环境产生了非常负面的影响。鉴于我们的经济活动伴随着碳排放的增加和自然产氧量的下降，气候方面的负面影响尤为严重。这又造成了全球迅速变暖和海平面上涨的连带效应。与之而来的危险众所周知。[13] 虽然目前也出现了旨在通过使经济产出和能源消耗脱钩来减少环境破坏的理论模型，但这些模型至今尚无法证明此种脱钩是否可行。[14]

为了防止环境破坏进一步扩大，人类大概必须要么减少全球经济产出——这似乎只有在许多国家和许多人放弃自身财富，或穷人和穷国保持贫穷，甚至变得更穷的情况下才有可能——要么保持执念，认为反正环境破坏势不可挡，还不如通过强大的经济为此做好准备。[15] 如果是这样，那么经济增长本身就不成问题。但即便如此，适应变化了的环境还是会消耗大量财力，并要求人们多多少少保持节俭。这里，我并不想对这两种方案进行评估，我只想指出，经济财富是否成问题，是我们面对气候变化时绕不开的难题。与环境问题相比，我接下来要提到的问题也同样与社会上普遍的财富导向有着密切联系，虽然乍看之下可能并非如此。

说到绝对贫困与相对贫困，财富和经济增长更像是这一社会问

13　见 Nicolas Stern, *The Economics of Climate Change*，Cambridge 2007; Jorgen Randers, *2052. Der neue Bericht an den Club of Rome. Eine globale Prognose für die nächsten 40 Jahren*, München 2012; Dominic Roser/Christian Seidel, *Ethik des Klimawandels. Eine Einführung*, Darmstadt 2013.

14　见 Jackson, *Wohlstand ohne Wachstum*. 这一点同样适用于相对脱钩。相对脱钩是指，经济活动虽无法摆脱能源消耗，但能做到不破坏环境。为脱钩策略辩护的讨论，见 Ralf Fücks, *Intellignet wachsen*, München 2013.

15　见 Bjørn Lomborg, *Cool it! Warum wir trotz Klimawandels einen kühlen Kopf bewahren sollten*, München 2008.

题的解决之道而非局部原因。这一立场认为，如果全人类整体上变得更富有，那么穷人也会受益，也就是说，他们也会变得更富有，或者至少不再那么贫穷。[16] 但这一想法其实并不正确，我将在第五章和第六章对此进行详细说明。如果商品数量增加，极有可能出现的情况是，富人从中获得的比例多于相对贫穷的人，那么相对贫困人口将增加。甚至对绝对贫困来说，商品价格的相对性也会导致类似的效果。绝对贫困的人拥有的钱数可能更多，但其购买力不一定会提高，因为食品价格可能会在所有其他人收入增加的情况下上涨，而且其他人增加的收入或许远多于绝对贫困人口。[17] 当然，相比之下，我们大可以寄希望于贫困人口的收入上涨幅度至少能为他们的生活带来实质的改善。（因为或许钱越来越多的富人有朝一日愿意分享他们的财富。）

但我们，或者说我们中的大多数人，难道不是早就已经很有钱了吗？财富增多与否对我们来说难道不是应该已经变得无所谓了

16　这一立场可追溯至亚当·斯密，但托马斯·马尔萨斯（Thomas Malthus）和大卫·李嘉图（David Ricardo）并未接受斯密的立场。见 Smith, *Wohlstand der Nationen*, S. 212f., S.288; Thomas Malthus, *A Summary View on the Principle of Population*, Oxford 1999; David Ricardo, *On the Principles of Political Economy and Taxation*, New York 2004. 这两位经济学家都认为，如果工人阶级得不到帮助，他们的贫困状况就无法得到改善，因为工人阶级的人口增长总是超过经济增长的。1871 年，约翰·斯图尔特·密尔（John Stuart Mill）提出了反对意见，他坚持认为工人阶级会通过理性和对女性的社会解放改变其生育行为，见 John Stuart Mill, *Principles of Political Economy*, Oxford 1998. 通过经济增长实现财富自动分配这一思想在近代经济学家中的著名代表，要数弗里德里希·冯·哈耶克（Friedrich von Hayek）和米尔顿·弗里德曼（Milton Friedman）。见 Friedrich A. von Hayek, *Der Weg zur Knechtschaft*, Tübingen 2004，及其 *Die Verfassung der Freiheit*, Tübingen 2005. Milton Friedman, *Kapitalismus und Freiheit*, München 2004，及其 *Chancen, die ich meine. Ein persönliches Bekenntnis*, Berlin 1985. 亦参见 Robert E. Lucas Jr., "The History and Future of Economic Growth", in Brendan Miniter (Hg.), *The 4% Solution. Unleashing the Economic Growth America Needs*, New York 2012, S. 27—41.

17　见 Nordhaus/Samuelson, *Volkswirtschaftslehre*, S. 817.

吗？即使算上上涨的人口数量，过去两百年间，也就是自工业化以来，我们的财富总量也翻了50多倍。如今，全球人均可支配年收入差不多是1万美元。这个数字也许听上去不算多，但作为收入其实已经足够了。我们必须知道，在收入平等的情况下，吃穿住等方面的相对价格其实会更低，因为由收入不平等引起的身份消费这一溢价将不复存在。如果财富能被公平分配，人人都将拥有良好的居住环境，也能够吃饱穿暖。当然，到那时也不会有那么多供富人消费的奢侈品，但是作为人类的一员，我们难道不应该放弃这样的消费吗？如果我的分析有道理，那也就是说，贫困这一社会问题产生的原因不在于人类还不够富有。无论我们的财富将如何增加，不平等只会加剧，总会出现新的奢侈品来匹配新增的财富。在接下来的讨论中，我将说明贫困所体现的问题其实是我们的财富导向太过单一，以及我们不愿为了穷人放弃哪怕一丁点儿财富和奢侈消费。

工作及工资也是如此：很多人工资很低，而很多人根本找不到工作。自由劳动力市场显然既无法为所有人提供工作，也无法保障合理且公正的工作报酬。[18]2014年，欧元区的失业人口为10%，而希腊和西班牙的失业人口甚至达到了25%。[19]奇怪的地方就在于，连像欧元区这样的富裕地区都不能为每个人提供报酬合理的工作。

18　就连哈耶克也认同这一点，但他辩解称，与所有替代方案相比，不受管控的市场只算小恶，见 Hayek, *Der Weg zur Knechtschaft*.

19　见 Statista, "Europäische Union. Arbeitslosenquoten in den Mitgliedstaaten im März 2017", http://de.statista.com/ statistik/daten/studie/160142/umfrage/arbeitslosenquoten-in-den-eu-laendern，上次访问时间2017年5月25日。

另外，失业率高也并不意味劳动力市场饱和。保育和护理服务仍有缺口，市容市貌仍需改善，商品质量有待提高，艺术和教育还值得进一步推广，诸如此类。[20] 而问题就在于，市场无法这样组织工作和劳动力——至少就目前的结构状况而言，市场无法实现这点。这再度体现出对财富的单一关注存在的问题，因为单一的关注妨碍了我们旨在增加工作岗位和改善工作分配的劳动力市场重组，虽然这一重组并不能使我们所有人变得更富有。

市场同样无法保证收入公平。目前，工资主要由市场程序决定，[21] 但市场程序不必与兼顾从业者工作能力、才干和需求的相关公平尺度保持一致。不同职业的收入高低背后往往有不同原因，市场准入规范、组织结构还有决策力往往都可能影响收入。例如，没人会质疑主任医师应该比护理人员收入高。但问题是，主任医师的年收入高达 27 万欧元，是护理人员的十倍，这真的合理吗？难道主任医师的表现比护理人员好十倍？还是说他有十倍于护理人员的

20　我们当然也可以通过缩短工时来实现更公平的分配，但这依然不代表劳动力市场饱和。困难在于，许多工作虽极具社会价值，但根据古典经济学的观点，它们因不能带来可观的私人收益而无法合理化投资的必要性，这些工作因此不能在纯市场的框架内被合理组织。安德烈·格尔兹（André Gorz）一直强调这点，见 André Gorz, *Wege ins Paradies. Thesen zur Krise, Automation und Zukunft der Arbeit*, Berlin 1983，及其 *Arbeit zwischen Misere und Utopie*, Berlin 2000.

21　市场上的劳动力交易意味着劳动力价格由供求关系决定，见 Nordhaus/Samuelson, *Volkswirtschaftslehre*, S. 379—392. 但需要注意的是，劳动力市场并不完美，同样存在权力结构和制度压迫。大多数人都是靠收入生存的，见 Gerald A. Cohen, "Capitalism, Freedom and the Proletariat", in Alan Ryan (Hg.), *The Idea of Freedom*, Oxford 1979, S. 9—25. 与此同时，一些职业则在谈判上拥有强大的权力，比如飞行员与高管，他们几乎垄断了他们所处的劳动力市场，见 Thomas Piketty u.a., "Optimal Taxation of Top Labour Incomes. A Tale of Three Elasticities", in The National Bureau of Economic Research, *Working Paper No. 17616*, November 2011, http://nber.org/paper/w17616，上次访问时间 2017 年 5 月 11 日。

才能? 再或者, 其工作负荷导致对他的需求比护理人员高十倍? 如果不是以上任何一种情况, 那么主任医师的高薪很可能仅仅是因为其在劳动力市场上的优势地位。同理, 大企业董事会成员 500 万至 1500 万欧元的年薪也与他们在劳动力市场上的优势地位有关。无论对财富的追求是否让属于社会精英阶层的个人成为众矢之的, 不断扩大的收入不平等都肯定损害了社会正义。除此之外, 通常与自身表现无关的资本持有, 如通过资本继承, 也加剧了这种不平等。[22]

  小部分个人行为者和公司等企业行为者的财富增多, 还带来了另一种危险。许多学者担心, 集中的财富有朝一日会架空民主, 或者说民主已经被架空了。[23] 这一担忧同样值得审视。在美国, 选举活动高度媒体化似乎使坐拥千万已经成了当选公职的必要前提, [24] 德国的情况虽与美国不同, 或者至少目前还无法相提并论, 但德国的公共生活同样受到了政界、媒体和商界一小部分富有人群的过度影响。[25] 也许这些人并不是因为富有才获得公职, 而是在担任公职后

---

22 对遗产未来发展趋势的分析, 见 Thomas Piketty, *Das Kapital im 21. Jahrhundert*, Müchen 2014, S. 425, 亦见 Jens Beckert, *Erben in der Leistungsgesellschaft*, Frankfurt/M. 2013.

23 见 Ronald Dworkin, *Is Democracy Possible Here? Principles for a New Political Debate*, New Jersey 2008; Colin Crouch, *Postdemokratie*, Berlin 2008, 及其 *Das befremdliche Überleben des Neoliberalismus*, Berlin 2011. Robert B. Reich, *Beyond Outrage. What Has Gone Wrong with Our Economy and Our Democracy*, New York 2012. Thad Williamson, "Is Property-Owning Democracy a Politically Viable Aspiration?", in Martin O'Neil/Thad Williamson (Hg.), *Property-Owning Democracy. Rawls and Beyond*, New Jersey 2014, S. 287—306. Gar Alperovitz, "The Pluralist Commonwealth and Property-Owning Democracy", in Martin O'Neil/Thad Williamson (Hg.), *Property-Owning Democracy. Rawls and Beyond*, New Jersey 2014, S. 266—286.

24 见 Joseph Stiglitz, *The Price of Inequality. How Today's Divided Society Endangers Our Future*, New York 2013. 保守派的科赫(Koch)兄弟以其大笔选举捐款而闻名, 见 Thomas Piketty, *Die Schlacht um den Euro*, München 2015, S. 157.

25 见 Michael Hartmann, "Eliten in Deutschland. Rekrutierungswege und Karrierepfade", in *Aus Politik und Zeitgeschichte* 10 (2004), S. 17—21, 及其 *Eliten und Macht in Europa. Ein internationaler Vergleich*, Frankfurt/M. 2007.

才发家致富。但无论怎样，这一发展趋势还是令人十分担忧，因为它意味着政治精英阶层的封闭。然而，民主的本质就是要确保公共生活不由小部分精英决定，而是要确保公共生活最好能代表所有社会群体，且这些群体也都能尽量积极参与其中。

另外，经济财富即便对自己的市场经济基础来说都构成问题，并呈现出自毁趋势。目前，由于积累了大量未投入的资金，特别是金融市场面临大幅波动。大量资金可以被迅速转入或转出某些市场，而这些资本流动只在有限范围内遵循明确的经济规则，并越来越多受到难以预测、更难以控制的群体行为心理机制的影响。这种波动不仅影响金融市场的稳定，也影响与金融市场相关的实体经济市场，甚至还影响依赖这些实体经济市场的社会。[26] 例如，2010 年，希腊因债务危机处于社会崩溃的边缘。[27] 就连美国也对 2007 年次贷危机后产生的巨大社会问题无能为力。[28] 此外，虽然以自由资本形式造成这些问题的财富主要来自精英阶层，或者至少是高收入者，但相关国家的富裕人群其实并不会受这些危机引起的社会后果的影响，受到影响的往往是如失业者、低保人群、贫困人口，以及其他

26　见 Wolfgang Streeck, "A Crisis of Democratic Capitalism", in *New Left Review* 71(2011), S. 1—25. 亦见罗伯特·斯基德尔斯基（Robert Skidelsky）以约翰·凯恩斯（John M. Keynes）为基础的讨论，*Keynes. The Return of the Master*, New York 2009, Kap.2.

27　见 Adam Creighton, "Greece's Debt Crisis. The Price of Cheap Loans", in *A Journal of Public Policy and Ideas* 27/3 (2011), 10—14 页；Maria Margaronis, "Greece in Debt. Eurozone in Crisis", in *The Nation*, July 18/25 (2011), S. 11—15.

28　见 Joseph Stiglitz, *Im freien Fall. Vom Versagen der Mörkte und zur Neuordnung der Weltwirtschaft*, München 2011.

被边缘化的社会弱势群体。

如果说，与上述状况脱不了关系的，是从社会整体角度看我们在财富飞快增长的同时却没能合理地处理与之相关的问题，那么这将产生深远的影响。就平衡的经济政策而言，追求经济增长将不再是一个明智的目标。通过税收进行重新分配这一经典手段也并非完全合适，因为税收手段可能根本不足以解决上述困难。有些问题或许只有在经济整体降速，且绝对财富减少的情况下才能得到解决，例如环境问题，市场不稳定，以及民主退化。因为在这些方面有问题的可能不仅仅是财富的分配，还有财富本身的规模，我将在第五章和第六章对此进行详细论述。对其他问题来说，可能只需减少一些人群的相对财富即可。但是，这种限制也许只能通过减少绝对财富的方式来实现，因为只有这样，我们社会中对财富目前明显偏高的评价才能得到充分的修整。但即使情况并非如此，累进税可能也依然不是处理此类相对财富问题的合适手段。

行文至此，我的观点应该已经很清楚了。在我看来，财富所体现的问题并不仅仅是嫉妒、怨恨或者未能实现的愿望那么简单。在很多方面，财富所体现的是一个具有重大社会政治意义的道德问题。至少在本书中，我想探讨的正是财富是否真的构成道德问题。当然，我也会考虑为财富进行辩护的观点。例如，有观点认为不平等是经济的必要动力，又或者是必须加以保护的个人自由所带来的不幸后果。另外，如果财富真的构成道德问题，这势必会对正义理论的相关观点产生影响。正义理论必须要比以往给予财富的道德问题更多的关注。从中产生的社会政治改革建议也将展现出完全不同的特征，这些改革建议将有利于解决财富问题。

财富、分配与不公

有一种正义论角度似乎有助于回答财富是否构成道德问题这一疑问。这一角度认为，如果财富存在问题，那一定是分配公正的问题。[29] 而财富分配公正与否，牵扯的是每个人是否得到了他们理应获得的那部分。本书的讨论也将以这一正义论角度为基础。但此外还有两个重要的限制前提。一是我将采用否定式的方法，即我不预设任何一种一般性的社会正义概念，而是通过梳理非正义的核心形式，为本书的讨论建立规范性基础。二是这里形成的正义观在本质上将与某种尊严观相辅相成。在我看来，这两点就有效说明财富如何构成正义问题而言是必要的。其中的原因何在？

阿玛蒂亚·森（Amartya Sen）将当下的分配正义论细分为**充分论**（Suffizienztheorien）、**优先论**（Prioritätstheorien）与**均等论**（egalitarische Theorien）。[30] 这一区分虽然有用，但这三类理论却未能把财富问题纳入正确的视野。在这一背景下，为什么需要引入不

29　见 Stefan Gosepath, *Gleiche Gerechtigkeit. Grundlage eines liberalen Egalitarismus*, Berlin 2004, S. 352.

30　见 Amartya Sen, *On Economic Inequality*, Oxford 1973，及其 *Inequality Re-Examined*, Cambridge MA 1992. 彼得·瓦伦顿（Peter Vallentyne）提出了另两类森没有考虑的分配正义论：功绩论（Verdiensttheorien）和权益论（Anspruchstheorien）。见 Vallentyne, "Equality, Efficiency, and Priority of the Worst Off", in *Economics and Philosophy* 16 (2000), S. 1—19. 与森提出的三类理论不同，这两类理论并不关注分配结果是否公正。优先论的概念来自 Larry Temkin, *Inequality*, Oxford 1993.

同的侧重点来合理探究财富涉及的正义问题，就变得很清楚。第一类充分理论，旨在确定一个能满足正义要求的所有人都必须达到的产品下限。例如绝对贫困线可被理解为这种充分性阈值。而正义论的任务在于明确这一下限，以便证明与之相关的规范性要求的合理性，此外或许还能为政治建言献策，说明如何才能让所有人都处于这一下限之上。[31]

但充分论终究无法对财富涉及的正义问题进行全面的分析，因为将产品下限设为评判分配公正与否的标准，意味着只要所有人都超过了这一下限，就不再存在正义问题。无论现有贫富差距多大，都与分配公正与否无关。这一点在例如绝对贫困线等绝对下限的问题上体现得尤为明显。只要没人生活在绝对贫困线以下，分配不公就不再构成任何问题。这听上去不符合常理，即使所有人都超过了这一下限，也并不一定意味着财富分配与社会正义问题无关。[32] 例如，我们依然可以追问，工资是否符合以业绩为根据的公平标准，或者财富分配是否足够公平，能否促进公民平等参政的民主进程。在我看来，充分论的问题出在将正义简化为确保基本需求这一单一的基本价值上。但事实上，正义还与其他价值有关，例如公平和政治参与。

第二类正义论，即所谓的"优先论"，绕开了充分论的问题。

31　能很好说明充分论的一个例子是 Harry Frankfurt, "Gleichheit und Achtung", in Angelika Krebs (Hg.), *Gleichheit oder Gerechtigkeit. Texte zur neuen Egalitarismusktirik*, Frankfurt/M. 2000, S. 38—49. 亦见 Harry G. Frankfurt, *Ungleichheit. Warum wir nicht alle gleich viel haben müssen*, Berlin 2016.

32　见 Amartya Sen, *On Ethics and Economics*, New Jersey 1998，及其 *Rationality and Freedom*, Cambridge MA 2002.

优先论的基本思路是，社会基础结构的改变必须为社会最弱势群体的利益服务。[33] 例如，约翰·罗尔斯（John Rawls）的差别原则（Differenzprinzip）在我看来就是一种优先论。[34] 根据差别原则，公正的社会制度基本结构，应该比其他可行的基本结构能更好地改善社会最弱势群体的境况。如果德国的基本制度结构可被打造为能将失业金长期保持在 400 或 500 欧元的水平，那么无论这一结构将对中产阶级等其他社会群体产生何种影响，500 欧元都应是首选。但是，失业金等社会福利的增加当然也要受到明确的限制。如果社会福利成本过高，以至于一个国家的总体经济效益因此受到影响，那这个国家可能会因为无法继续提供如此高的社会福利，而不得不对其进行缩减。这样一来，社会最弱势群体的境况也不会好转，而是变差。

与充分论相比，优先论的关键优势在于它考虑到了社会内部的整体产品分配，而非只关注某一下限应该是多少。但是优先论也存在两个问题。首先，优先论没有考虑有些不平等是合理的。如果一个社会的改变能让穷人获得更多，那么这一改变就是公正的。当富人因此变穷时，这样的评判依旧适用——也就是说，无论是谁，也

---

33 见 Derek Parfit, "Gleichheit und Vorrangigkeit", in Angelika Krebs (Hg.), *Gleichheit oder Gerechtigkeit. Texte zur neuen Egalitarismusktirik*, Frankfurt/M. 2000, S. 81—106，以及 Richard Arneson, "Luck Egalitarianism and Prioritarianism", in *Ethics* 110/2 (2000), S. 339—349.

34 罗尔斯就经济不平等写道："其次，（差别原则）必须保证社会中境遇最差的人群受益最大"。见 Rawls, *Gerechtigkeit als Fairness*, Berlin 2006, S. 78. 此处可以看出，罗尔斯认为改善社会底层人群的境况明显优先于公平。亦见 Thomas Pogge, *John Rawls. His Life and Theory of Justice*, Oxford 2009, S. 106—120.

无论此人的收入是否与其付出匹配。[35] 对优先论来说，财富充其量只发挥间接作用，因为优先论不考虑财富是否是一个人应得的，这对优先论的正义角度来说无关紧要。其次，贫富差距的问题反而被弱化了，因为优先论立场只关注哪个社会的穷人拥有的最多。

如此一来，一个最贫困人口年收入 15000 欧元，而其他人都是百万富翁的社会，反而比一个最贫困人口年收入 12000 欧元，而其他人年收入仅稍高出这一数字的社会更公正。优先论者在维护自己的理论立场时经常强调，他人处境变糟并不一定有助于穷人的境况。[36] 否则，要想让社会变得更公正，只需要让富人变穷，而不用让穷人变富就够了，这是优先论者在反对均等论时所持的观点。但在我看来，优先论者忽视了贫穷和富有代表的只是相对的规模；此外，贫穷和富有对购买力的相对分配，以及对权力和地位这些重要的社会价值来说，都具有十分重要的意义。虽然我们可以把这些因素纳入优先论中，但这样得出的优先论就不再是传统意义上的优先论，因为根据新的优先论，财富减少反而可能直接改善穷人的境况。

充分论和优先论的缺陷似乎表明，应该从均等正义论的角度

35　但也有优先论的支持者尝试结合优先论和功绩论，例如理查德·阿内森（Richard Arneson）所谓的"运气均等主义"（Luck-Egalitarianism）。运气均等主义认为，只有当随机发展是由行为者自身的决定引起时，如此造成的不平等分配才是被允许的。见 Arneson, "Luck Egalitarianism and Prioritarianism", S. 339—349; Carl Knight, "Responsibility, Desert and Justice", in Carl Knight/Zofia Stemplowska (Hg.), *Responsibility and Distributive Justice*, Oxford/New York 2011, S. 152—173.

36　德里克·帕菲特（Derek Parfit）提出了所谓的"向下拉平异议"（Leveling-Down-Einwand），见 Parfit, "Gleichheit und Vorrangigkeit", S. 81—196. 亦见 Ben Saunders, "Parfit's Levelling Down Argument Against Egalitarianism", in Michael Bruce/Steven Barbone(Hg.), *Just the Argument. 100 of the Most Important Arguments in Western* Philosophy, New Jersey 2011.

出发对财富进行批判。"均等论"认为，在某种意义上，分配正义关乎分配平等。[37] 均等论持有的正义观不要求一个社会的所有产品必须得到实际上的平等分配，而是要求要么对某些特定产品进行严格的平等分配——比如对罗尔斯来说，基本自由就是这样的产品[38]——要么在某一时间或在某一方面对相关产品进行平等均衡的分配。比如，所谓的**运气均等主义**（Luck-Egalitarismus）正义论就是如此。这一立场对**原生运气**（brute luck）和**选项运气**（option luck）进行区分，并主张原生运气必须平等，而选项运气则没必要平等。一个人出生在什么样的家庭是一个人的原生运气，而一个人决定从事什么职业是选项运气。[39]

　　似乎无论什么形式的均等正义论都适于讨论财富，因为均等论能说明财富什么时候合理，什么时候不合理。如果财富阻碍了基本自由的平等分配，那么对于罗尔斯来说，这样的财富就不合理。[40]

37　史蒂凡·格瑟帕特（Stefan Gosepath）的均等论在德语界颇有影响力，他还对同类型理论进行了总结，见 Stefan Gosepath, *Gleiche Gerechtigkeit*。亦见 Simon Caney, *Justice Beyond Borders. A Global Political Theory*, Oxford 2005.

38　根据罗尔斯的正义第一原则，只有基本自由必须被严格地平等分配："每个人充分享有平等基本自由制度的权利都是相同的、不可剥夺的，保障这一基本自由的制度必须与保障所有人自由的制度协调一致。"Rawls, *Gerechtikeit als Fairness*, S. 78.

39　除理查德·阿内森外，罗纳德·德沃金（Ronald Dworkin）和杰拉德·科恩（Gerald Cohen）也是这类责任敏感型均等论的重要代表。见 Arneson, "Luck Egalitarianism and Prioritarianism", S. 339—349. Ronald Dworkin, "What Is Equality? Part I: Equality of Welfare", in *Philosophy and Public Affairs* 10/3 (1981), S. 185—246; "What Is Equality? Part II: Equality of Resources", in *Philosophy and Public Affairs* 10/4 (1981), S. 283—345; *Sovereign Virtue. The Theory and Practice of Equality*, Cambridge MA/London 2002; 以及 Gerald A. Cohen, "Facts and Principles", in *Philosophy and Public Affairs* 31/3 (2003), S. 211—245; *Rescuing Justice and Equality*, Cambridge MA 2008.

40　伊丽莎白·安德森（Elizabeth Anderson）也认为，当财富不平等影响到民众的平等民主参与时，财富就构成正义问题。见 Elizabeth Anderson, "Warum eigentlich Gleichheit?", in Angelika Krebs (Hg.), *Gleichheit oder Gerechtigkeit. Texte der neuen Egalitarismuskritik*, Frankfurt/M. 2000, S. 117—171.

如果财富是由原生运气导致的，例如遗产，那么对于运气均等主义者来说，这笔财富就不合理。[41]不过，鉴于两点原因，我认为围绕这种形式的均等论对财富进行的探讨成效不会太大，我将在本书中对此进行说明。一是财富对于均等论者来说，只在与相关的平等发生冲突时才构成问题。与充分论类似，均等论将财富的价值简化为严格的平等这一单一价值。但财富也可能在其他方面构成问题，例如事关后代的合理需求能否得到满足，而非其平等需求。

其次，因为均等论通常高度理想化，因此无法对现实社会中与财富有关的道德问题进行准确判断。[42]在我看来，这是均等论的主要问题。并非所有的公平正义理想都将财富考虑在内。[43]这取决于均等主义在多大程度上与结果平等有关，或与机会平等有关。但不管是哪种情况，我们都能对当下的财富进行批判。简单来说，只要当前的财富形式不符合理想社会中的财富形式，那么财富就应被批判。然而，现实并非如此简单，因为我们所面对的，是一个在许多方面都不完美也不公正的社会，这就意味着无论是支持或反对某种形式的财富，都还可能存在其他原因。

41　在这一基础上，加布里埃尔·沃尔纳（Gabriel Wollner）提出需要通过征收金融交易税来平衡不合理的收益，见 Gabriel Wollner, "Justice in Finance. The Normative Case for an International Financial Transaction Tax", in *Journal of Political Philosophy* 22/4 (2014), S. 458—485.

42　阿玛蒂亚·森对这一点做了详细的诠释，见 Sen, *Die Idee der Gerechtigkeit*, München 2010. 森在别处对这点进行了简洁概括，见 Sen, "What Do We Want From a Theory of Justice?", in *Journal of Philosophy* 103/5 (2006), S. 215—238.

43　见 Gosepath, *Gleiche Gerechtigkeit*, Kap. V.

同一种形式的财富，可能在完全公正的社会里是合理的，在不公正的社会里是不合理的。反之亦然，在不公正的社会里合理的财富形式，在完全公正的社会里可能是不合理的。两种情况都很容易找到具体的例子。例如，在不公正的社会里，财富能让人攫取公职甚至是政治职务，这样的财富当然成问题。而在完全公正的社会里，没人能这样做，因为买卖官职根本不可能。又比如，在一个不公正的社会里，来自受歧视群体的父母，可能会利用他们的财富给他们的子女提供某些教育机会，而这些教育机会是他们由于种族或文化歧视而无法获得的。在这种情况下，这种财富及其补偿性使用是合理的，尽管同样形式的财富，及其使用方法不会在完全公正的社会里得到相同的认可，但那是因为完全公正的社会里也不会存在歧视。

我认为，当涉及财富时，传统类型的正义论之所以存在种种不足，是因为它们是以贫困为中心发展起来的理论。充分论的这一特征尤其明显，其他两种理论也是如此，特别是在涉及相对贫困的讨论中。对这些理论来说，财富不是问题，绝对或相对贫困才是问题。此外，这些理论都过于理想化，尤其是均等论，这就是为什么它们都不太适合解决现实问题的原因。这两种理论过于集中在某一点上的特征都导致了同一种结果，那就是它们无法正确把握住在我们这个不完美的社会里，哪些核心价值与财富相关，并可能因此未得到公正的分配。所以，为了能够合理考察当今的财富是否构成一个正义问题，我们就需要采取不同的方法。我并不打算发展一套新的正义论，这样有些自以为是。相反，我打算以不同于以往的方式重新应用现有方法中的元素。

尊严、自尊与正义边界论

常见的正义论类型之所以不适于将财富作为我们现行社会中的道德问题进行批判，是因为它们至少具有以下一点不足：它们要么过于关注理想状态，对现实中财富状况的评判帮助不大；要么只考虑某种特定价值，如平等或基本保障，因此无法将基于其他价值的财富批判考虑在内。这两点不足让我们有理由考虑另一种略微不同的正义论，我称之为**正义边界论**（Grenztheorie der Gerechtigkeit），因为它关注的是界定财富分配的上下限。界定边界，是为了避免某些损害尊严这一根本价值的严重非正义。在我看来，边界论之所以比常见的正义论类型更适于探讨财富可能涉及的正义问题，是因为我接下来要提到的两个转变。边界论方法的这两个转变虽不起眼，却很重要。

第一个转变是边界论抛弃了理想型的正义观，转而关注具体的非正义，这使我们能对财富的实际情况进行批判性的审视。此处的核心问题是，当下的财富形式是否导致了不公，以及不同的财富处理方式能否防止或减少这种不公，并促进社会公正。目前，有关理想型（ideal）和非理想型（nichtideal）正义论间区别的讨论甚多，其中普遍涉及的一个问题是，究竟哪一种模型才为研究正义问题提供了正确的方法论基础。[44] 我相信这个问题没有唯一的答案，而是要看具体情况更适合用理想型还是非理想型正义论。例如，如果我们想知道平等和自由等基本价值间有什么联系和潜在的矛盾，理想型理论不失为探讨这个问题的好方法；但如果我们是想处理具体的不公正，如收入不公，那么我们需要的则是非理想型正义论。

反对非理想型方法的观点一般认为，非理想型正义论也必须从理想型的正义原则出发，否则就称不上是规范性的理论建设。这一看法虽然没错，但绝不等同于一种理想型正义论，因为正义的理念没必要来自某种抽象的理论建设，而是可以从与非正义相关的历史经验中获得。[45] 尽管这些经验不能说服所有人，但它仍具有正当性，因为这些历史经验至少能合理地解释到底是什么让人觉得不公。[46] 陈述某种正义理念并不需要抽象的理想型理论。当然，即便是理想

44　见 Sen, "What Do We Want From a Theory of Justice?", S. 215—238; John A. Simmons, "Ideal and Nonideal Theory", in *Philosophy and Public Affairs* 38/1 (2010), S. 5—36; David Schmidtz, "Nonideal Theory. What It Is and What It Needs to Be", in *Ethics* 121/4 (2011), S. 772—796; Pablo Gilabert, "Comparative Assessments of Justice, Political Feasibility, and Ideal Theory", in *Ethical Theory and Moral Practice* 15/1 (2012), S. 39—56; Laura Valentini, "Ideal vs. Nonideal Theory. A Conceptual Map", in *Philosophy Compass* 7/9 (2012), S. 654—664; Marcus Arvan, "First Steps Toward a Nonideal Theory of Justice", in *Ethics and Global Politics* 7/3 (2014), S. 95—117.

45　朱迪丝·施克莱（Judith Shklar）、阿维夏伊·玛格利特（Avishai Margalit）和艾丽斯·杨（Iris Young）对这种否定式规范理论方法的运用给人留下了深刻的印象。见 Judith Shklar, *The Faces of Injustice*, Connecticut 1990; Avishai Margalit, *Politik der Würde. Über Achtung und Verachtung*, Berlin 2012; Iris Young, *Justice and the Politics of Difference*, New Jersey 1990, 及其 *Inclusion and Democracy*, Oxford 2000 和 *Responsibility for Justice*, Oxford 2011.

46　见 Ralf Stoecker, "Three Crucial Turns on the Road to an Adequate Understanding of Human Dignity", in Paulus Kaufmann u.a. (Hg.), *Humiliation, Degradation, Dehumanization*, Heidelberg 2011, S. 7—17; Christian Neuhäuser, "Das narrative Konzept der Menschenwürde und seine Relevanz für die Medizinethik", in Jan C. Joerden/Eric Hilgendorf (Hg.), *Menschenwürde und Medizinethik*, Baden-Baden 2011, S. 223—248; Christian Neuhäuser/Ralf Stoecker, "Human Dignity as Universal Nobility", in Marcus Düwell u.a. (Hg.), *The Cambridge Handbook on Human Dignity*, Cambridge 2014, S. 298—310.

型正义论也同样面对不能让所有人信服这一现实。

然而，到底哪些非正义严重到值得被优先关注？这就带入了上面提到的第二个不足，也就是对单一价值的关注。如果只看基本需求，或者平等，或者公平，那么可能与财富有关的其他问题从一开始就被忽略了。考虑到这一点，我认为我们需要一个更全面或更根本的考察方法，而正义和尊严的结合在我看来恰到好处。[47]也就是说，这种非正义表现为对尊严的侵犯。当然，这一提议立刻会遭到反对，因为我只单独列出了一个具体价值，却并没有解释清楚为什么这个价值值得特别关注。但是有两个原因能说明为什么这一反对意见并不适用。首先，尊严不仅仅是众多价值中的一种，而是定义了人的基本状态的价值。其次，尊严涉及的是一个真正具有普遍性的基本问题，我稍后将对此作出解释。

尊严不只是一种价值。当我们说人是有尊严的，我们其实是在声明人有特殊的法律和社会地位，而这些地位值得被尊重。[48]那么，这与其他价值有何不同，为什么需要特殊强调？谈论地位而非谈论价值，表明讨论涉及的是规范性问题，而非评价性问题。尊重人的这种地位不仅是好的，更是正确的；而蔑视这种地位不仅不好，更

47 阿维夏伊·玛格利特在《尊严政治》（*Politik der Würde*）中提出了这样的关联，但并没有在方法论上对此展开讨论。见 Margalit, *Politik der Würde*; Christian Neuhäuser, "In Verteidigung der anständigen Gesellschaft", in Eric Hilgendor/Tatjana Hörnle(Hg.), *Menschenwürde und Demütigung. Die Menschenwürdekonzeption Avishai Margalits*, Baden-Baden 2013, S. 103—126.

48 杰里米·沃尔德伦（Jeremy Waldron）尤其强调尊严应被理解为人的地位，见 Jeremy Waldron, *Dignity, Rank, and Rights*, Oxford 2012. 亦见 Neuhäuser/Stoecker, "Human Dignity as Universal Nobility", S. 298—310.

是错的。[49] 除此之外，这种规范性主张还包括一整套价值判断，而不仅仅是某个单一价值或单一评估。因此，为了实现人作为**尊严主体**的这种法律和社会地位，就必须同时实现这一整套核心价值。

其次，在这里我们看到，尊严涉及的的确是一个根本问题。很多事情尽管并不公正，但不一定侵犯到人的尊严。例如在同工不同酬的情况下，收入较低的一方得到的报酬仍算丰厚。虽然收入少的一方受到了不公平的待遇，但这种不公算不上侵犯人的尊严。侵犯尊严之所以严重，是因为它威胁到了一个人作为人的平等地位。此处，已被提过的各种价值，如需求保障、能力保障、平等和公平，从人的平等地位这一角度看，无疑都很重要。但它们之所以重要，是因为这些价值都与人之为人的尊严有关。那么这些价值到底什么时候与尊严有关？这个问题的答案取决于人们从哪种对尊严的具体理解出发。就这一点而言，我赞同阿维夏伊·玛格利特（Avishai Margalit）、彼得·沙伯（Peter Schaber）和拉尔夫·施多克（Ralf Stoecker）对尊严的理解。[50]

49　迪特·比恩巴赫（Dieter Birnbacher）对尊严作为一个评价性概念能否证明其规范性概念的合理性表示怀疑。但这是因为他只把尊严看作一种价值。见 Dieter Birnbacher, "Kann die Menschenwürde die Menschenrechte begründen?", in Bernward Gesang/Julius Schälike(Hg.), *Die großen Kontroversen der Rechtsphilosophie*, Paderborn 2011, S. 77—98.

50　见 Margalit, *Politik der Würde*; Peter Schaber, "Menschenwürde und Selbstachtung. Ein Vorschlag zum Verständnis der Menschenwürde", in *Studia Philosophica* 63(2004), S. 93—119，及其 *Instrumentalisierung und Würde*, Münster 2010 和 *Menschenwürde*, Ditzingen 2012; Ralf Stoecker, "Menschenwürde und das Paradox der Entwürdung", in Stoecker (Hg.), *Menshcenwürde. Annäherung an einen Begriff*, Wien 2003, S. 133—151，及其 "Three Crucial Turns on the Road to an Adequate Understanding of Human Dignity", S. 7—17 和 "Die philosophischen Schwierigkeiten mit der Menschenwürde— und wie sie sich vielleicht lösen lassen", in *Information Philosophie I* (2011), S. 8—20. 相关立场的概括，见 Christian Neuhäuser, "Würde, Selbstachtung und persönliche Identität", in *Deutsche Zeitschrift für Philosophie* 63/3 (2015), S. 448—471. 哈贝马斯（Habermas）也认同这种对尊严的理解，见 Jürgen Habermas, "Das Konzept der Menschenwürde und die realistische Utopie der Menschenrechte", in *Deutsche Zeitschrift für Philosophie* 58 (2010), S. 343—357.

对这些学者来说，拥有尊严意味着有权拥有自尊或其社会前提。这种自尊的前提，是拥有一定的基本权利以及一定的社交形式。如果一个人的基本权利没有得到保障或遭到侵犯，那么这个人就有理由认为自己的尊严受损。[51] 同理，如果在社会交往中某些关乎体面或尊重的行为准则规范没有得到遵守，那么当事人就有理由认为自己的个人尊严受到了侵犯。因为体面代表了社会基本制度结构中，社会成员不受该制度系统性羞辱的最低规范性标准。[52] 而此处的关键正是，财富在基本权利和体面两个层面上均可能对自尊，以及与之相关的权利构成损害。如果真是如此，那么这种形式的财富就侵犯了尊严，并从而构成严重的非正义。这正是本书要解决的问题：某些形式的财富是否构成严重的不公以至于侵犯了人的尊严？若确实如此，那本书的讨论将为在社会和政治层面上改变我们对待财富的方法，提供强有力的规范性基础。

尊严和正义之间的这种关联，正是我希望提出正义边界论的原因。边界论涉及的问题既不是生存，也不是对最贫困人群进行优先考虑，同样也不直接涉及平等。它关心的问题是，应该如何分配产品才能不对尊严造成结构性侵犯，而是有助于人们在社会中实现有尊严的生活。[53] 这就确定了一个边界区域，超过这个边界区域的社

51　见 Henning Hahn, *Moralische Selbstachtung. Zur Grundfigur einer sozialliberalen Gerechtigkeitstheorie*, Berlin 2008.

52　见 Neuhäuser, "Würde, Selbstachtung und persönliche Identität", S. 448—471.

53　这里的关键问题当然是哪个社会：世界社会，以国家为单位的社会，还是国家内部的社会？对于这一问题我也无法给出最终的答案，但我相信，社会结构在多个层面上是存在重叠的。

会经济分配无论如何都是不公正的，因为它侵犯了尊严。这一思路不难理解，如果有些人分到的产品太少，也就是太穷，尊严就会受到侵犯；如果有些人拥有的产品太多，也就是太富或极端富有，尊严也会受到损害——我将在书里详细说明这点。边界论既能向上也能向下确定边界，这种能力使基于尊严的正义边界论尤其适合探讨财富的道德问题。与此同时，边界论还有一个优势和一个劣势：优势是这种方法比其他正义论类型更脚踏实地，劣势是它的前提更多。

边界论之所以更脚踏实地，是因为它不试图为所有的分配正义问题提供答案，也不试图取代其他方法。在某些情况下，其他方法是有优势的。例如，充分论适合探讨全球饥饿问题，优先论适合处理两性平等和职业机会的分配问题，而均等论因其强调同工同酬的特点，适合考察高收入领域的薪酬是否公平合理。所有这些正义论方法都有其独特之处和适合解决的问题，但没有一个方法能够解决所有问题。同理，正义边界论也不是一开始就宣称要解决所有与正义有关的问题，而只是致力于确定标志着严重不公的边界区域在哪里。

但边界论方法同时也有前提要求，因为这样的边界区域无法通过纯粹的形式来确定。因此，我提出用尊严的概念来对此进行判断。当然，对尊严的理解并不存在广泛的共识，这也使任何基于尊严的分配正义理论方法都不能免于争议。而不能理解尊严这一概念的人，当然也无法接受以尊严概念为基础的正义论。一方面，这个问题并不如看上去那么严重，因为其他正义论其实也暗含实质上的价值假设，这些假设始终是存在争议的。也许没有人质疑保障基本需求和平等是有价值的，但与例如自由这样的其他价值相比，这些价值的价值几何依然没有定论。

另一方面，不论是尊严的相对价值意义，还是其规范性意义都会遭到质疑。如此看来，只有首先在论证上捍卫尊严和自尊对人的意义，才能让这些理念对我的正义边界论起到积极作用。但我并不打算这样做，原因是维护尊严这一概念的讨论并不少见，我也将在第四章中加以借鉴。[54] 不接受尊严概念的人，也不见得就会被我采纳的这些观点说服。我们或许也可以反过来思考，如果书中的讨论能够证明尊严和自尊的概念有助于我们理解与财富相关的正义问题，那么这将赋予这两个概念在此类讨论中的合理性，这也是我的思路。因此在下一章中，我将首先讨论什么是财富以及财富的社会意义，然后再讨论财富是否侵犯尊严，以及财富是否因此构成一种特殊的正义问题。

54　见 Margalit, *Politik der Würde*; Schaber, "Menschenwürde und Selbstachtung. Ein Vorschlag zum Verständnis der Menschenwürde", S. 93—119，及其 *Instrumentalisierung und Würde* 和 *Menschenwürde*; Stoecker, "Menschenwürde und das Paradox der Entwürdung", S. 133—151，及其 "Three Crucial Turns on the Road to an Adequate Understanding of Human Dignity", S. 7—17 和 "Die philosophischen Schwierigkeiten mit der Menschenwürde——und wie sie sich vielleicht lösen lassen", S. 8—20.

财 富 的

道 德 问 题 REICHTUM
ALS
MORALISCHES PROBLEM

第二章

金钱、富有行为者与自尊

要想把财富当作道德问题来批判，就必须首先对财富有足够清晰的认识。对研究对象的理解如果不够深入，对财富的批判也必将终究是模糊且令人无法理解的。这样一个模糊的基础只会助长偏见和怨恨，尤其是对财富和正义这样富有争议的话题。但从科学和哲学的角度来看，这样的方法仍不能令人感到满意。不过，我并不打算如人们通常期望的那样，提出一个严格意义上的财富定义，而是只想在对这一概念的某种阐述（Explikation）基础上展开讨论。[1] 我对什么是财富现象的必要和连带的充分条件不感兴趣；相反，我意在梳理日常生活中财富概念是如何被使用的。在此一般分析的基础上，财富现象可被系统地限制为财富何时正当，何时不正当的问题。

在我看来，人们谈论财富时经常使用以下形式：根据标准 M，如果 X 拥有许多物品 G，我们就说 X 很富有。这样的概念很笼统，因为它也包括一个人有很多朋友或敌人的情况。而随便哪个人相对于其他人都可能有很多朋友或敌人。虽然这一概念十分笼统，但我

1　见 Gottfried Gabriel, "Explikation", in Jürgen Mittelstraß (Hg.), *Enzyklopädie Philosophie und Wissenschaftstheorie*, Stuttgart 2005, S. 459.

完全不认为它涵盖了谈论财富的所有方式。另外，此概念的界限不明确，因为按照这个概念，我们在通常不适用的一些情况下谈的其实是财富。比如，我们说一个人的敌人多，但拥有敌人是否代表了拥有某物，这点并不清楚，所以这种情况下这样的表述就显得模棱两可。不过，这个笼统的概念其实为进一步限制本书要讨论的财富现象，提供了一个很好的出发点。事实上，只要具体指定 X、M 和 G 这三个符号，就能得出这里关注的那种特定财富类型的有用定义。[2]

我希望将符号 G 限制为钱，或者更准确地说：G 代表钱的价值。因为财富不仅关乎某人拥有多少流动资金，更重要的是他拥有的所有商品价值几何。G 应该只代表这种财物。这也就是说：如果根据标准 M，X 有很多钱，那么我们就可以说 X 很富有。在下一节讨论中，我将为钱的这一限定进行辩护。在本章第二节中，我将说明为什么只有个体行为者（individuelle Akteure）和团体行为者（korporative Akteure）才能被视为富有。也就是说：当根据标准 M，行为者拥有很多钱时，那么这一行为者就能被视为富有。只有行为者才能被视为富有的原因是，只有行为者才能通过钱有所作为。本章最后一节侧重讨论金钱财富的衡量标准。通常情况下，财

2　值得注意的是，这里的财富概念显然不能与以法哲学为基础的财富概念混为一谈，这一点或许和读者们想的一样。否则，我们就必须通过"财产"概念来定义"财富"，就好比法学理论有时将财富理解为"权利束"（Bündel von Rechten，意为集中在某一特定财产上的权利——译者注），见 Gregory S. Alexander/Eduardo M. Penalver, *An Introduction to Property Theory*, Cambridge 2012; Jeremy Waldron, *The Rights to Private Property*, Oxford 1991. 但在我看来，这从一开始就缩小了财富的范围。毕竟，在明确财富为何物之后，我们依然能够通过进一步的限制来明确什么是财产。

富的衡量标准是相对的，即如果一个行为者拥有的钱明显多于其他行为者，那么该行为者就是富有的。与之相对，我想提出一个基于自尊价值的衡量标准，亦即：根据自尊的要求，如果一个行为者有很多钱，那么此行为者就算富有。我知道这种财富概念只捕捉到了金钱财富这一特殊的财富形式，但这种界定方式特别适合追问金钱财富这种财富形式是否构成道德问题，以及在什么情况下构成道德问题。

产品、价值、能力与金钱

钱在几乎所有人的日常生活中扮演着核心角色，考虑到这点，将财富限定为金钱财富也不是没有道理。人们上班是为了挣钱，为了能够满足自己的基本需求，为了能支付账单，为了能时不时地实现自己小小的愿望和梦想，因此一提到财富，很多人大概马上就会想到钱。如果我说约赫先生很富有，大部分人不会认为我在说约赫先生头发很多，或者他在脸书上有很多朋友。相反，人们会认为我在说约赫先生很有钱。虽然从日常角度来看，将财富和钱联系在一起似乎很理所当然，但从专业角度来看，将财富限定为金钱财富却明显会招来批评。经济学认为，财富的媒介必须被假定为资本而非钱；[3] 在哲学领域则会有人指出，幸福生活和正义问题不仅与钱有

3　见 Max Weber, *Wirtschaft und Gesellschaft. Grundriss der verstehenden Soziologie*, Tübingen 1976, S. 89f.; Geoffrey Ingham, *Capitalism*, Cambridge 2008, S. 52—58.

关，更与其他产品、各种价值以及能力有关。[4]虽然我相信这些批评在某些方面是有道理的，但我依然坚持认为，就道德批判而言，将财富限定为金钱财富是合理的。[5]

因为虽然钱确实只充当了实现其他目标的手段，并因此只具备工具价值，[6]但钱在实现这诸多其他目标的过程中却起着非常重要的作用。不仅在市场经济社会如此，很可能钱自从出现以来就一直如此。[7]一个显而易见的原因是，人们愿意用钱进行各种交换。人们愿意用钱来交换几乎任何他们认为有价值的东西，因为他们深知，别人也愿意做同样的事。[8]因此，钱使人能够通过这种复杂的交换实现重要的目标，或者至少在很多情况下，让人更容易实现这些目标。尽管钱并不总能让人们实现自己的目标，但大多数时候确实如此。一言以蔽之：钱虽然只是一种手段，但却是一种相当不错的手段。这就是我针对经济学和哲学对将财富限制为钱的批评想强调的。

4　Daniel Hausman/Michael McPherson, *Economic Analysis, Moral Philosophy, and Public Policy*, Cambridge 2006, S. 183—195.

5　杰拉德·科恩反复强调缺钱也意味着不自由。见 Gerald A. Cohen, "Freedom and Money", in Gerald A. Cohen, *On the Currency of Egalitarian Justice—and Other Essays in Political Philosophy*, Princeton/NJ 2011, S. 166—192.

6　当然，对拜金主义意义的讨论自马克思时起就有，见 Hartmut Böhme, *Fetischismus und Kultur. Eine andere Theorie der Moderne*, Reinbeck 2006. 但我不想对此展开讨论。因为在我看来，若要假设拜金行为是非理性的，就必须同时假设行为主体追求财富也是非理性的，否则前后逻辑会产生矛盾。

7　大卫·格雷伯（David Graeber）在其对5000年债务史的研究中有力论证了这一点，见 David Graeber, *Schulden: Die ersten 5000 Jahre*, Stuttgart 2012.

8　约翰·瑟尔（John Searle）对钱的社会功能进行了这样的重构：某些情况下，钞票或者干脆就是银行数据就能被直接用于支付，是因为所有人都接受这样的支付手段。见 John Searle, *The Construction of Social Reality*, London 1995, S. 32—35, S. 41—54. 亦见对这一立场的讨论，Barry Smith/John Searle, "An Illuminating Exchange. The Construction of Social Reality", in *American Journal of Economic and Sociology* 62/2 (2003), S. 285—309.

古典经济学和当今的主流经济理论都认为钱其实只是一种流通工具，自身并不具备经济功能。[9] 特别是钱并非生产资料，也非消费可能性的真正基础。更确切地说，从古典经济学的角度来看，生产由资本、土地和劳动构成，而资本则是除土地和劳动之外一切生产资料的总称。准确来说，土地和劳动只是资本的特殊形式。一个人，根据其通过资本、土地和劳动对生产作出的贡献，获得由市场确定的产品价值的等价物。然后，人们可以通过交换，将劳动所得转化为需要消费的商品或重新投入生产。作为流通手段，钱只是让这种交换从根本上变得更顺畅和高效。[10] 这种标准理论将钱看作单纯发挥经济功能的流通手段，但它也并非毫无争议。事实上，有理论指出，钱不仅具有流通手段之外的重要意义，还通过各种其他功能构建了经济和社会领域。[11]

这种对古典经济学理论的批评或许是正确的，但在这里并不是很重要。后面，我还要强调钱的另外两个功能，即作为储值工具（Wertaufbewahrungsinstrument）和评价工具（Bewertungsinstrument）的功能。不过经济学理论能够应对这种对钱的功能的延伸。[12] 就正

9　见 Geoffrey Ingham, *The Nature of Money*, Cambridge 2004, S. 22—33.

10　同上，S. 17—24.

11　见 Pierre Bourdieu, "Principles of an Economic Anthropology", in Neil J. Smelser/Richard Swedberg (Hg.), *The Handbook of Economic Sociology*, New Jersey 2005, S. 75—89; Alexander Lenger, "Ökonomie der Praxis, ökonomische Anthropologie und ökonomisches Feld. Bedeutung und Potenziale des Habituskonzepts in den Wirtschaftswissenschaften", in Lenger u.a.(Hg.), *Pierre Bourdieus Konzeption des Habitus. Grundlage, Zugänge, Forschungsperspektiven*, Berlin 2013, S. 221—246.

12　见 Ingham, *The Nature of Money*, S. 3—6; Nigel Dodd, *The Social Life of Money*, New Jersey 2014, S. 46—48.

义问题而言，经济学理论关心的是如果要对财富进行道德考察，就必须考察资本，或许还有土地和劳动力，但绝不是钱。资本分配的不平等，或许还有不公正，就已经造成了道德问题，道德问题并不是由后来作为流通手段的钱的分配不平等引起的，因为前者是导致后者的原因。这种观点部分正确，对劳动力的经济评估若存在巨大差距，的确可以造成财富差异；可是从经济学的角度来看，我们还可以认为，被使用的人力资本本就价值不同。[13] 不过，在这里没有必要追究这个问题。通过钱考察财富，并通过钱而非资本理解财富之所以仍有意义，其原因很简单，那就是：无论钱还能被怎样解读，可以肯定的是，钱的不平等分配都在一定程度上体现了资本和土地的不平等分配，以及对劳动力的不平等评估。这或许也就是为什么在日常用语中，资本常常被等同于钱的原因。

用钱而非资本考察财富的道德问题之所以合理，还有另一个原因。对这类分析来说，对钱的关注能引起人们对重要社会现象的关注。对钱进行分析能让人马上明白，支付能力带来了哪些行动可能性，而支付能力的缺失又让人失去了哪些行动可能性。道德分析不仅要探究财富差异的产生是否不公，还要分析随之而来的行动可能性及其限制是否在道德方面意义重大。尤其是当这种考察不是为了讨论任何理想型理论，而是为了改善具体的不公时。例如，财富可以导致特定形式的权力，并造成显著的社会地位差异，我将在本章

13　见 Nordhaus/Samuelson, *Volkswirtschaftslehre*, S. 388f.

和下一章里讨论这一点。由于钱在任何情况下都是作为一种经济流通手段发挥作用的，因此，我们可以通过钱很好地理解财富究竟如何导致了行动能力的差异。这也就引出了哲学对把钱作为正义问题核心对象的批判。这一批判虽然承认财富与钱的联系，但却主张将财富等同于钱忽略了一些重要的正义问题。在这一点上，约翰·罗尔斯、伊丽莎白·安德森和阿玛蒂亚·森都认为，在对正义问题进行一般性考察时，钱根本就不是恰当的尺度。

罗尔斯反对经济产品论，也反对将钱作为正义问题的核心，他认为这样做混淆了手段与目的。如果只考虑经济产品，我们就会忽略经济产品自身的工具属性。[14] 事实上，大多数人主要关注的产品并不单纯以商品和服务的形式出现，这些产品具有形式以外的重要价值。因此，在其合格产品论（qualifizierte Gütertheorie）中，罗尔斯将对所有人都很重要，且不能被简化为经济产品和钱的产品统称为初级产品（Grundgüter）。只有作为一个整体，这些产品才对我们有意义，而不是这些产品所代表的钱。罗尔斯列出以下初级产品：权利、自由、权力、机会、收入、财产和自尊。[15] 在他的正义论中，这些初级产品都必须得到公正的分配，而首先应被无条件公正分配的就是基本自由，然后是公平的机会。而收入和财产虽然也是初级

---

14 对罗尔斯来说，产品是由人们对幸福生活的理性理解决定的。他乐观地认为，理性人一定会对产品作出相似的选择，见 John Rawls, *Eine Theorie der Gerechtigkeit*, Berlin 1979, S. 111—115. 初级产品对幸福生活的意义重大。初级产品是指"让公民能充分发展和充分利用其道德能力，并实现其自身对善的理解所必需的社会条件和手段"（*Gerechtigkeit als Fairness*, S. 99）。

15 Rawls, *Gerechtigkeit als Fairness*, S. 100f.

产品，但不是唯一的，也不是最重要的初级产品，因此没有得到优先考虑。

正义不能仅通过公平分配收入和财产来实现。在一个恐同、性别歧视或种族主义的社会中，有人会因其性取向、性别或种族被剥夺基本自由，甚至是基本权利，富人也不例外。权利、自由、权力、机会和自尊无法通过金钱财富得到保障，因此也不能通过公平分配金钱来实现。尤其容易理解的是罗尔斯对自尊的初级产品属性的解释，自尊的基础明显不只是钱，自尊的社会基础只有在其他六个初级产品都被公正分配的情况下才能得到保障。如果在权利、自由、权力、机会、收入和财产方面没有被公平对待，任何人都有理由认为自己作为平等成员的自尊受到了伤害。因此，罗尔斯的合格产品论认为，将金钱财富作为道德问题的重点其实搞错了正义问题的核心。

伊丽莎白·安德森的价值理论是罗尔斯产品理论的变体。[16] 不同的人类活动具有不同的价值，但这些价值不能互相转换。友谊和伴侣关系的基础是爱和归属感，其价值无法用金钱衡量。即使人们在分手后开始一段新的关系，当事人也很难用钱来衡量新关系比旧关系好在哪里。在安德森看来，这是因为友情和爱情对我们来说具有内在价值。但钱只能衡量外在价值，也就是钱只能衡量达成另一目标的手段的使用价值，但不能衡量其自身的价值。[17] 所以，根据

---

16 Elizabeth Anderson, *Value in Ethics and Economics*, Cambridge MA 1993/2000.

17 但也有证据表明，钱不单单是工具。钱也可以用抽象的方式衡量成功，并因此对情感有积极影响，但这种积极作用不一定会导致拜金。见 Stephen E. G. Lea/Paul Webley, "Money as Tool, Money as Drug. The Biological Psychology of a Strong Incentive", in *Behavioral and Brian Science* 29/2 (2006), S. 161—209.

安德森的价值论，既然并非所有价值都能转换为金钱价值，那么着眼于金钱财富的道德批判无疑遗漏了重要的正义问题，因为一个人在其他价值上也可能处于匮乏或过剩的境地，而这些价值与金钱上富裕与否无关。

然而，安德森又说，即使价值的类型不同，也互不兼容，但它们仍可互相比较。[18]比如，有人可能会决定搬去另一个国家从事薪水更高的工作，并因此跟现在的伴侣分手。我们假设这个人并非拜金，也就是不认为钱有内在价值，[19]那么我们该如何解释这个人放弃具有内在价值的爱情，而选择了只有外在价值的钱呢？经济学的主观价值论给出的答案是，一个人的选择反映了备选方案的价值。如果一个人选择了移民，也就意味着对这个人来说，钱比伴侣关系更重要。换句话说，这个人的决定不仅反映了其眼中钱和关系的主观价值，更在事实上确立了这样的价值。但是，这一立场只能说明选择钱而放弃感情关系的主观决定是可能的，但无法说明这一决定同时也是理性的，而这一点恰恰是安德森怀疑的。[20]

森的观点虽与罗尔斯和安德森相近，但他关注的既不是产品也

---

18 见 Anderson, *Value in Ethics in Economics*, S. 55—64. 但她同样做出了限制："一个人一个决定的完整性并不意味着其评价的完整性。"见 Anderson, *Value in Ethics and Economics*, S. 19（作者自译）。

19 拜物（Fetischismus）通常是指，一个人赋予一个物体它实际上不具备的品质，尤其是能带给人快乐的品质，见 Böhme, *Fetischismus und Kultur*, Kap. 3. 因此，对拜物的批判似乎是建立在一种客观的价值论基础上的。

20 见 Anderson, *Value in Ethics and Economics*, S. 22. 当然，除非赚更多钱的愿望是由其他内在价值驱动的，例如赚更多钱是为了实现某个昂贵的爱好，否则安德森的怀疑不适用。安德森的反对观点或许也可以被这样改进：经济学上的错误在于，当一人试图通过钱的工具价值来维持获取想象中的内在价值的手段时，这个人其实就已经因此放弃了内在价值。

不是价值，而是能力。他认为，从道德角度看，重要的是人们要有能实现一定的生活质量和达到足够体面的生活水平的自由。然而，他们只有具备相应的能力才有可能做到这一点。[21] 要想吃饱，就需要有能力获得足够的食物；要想找到工作，就得具备劳动力市场需要的特定技能。[22] 但为什么森的正义论的核心是能力，而不是通过这些能力实现的生活水平？他回答道，要过什么样的生活应该是每个人自己的选择，只有这样才能维护对幸福生活的多元理解这一自由主义理念。森强调，如果一个人认为自己即使食物很少也能过得很好，这是个人选择，但他仍有权要求具备获得充足食物的能力。这样一来，一个人是自愿节食还是被迫挨饿就有了明显的区别。

那么，为什么森认为应该被公平分配的是能力而不是钱？毕竟，我们也可以规定，如何使用这笔钱应由每个人自行决定。但森

---

21 森在其坦纳讲座（Tanner-Lecture）《什么样的平等？》（Equality of What?）一文中首次介绍了他的这一思路，随后分别在《商品与能力》（Commodities and Capabilities）一书和《生活标准》（The Standard of Living）一文中对此展开了系统的讨论。见 Amartya Sen, "Equality of What?", in Sterling McMurrin (Hg.), *Tanner Lectures on Human Values*, Cambridge 1980, S.195—220，及其 *Commodities and Capabilities*, Amsterdam 1985 和 "The Standard of Living", in Geoffrey Hawthorn (Hg.), *The Standard of Living. Tanner Lectures in Human Values*, Cambridge 1987, S. 1—38. 对森的立场最到位的介绍当属 Amartya Sen, *Ökonomie für den Menschen. Wege zu Gerechtigkeit und Solidarität in der Marktwirtschaft*, München 2002. 玛莎·努斯鲍姆（Martha Nussbaum）在《女性与人类发展》（Women and Human Development）和《正义的界限》（Die Grenze der Gerechtigkeit）两本书中提出了她的思路，见 Martha Nussbaum, *Women and Development. The Capabilities Approach*, Chicago 2000 和 *Die Grenze der Gerechtigkeit. Behinderung, Nationalität und Spezieszugehörigkeit*, Berlin 2010.《寻求有尊严的生活：正义的能力理论》（Creating Capabilities）一书中有对该思路的整体介绍，见 Nussbaum, *Creating Capabilities. The Human Development* Approach, Cambridge MA/London 2011.

22 据国际劳工组织估计，全世界约有 2 亿失业人口，这一绝对数字呈上升趋势，且相对于世界人口而言停滞不前。见 International Labour Office (ILO), "World of Work Report 2014. Developing with Jobs", http://ilo.org/global/research/global-reports/world-of-work/2014/lang--en/index.htm, 上次访问时间 2017 年 8 月 6 日。求职者之间的竞争也相当激烈。

在他的理论里反复强调，对钱的关注混淆了问题真正之所在。原因在于，不同的人只能以非常不同的方式将同一笔钱转化成他们想要的生活。[23] 他们能取得怎样的成果，取决于所谓的**转型因素**（Umwandlungsfaktoren）。森认为，一个人能否很好地利用钱来达到某种生活水平，受个人、社会和环境三种转型因素的影响。[24] 如果一个人有代谢性疾病，对营养物质的吸收很差，或者是很强壮，那么他对食物的需求会高于其他人；如果一个人住在乡下，那他的出行成本就要比住在城市里的人高，因为他出行必须开车；如果一个人生活在寒冷地区，他就必须购买更多的取暖燃料。所以，仅靠公平分配钱并不能保证一个人真的也在同等程度上具备达到某种生活标准，以及实现理想生活质量的必要能力。

我认为罗尔斯、安德森还有森的观点都有道理，但他们的观点并不妨碍我在本书中通过钱对财富进行道德批判，因为我遵循的方法是否定批判和非理想型理论。这样做是为了分辨存在于消除或减少严重的社会不公的过程中的主要障碍。如果只是想构建一个完美或极其公正的社会，那的确只需考虑不同的初级产品、不可衡量的价值以及基本能力就够了。不过，这三者中哪一个才是最核心的基本概念还有待澄清。相反，如果我们的目的是要消除根本的不公，那么研究金钱财富其实非常合适，因为金钱财富有可能就是这种不公的重要来源，这也就是此处的讨论所关心的。说到底，我想

23　见 Sen, *Die Idee der Gerechtigkeit*.

24　见 Sen, *Inequality Re-Examined*, S. 19—38.

利用哲学工具来检验金钱财富是否真的构成道德问题，也就是说它是否导致不公或者有碍于消除不公。[25]

我认为，直观地看，钱虽然没有内在价值（拜金主义除外），但钱能使人获得产品、价值和能力，或者说在很多情况下，钱至少能让人更容易获得这些东西，而缺钱则让人无法获得，或者说很难获得这些东西。这一点就凸显出正义边界论所采用的否定批判和非理想型理论的优势。这一角度不仅能让我们构想理想的正义状态，也能让我们更准确地检验哪些方法可以帮助我们实现这一状态，哪些方法和这一理念背道而驰。如此一来，这一角度也就更接近很多人把钱与财富自动联系在一起这一日常生活中的观点，这也正是考察财富是否构成道德问题的意义所在。否定式的方法证明，将钱视为人们获取具有内在价值的产品和能力的关键的实现条件（Ermöglichungsbedingung）与促进条件（Erleichterungsbedingung）是合理的。我认为这比那些只考虑必要条件和充分条件的方法更有优势，因为社会并非只是一个有待定义的概念。在社会现实中，实现条件和促进条件意义重大，因为它们能造成生活好坏的巨大差别。一些人的金钱财富对其他人可能意味着获取初级产品、根本价值与基本能力的巨大障碍。在我看来，这种联系上的可能性及其直观概率，足以成为将这里使用的财富概念限定为金钱的理由。

---

25 这与约翰·罗尔斯的广义反思平衡法（die weite Überlegungsgleichgewicht）是一致的，见 Rawls, *Eine Theorie der Gerechtigkeit*, S. 68—71，及其 *Gerechtigkeit als Fairness*, S. 59—63. 根据这一思想，日常生活中的看法和从理论中获得的信念必须达到平衡，两方都要具备适应能力。这种哲学反思关心的是像如何对公共理性作出贡献这样的事。艾丽斯·杨明确认为，批判性地考察人们的政治信念并最终从理论上将其推翻，是政治理论的一个核心任务。见 Young, *Justice and the Politics of Difference*, S. 106f.，及其 *Inclusion and Democracy*, S. 167—180.

行为能力与财富

由于我关注的是金钱财富，因此在我对财富的一般阐述中，变量 G 代表钱：根据标准 M，如果 X 很有钱（G），那么 X 就算富有。金钱财富这一限制也有助于确定变量 X。只要涉及金钱财富，那么富有的只能是行为者，这就是我想明确指出的。也就是说：根据标准 M，如果行为者（X）很有钱（G），那么行为者就算富有。但这种主张合乎实际吗？家庭、社会等单纯群体，虽然并不一定是严格意义上的行为者，但我们不也会说某某家庭或某某社会很富有吗？按照日常的表达习惯，我们也说欧洲或德国南部这样的地区很富有，并且就金钱财富而言，似乎确实如此。而且在第一章开头，我自己也用了"人类很富有"这样的表述。其实，我认为这些都不只是简略的表达方式。富有的不是群体，而是群体成员。同样，富有也不直接描述区域，而是指生活在这些区域的大部分行为者很富有，或者至少这些区域内能被视为富有的行为者很多。

以富有的家族为例，我们可以很好理解这种差别。例如，莱曼（Reimann）、奥托（Otto）、欧特家（Oetker）和雅各布（Jacobs）都是德国十分富有的家族。[26] 世界范围内，因其财富而出名的莫过于罗斯柴尔德家族（Rothschild），另外还有洛克菲勒家族（Rockfeller）、奥纳西斯家族（Onassis）、罗素家族（Russel）、杜邦

26　根据报纸上的估计，莱曼家族的资产超过 80 亿欧元，奥托家族的资产超过 170 亿欧元，欧特家家族的资产不到 70 亿欧元，雅各布家族的资产只有 40 多亿欧元。但没人知道确切的数字。

家族（DuPont）还有肯尼迪家族（Kennedy）。[27] 历史上，在欧洲占据主导地位的主要是家族和宗族，比如古罗马或中世纪富有的贵族家族。这里的问题在于，富有的是否真的是这些家族，或者说是这些家族里的所有成员都很富有，还是个别富有的成员出于某种原因觉得自己与家人关系紧密，以至于他们愿意将自己的财富与家人共享。无论如何，在法律上，钱总是属于具体的行为者，通常是男户主，而不是家族或氏族本身。这样做有一个很好的理由，因为当出现问题时，特别是在有第三方提出要求的情况下，对钱进行判决需要有法律能力的行为者。[28]

我认为这点不仅适用于法律，也具备一般性。原因就是，只有行为者才有能力使用钱。至于为什么是这样，我们只需观察金钱通常发挥的社会功能便可得知，比如马克思当时就已经强调了钱的三种功能：他认为，钱是储值工具（Wertaufbewahrungsinstrument）、流通工具（Zirkulationsinstrument）和估价工具（Bewertungsinstrument）。[29] 我

27　大卫·兰德斯（David Landes）对商业寡头中依赖于家族结构的财富给出了颇具洞察力的分析，见 David Landes, *Die Macht der Familie. Wirtschaftsdynastien in der Weltgeschichte*, München 2008.

28　德国《民法典》第 903 条规定："财产所有人在不违反法律和不损害第三方权利的情况下，可以不受他人的影响处置该财产。"见 Bürgerliches Gesetzbuch (BGB), "§ 903 Befugnisse des Eigentümers", *BGB III Sachenrecht*, http://www.buergerliches-gesetzbuch.info/bgb/903.html，上次访问时间 2017 年 6 月 28 日。这显然是以财产所有人的行为者这一身份为前提的，见 Waldron, *The Right to Private Property*. 当然，家庭也可能有自己的结构，比如采取章程的形式。只要这种结构足够牢固，那家庭也完全可能成为独立的行为者。

29　马克思写道："作为价值尺度，并因此以其自身或通过代表作为流通手段的商品，就是货币。因此，黄金（或者白银）是货币。作为货币，它一方面具有金或银的属性，因此它是货币商品，也就是既非价值尺度般的理想概念，也非流通手段般的表现方式；另一方面，不论是通过自身还是代表，它都作为唯一的价值形式，或作为交换价值唯一恰当的实存物确定其他物品的使用价值。"见 Karl Marx, "Das Kapital I. Band I. Kritik der politischen Ökonomie", in *Marx-Engels-Werke (MEW)*, Berlin 1962, S. 143f.

不想断言这些就是货币的全部功能，但这些的确是其相当核心的功能。马克思也提出了钱的其他功能，例如钱可被视为信用或者可以作为一种癖好，但他同时认为后一种功能相当病态，而前一种功能则是资本主义在特定条件下的重要功能。其他学者则强调，钱在完全不同的情况下也是一种沟通手段，例如钱可以体现社会地位。[30] 我随后将对这一问题展开讨论。此处，我们只需要钱的上述三种已得到广泛认可的功能，即作为储值工具、流通工具和估价工具的功能，就能说明为什么只有行为者才有能力使用钱。

就储值功能而言，只有行为者才能使用钱的特点似乎并非显而易见。虽然钱的价值的确是一种社会建构，也因此取决于估价者的能力，但也存在价值能被理解为对象内在特性的其他社会属性。[31] 例如，风景之美就是这种情况。虽然美这一价值特性也是被赋予的，但美的确来源于风景本身。正如我们可以说一道风景很美，我们或许也可以说一个地区很富有。但这种比较不恰当。因为风景之所以美，是因为构成这道风景的某些特性使之成为美景，但一片地区钱多的原因并不在于这一地区的特性。[32] 单从钱位于该地区这一事实中，不足以得出这样的属性，之所以这么说，是因为钱只能通过与行为者发生关联的方式才能发挥其储值功能。

30　关于货币的不同功能，见 Dodd, *The Social Life of Money*.

31　伯纳德·威廉姆斯（Bernard Williams）尤其强调大自然的这种价值特性的属性特征，见 Bernard Williams, "Muss Sorge um die Umwelt vom Menschen ausgehen?", in Angelika Krebs (Hg.), *Naturethik*, Berlin 1997, S. 296—306.

32　但一片地区完全可以富含原材料。

一个简单的例子就能说明这其中的区别。[33] 我们可以想象一位冒险家来到一个未知的地区，发现这里很美。她会认为，这片风景在她到来的前一天就已经很美。我们可以进一步想象，这位冒险家发现这片地区曾有人居住，可现在已经荒废了。她在每座房子里都发现了大量她认为能被当作支付手段的物品，她结合证据得出结论，这片区域过去很富有。但如今，这片区域不再富有，这也包括在她到来的前一天。自从人们消失后，钱就失去了其储值功能。为什么会这样？原因很简单，钱只有在同时作为流通工具时，才能发挥其储值功能。当人们从该地区消失并留下这些钱时，钱就失去了其流通功能，并因此也失去了其储值功能。

在作为流通工具的功能上，钱对行为者的依赖应该更明显。钱要流通，必须由人来操作，那么人很明显就是行为者，这点无需多言。然而，也有自然的流通过程，比如水循环。还有一些独立于行为者的技术流通过程，如计算机交换数据。难道货币的流通过程不能独立于行为者吗？我们完全可以想象，在未来场景中，我们的冒险家来到了一片虽已荒废但高度技术化的地区。因为有自给自足的能源系统，这里的计算机仍在运行。在某一刻，冒险家发现，这些计算机不停地忙着进行金融交易，处理的数字已经大得不可思议，而且还在增加。不过，即便如此，冒险家不会认为这个地区仍称得

33　这个例子的灵感源于玛格丽特·吉尔伯特（Margaret Gilbert）对社会本体论的思考。与当前对集体性（Kollektivität）的讨论中常见的观点不同，吉尔伯特在这方面的思考与政治共同体的联系更为紧密。见 Margaret Gilbert, *Joint Commitment. How We Make the Social World*, Oxford 2014.

上富裕。相反，她会觉得计算机的活动几乎没有意义。[34]

但为什么会这样？由计算机支配的金钱流通缺少了什么？与前述理由相同，由于没有行为者的参与，这种流通执行的并不是它本来的任务。这里的关键在于，计算机操作的不再是钱的流通，而只是抽象的数字交换。冒险家也会认为计算机处理的只不过是毫无价值的数字，而这些数字毫无价值正是因为再也没人衡量这些数字的价值。说到底，钱之所以如此地依赖行为者，恰恰是因为钱的估价功能。只有行为者才能用金钱来表达价值，因此，也只有行为者才有能力使用钱。与评估美景或一幅画不同，有钱参与的评估必须发生在一个集体过程中，也必须由这一过程构成。行为者通过金钱在彼此间的某种流通方式来表达这些价值。[35]

因此，即使是在荒无人烟的地方，冒险家仍可以认识到美景或艺术品的价值，但却无法认识到钱的价值。对钱的价值来说必不可少的流通和评估的集体实践已不复存在。钱本身不能估价，而是行为者通过市场决策做出某种评估，并用钱作为表达这一价值的媒介。也就是说，对于有能力估价的行为者来说，钱是一种沟通媒介。而钱之所以能发挥这一作用，当然是因为钱的这一功能是由集体赋予的，并且大多数行为者接受用钱来表达主体间协商好的价值。而这一切都巩固了金钱财富依赖行为者这一论点，因为如

34　虽然计算机最终可能会通过图灵测试（Turing-Test），但至少这些计算机不能。如果计算机真能思考，按照我们的期望，它们应该放弃数字游戏，转而从事更重要的事。一篇至今仍很重要的对图灵测试的论述见 Daniel Dennett, "Can Machines Think?", in Daniel Dennett (Hg.), *Brain Children*, Cambridge MA 1998, S. 3—30.

35　见 Ingham, *The Nature of Money*, S. 12.

此复杂的社会建构只能通过行为者有目的的行动才能得以实现和维持。[36]

当然，不可否认的是，在日常语言中我们常用富有形容某一地区，这完全没问题。例如，全球范围内，我们常用富有形容北方，也就是北美、欧洲和日本。在这些区域内又有进一步的差别，比如意大利北部比南部富有，慕尼黑比多特蒙德富有，美国东海岸比中西部偏南的地区富有。然而，这些表达方式说的不是这些地区自身很富有。[37]地区没有能力使用金钱，因为地区不能估价，也不能承诺遵守任何主体间的估价方式。准确地说，富有的是位于这些地区的行为者。比如，意大利北部的许多行为者明显比南部的大部分行为者更富，生活在欧洲的大多数人比生活在非洲的大多数人更富。而为了表述的简洁，人们将富有看作地区的特性，以明确突出区域差异。

然而，使整个地区富有的不仅仅是个人财富，比如意大利北部地区之所以富有是因为那里有富有的企业，欧洲之所以富有是因为至少有些欧洲国家算得上富有，而且对财富的管理也比较明智，或者说这些国家至少近期做到了这一点。（在这之前，他们也是通过抢劫和殖民主义获得财富的。）同样，我们可以尝试将

---

36 除了约翰·瑟尔，莱莫·图梅拉（Reimo Tuomela）也指出了这一点。见 John Searle, *The Construction of Social Reality* 及其 *Wie wir die soziale Welt machen. Die Struktur der menschlichen Zivilisation*, Berlin 2012; Reimo Tuomela, *The Philosophy of Sociality. The Schared Point of View*, Oxford 2010.

37 当然，一片地区也可以拥有其他形式的财富，例如地表资源或美景。但这里讨论的并不是这些形式的财富，而是金钱财富。其他形式的财富可以与行为者完全无关，而只取决于其他特征。

组织的财富归结为单个行为者的财富，那么一个企业的财富就是其所有者的财富，一个教会的财富就是其成员的财富，一个国家的财富就是其公民的财富。但现实往往并非如此，无论是公民还是教会成员，都不能随意支配其国家或其所在教会的财富。即使是一家企业的所有者也不能随意控制企业的资金，尤其是在股份公司。

此外，这些组织实际上对钱的使用方式，单纯的群体和地区根本做不到。[38] 企业可以通过购买决策进行估价，还可以承诺遵守以钱为标志的集体估价方式。以这种方式，企业间可以签订合同，国家能以国家的名义接受债务。虽然这些能被称为团体行为者的组织是通过单个的人来行动的，但这些个人并不以私人身份行事，而是代表其所在团体发挥行为者的作用。不管是签订合同还是向另一方汇款，他们都是以团体代表的身份在做这件事；即使他们事后将自己从组织中剥离出来，他们的所作所为也与其所代表的整个组织紧密联系在一起。因此，他们交易的不是他们自己的钱，而是团体行为者的钱（如企业、国家、协会或教会）。[39]

但是，这样的团体行为者究竟存在吗？这样的行为者不就是没有任何实际基础的社会建构？总的来说，将这样的团体当作行为者是有道理的，因为我们已经将此类行为者成功地融入进我们的社会

---

38 社会本体论也区分建构与非建构的群体，见 David Schweikard, *Der Mythos des Sigulären. Eine Untersuchung zur Struktur kollektiven Handelns*, München 2011, S. 351—357.

39 我以企业为例论证了这一点，见 Christian Neuhäuser, *Unternehmen als moralische Akteuer*, Berlin 2011.

进程中。[40] 所以，我的观点是，虽然作为团体行为者他们确实是社会建构，但他们仍可被理解为独立的行为者。[41] 毕竟，只要社会建构是成功的，那么团体行为者就能像其他行为者一样独立活动，这才是重点。不过，我并不想深究社会本体论方面的问题，我只想指出，相比于单纯的群体或地理区域，团体行为者显然有使用钱的能力，而这对于"他们也能被视为富有的"这一假设来说就足够了。在现实生活中，人们对团体行为者的认知也的确如此，而且也采取相应的方式和他们打交道。所以，团体行为者的财富不能被简化为个体行为者的财富。

自尊与财富

有钱的行为者就算富有。但他们到底要多有钱，才能真的算富有？这是我在对财富的一般阐述中对尺度的追问：根据标准 M，如果 X 有很多物品 G，X 就算富有。我想就行为者的金钱财富提出一

40　最有名的观点莫过于来自彼得·弗兰奇（Peter French）、克里斯蒂安·李斯特（Chrisntian List）和菲利普·佩迪特（Philip Pettit）。见 Peter French, "The Corporation as a Moral Person", *American Philosophical Quarterly* 16 (1979), S. 207—215; Peter French, *Corporate Ethics*, San Diego CA 1995; Christian List/Philip Pettit, *Group Agency. The Possibility, Design, and Status of Corporate Agents*, Oxford 2011. 彼得·弗兰奇认为，企业甚至可被看作人（Person），因为企业的组织结构可以让企业做出理性的决定。此外，克里斯蒂安·李斯特和菲利普·佩迪特都认为，企业的个人决策者无法对集体的决策过程负责。这些学者都认为理性是责任能力的一部分。在此基础上，佩迪特认为，团体行为者可被视为拥有自己的思想，见 Philip Pettit, "Groups with Minds of their Own", in Frederick F. Schmitt (Hg.), *Socializing, Metaphysics. The Nature of Social Reality*, Lanham 2003，以及 Schweikard, *Der Mythos des Singulären*.

41　见 Neuhäuser, *Unternehmen als moralische Akteure*, S. 153—164.

种特有的尺度，即自尊的标准。也就是说，根据自尊的要求，如果行为者有很多钱，那么行为者就算富有。我认为这个阐述对适于道德讨论的金钱财富概念来说相当有用，因为像约翰·罗尔斯一样，我也认为对大多数人来说，自尊是重要的初级产品。[42] 但与罗尔斯不同的是，我将自尊与尊严联系在一起——在这点上，我认同阿维夏伊·玛格利特的观点。[43] 只有拥有自尊，人才能有尊严地活着。这里提出的对财富的理解，明确了钱如何作为一种工具价值通过自尊与作为核心内在价值的尊严相关联，这是这种理解的优势。而财富为什么对正义问题意义重大的原因，也能由此得到揭示。

但对自尊的这种参照也面临若干问题，我想通过讨论其中三种质疑，为我对财富尺度的规定进行辩护，并进而说明为什么这一理解尤其适合对财富进行道德反思。第一种意见认为，财富通常是由一个相对标准来衡量的，即与别人的收入比较。与此相反，我认为最好应该制定一个严格基于自尊价值的标准。第二种意见认为，这类绝对标准客观上必须是合理的，但这种合理化不可能实现。对此，我相对简要的回答是，这一反对意见所采用的客观概念过于严苛。第三种意见质问自尊是否真的适合作为衡量财富的标准。就算某种绝对标准成立，为什么这一标准要建立在自尊的基础上？对

---

42 Rawls, *Eine Theorie der Gerechtigkeit*, S. 479.

43 见 Margalit, *Politik der Würde.* 亦见 Schaber, *Menschwürde und Selbstachtung*, S. 93—119，及其"Achtung vor Personen", in *Zeitschrift für philosophische Forschung* 61/4 (2007), S. 423—438. Stoecker, "Menschenwürde und das Paradox der Entwürdigung", S. 133—151，及 其 "Die philosophischen Schwierigkeiten mit der Menschenwürde— und wie sie sich vielleicht löschen lassen", S. 8—20.

此，我将说明为什么在涉及尊严和正义问题时，自尊是绝佳的财富指标。

第一种不同意见指出，财富通常不由绝对衡量标准判定，而是根据相对标准，也就是与他人的收入水平进行比较。根据一种欧洲境内广泛使用的定义，如果一个人的收入超过等值净收入中位数的两倍，这个人就算收入丰厚。[44]（这里说的是通过需求权重对家庭收入的计算，要考虑家庭成员数量，以使不同家庭规模具有可比性。有必要对需求加权，则是因为成员多的家庭可以更有效地使用某些资源，比如厨房和洗衣机。）2013 年，德国个人净收入中位数的两倍是 2826 欧元。[45]也就是说，同年每月账户收入超过这一数字的人，根据这一定义就算富人。

如果今天我们仍假设类似的数值，那么一个毛收入超过 9000 欧元的单身联邦议院议员就应该算是相当富有了，因为她的净收入约为 5700 欧元，也就是上面所说的富人门槛的两倍，更是平均收入者的四倍。另一种衡量方式试图弱化这一解读，将拥有这种收入的人描述为"小康"而非"富有"。根据这种弱化的解读，只有那些不用工作，单凭其坐拥的大量资本就能过上无忧无虑的生活的

---

44 见 Ernst-Ulrich Huster, "Reiche und Superreiche in Deutschland. Begriffe und soziale Bewertung", in Thomas Duyen u.a. (Hg.), *Reichtum und Vermögen. Zur gesellschaftlichen Bedeutung der Reichtums- und Vermögensforschung*, Wiesbaden 2009, S.45—53.

45 根据科隆德国经济研究所的数据，2013 年个人等值净收入（根据中位数）为 1413 欧元。见 Institut der deutschen Wirtschaft Köln, "Einkommensranking. Hohe Wirtschaftskraft reicht nicht immer", http://www.iwkoeln.de/presse/iw-nachrichten/beitrag/einkommensranking-hohe-wirtschaftskraft-reicht-nicht-immer-123518，上次访问时间 2017 年 6 月 28 日。

人，才是真正的富人。[46]百万富翁或者千万富翁就是这种情况。如果每年净收入要达到 6 万欧元，在利率 4% 和资本资产收入税率 25% 的情况下，一个人需要 200 万欧元的资本资产。如果年收入要超过 10 万欧元这一已然十分奢侈的数字，那么刨去利息，就需要 350 万欧元的资本资产。

全球范围内的亿万富翁肯定有约 2000 人，这些人不仅富有，[47]他们更是超级富豪[48]：只要有 10 亿欧元的资本，算上 4% 的利息和每年 25% 的收入所得税，一个人一年什么都不用干，就能实现 3000 万欧元的净收入。相比之下，德国只有差不多 100 万名百万富翁，这样的财富显得相当苍白，可他们仍算得上富豪。2016 年，全球有 1000 万名百万富翁，其中超过三分之二生活在欧洲和北美。在德国和美国，百万富翁约占总人口的 1%。如果你在火车站和 100 个人一起等车，那么从数据上来看，其中一个人就是百万富翁，这个人很可能——虽然不一定——就站在一等座车厢的停靠点。顺便说一句，瑞士的百万富翁数量占其总人口的 2.4%。

为了突出财富的规模，荷兰经济学家杨·彭（Jan Pen）想出了一个令人印象特别深刻的比较模型。我们可以想象"收入游行"：参加游行的人代表总人口中不同的收入群体，为了更直观地表现收入高低，这些人的身高代表相应的收入情况。如此一来，最穷的人

46　见 Huster, "Reiche und Superreiche in Deutschland", S. 41—45.

47　见 Branko Milanovic, *Global Inequality. A New Approach for the Age of Globalization*, Cambridge MA 2016, S. 41—45.

48　见 Thomas Druyen, *Goldkinder. Die Welt des Vermögens*, Hamburg 2007, 以及 Chrystia Freeland, *Die Superreichen. Aufstieg und Herrschaft einer neuen globalen Geldelite*, Frankfurt/M 2013.

就只有几厘米高，而最富的人则令人不可思议地高耸入云。根据这一图景，只有那些非常高的人—至少也得像摩天大楼一样高—才算真的有钱。大部分人很矮，只有少数人是正常身高，因为多数人的收入低于平均水平。[49] 在长达一小时的游行中，直到最后五分钟，这些人才慢慢开始长高，最初只长了几米，到后来长了几千米。这一思维实验意在表明，这些人真的是超脱凡人的富有。[50]

这样的相对标准在某种程度上令人印象十分深刻，但我认为，要回答一个人什么时候才算富有这个问题，不能单靠相对标准，我们也需要更实质性的尺度。虽然比别人拥有更多常被认为是富有的标准，但这些人之所以富有，并不仅仅是因为他们比别人拥有更多。相对标准的一个问题是，我们不清楚到底是谁构成了相关的比较对象。欧洲的平均收入水平算得上富有，是因为这些人比世界平均收入水平高三到四倍，还是因为他们比绝对贫困的一二十亿人收入高 30 倍？[51] 又或者，如果说某些人穷，那是因为他们的收入只占

---

49 为了避免混淆：这里使用的平均收入与前面提到的中位数收入有所区别。中位数是指将人口分为收入多和收入少两部分的那个中间值，而平均数是指收入总和除以收入总人数得到的数值。如果少数人的收入远超其他人，那么平均收入也将明显高于收入中位数。例如，如果 10% 的人收入 10 万欧元，90% 的人收入 1 万欧元，那么平均数就是 19000 欧元。然而，中位数则只有 1 万欧元，因为一半的收入是这个数额。在统计学中，为了不考虑偏差值过大的情况，经常使用中位数。而彭的游行例子恰恰是为了表明这种差异有多大。

50 见 Jan Pen, *Income Distribution. Facts, Theories, Policies*, New York 1971. 大卫·施维卡特（David Schweickart）和乔纳森·沃尔夫（Jonathan Wolff）也对这一游行模型进行了令人印象深刻的描述，见 David Schweickart, *After Capitalism*, Lanham 2002, S. 88—91; Jonathan Wolff, *An Introduction to Political Philosophy*, Oxford 1996, S. 148—155.

51 目前，国际政治认可的绝对贫困标准是每天 1.25 美元。根据这一数值，绝对贫困的现象有所减少。在过去 20 年左右的时间里，绝对贫困人口减少了 7 亿。根据联合国的数据，这几乎完全是因为以下五个国家的贫困有所减少：中国，印度尼西亚，印度，巴基斯坦和越南。见 United Nations. Department of Economic and Social Affairs (DESA), "The Millennium Development Goals Report 2013", 2013, http://www.un.org/development/desa/publications/mdgs-report-2013.html，上次访问时间 2017 年 5 月 20 日。

本国 1% 到 2% 的百万富翁的收入的二十分之一吗？社会科学通常以国家为单位对财富进行衡量，但为什么是这样？以全球标准来看算得上富有的一群人，根据本地标准可能是穷人，这是完全有可能的。要想解释这些问题，我们需要一个基本参考点，才能将这些判断联系在一起。

这就引出了相对尺度的第二个问题。这些标准本身并没有说明为什么它们给财富设下的门槛是正确和重要的。为什么收入是平均收入两倍的人算富人？为什么只能是收入百万的人？财富的门槛当然可以被随意划定，但这样武断的财富概念根本无法揭露道德问题。相比之下，绝对标准则可以揭示富有与否究竟跟道德有哪些关系。用自尊定义财富，或许能为清晰的衡量界限提供合适的理由。但在这之前，必须先得到澄清的是金钱和自尊间都存在哪些关联，以及这种绝对标准到底能否比相对标准更客观。

要回答财富的绝对衡量标准是否客观，就必须首先明确客观性到底是什么意思。学术理论讨论主要区分三种对客观性的理解：第一，是严格以事实为导向；第二，是价值自由；第三，是不受个人偏见的影响。[52] 财富的绝对标准在第一和第三种意义上都能做到客观，但无法达到第二种意义的客观，稍后我将说明这一点。[53] 第三

---

52 见 Julia Reiss/Jan Sprenger, "Scientific Objectivity", 25. 08. 2014, in Edward N. Zalta (Hg.), *The Stanford Enctclopedia of Philosophy*, http://plato.stanfor. d.edu/archives/fall2014/entries/scientific-objectivity，上次访问时间 2017 年 5 月 20 日。

53 "财富"明显就是希拉里·普特南（Hilary Putnam）所说的，描述维度和评价维度无法被明确区分的概念。见 Hilary Putnam, *The Collapse of the Fact/Value Dichotomy and Other Essays*, Cambridge MA 2002.

种意义尤为重要，因为财富标准的选择不能仅为个人目的服务，比如不包括那些平时看起来很有钱的人。若有人建议只将收入百万的人视为富人，却不给出任何进一步的理由，这就可能造成为个人目的服务的印象。因为这样就将收入是收入中位数两三倍的人排除在富人之外。正是这样的问题需要进一步反思，其选择也需要进一步论证。但在忠于事实这一点上，基本不存在争议。虽然人们对如何借助科学方法实现事实准确性仍存异议，但在日常理解中，忠于事实显然指的是真诚地处理信息。对道德敏感话题来说尤其如此。[54]

对财富的绝对标准进行客观定义绝不允许带有偏见，也必须做到实事求是。但这一定义不可能没有价值参照，因为如果没有明确的价值参照，就根本不可能找到这样的标准。[55]我们必须明确到底什么价值如此之高，以至于能为一般性的财富标准提供合理的解释。对贫穷来说也是这样，我们可以通过比较来理解这一点。要想说明什么时候存在绝对贫困或相对贫困，我们就必须解释清楚绝对贫困和相对贫困的界限是基于什么理由划定的，而不是随便说说。这一点很关键，否则由贫困归因产生的规范性判断就失去了合理基础。贫困不是件好事，我们必须与之斗争，因为穷人几乎不可能过上有尊严的生活，或者说至少很难有尊严地生活。[56]这一标准符合

54　超越真理（Wahrheit）的真诚（Wahrhaftigkeit）的含义，见 Bernard Williams, *Wahrheit und Wahrhaftigkeit*, Berlin 2013.

55　Sen, *Inequality Re-Examined*；亦见 Vivian Walsh, "Sen after Putnam", in *Review of Political Economy* 15/3 (2003), S. 315—394.

56　见 Christian Neuhäuser, "Zwei Formen der Entwürdigung. Relative und absolute Armut", in *Archiv für Rechts- und Sozialphilosophie* 4 (2000), S. 542—556.

事实。但如果能够证明，贫困与尊严根本没有关系，那么这一标准就无法成立。这一标准也不受个人利益影响，因为它不以由此给个人带来的好处为基础。然而，这一标准不可能与价值无关，因为无论是尊严还是与之相关的贫困，这二者都是价值概念。

不过，我认为这样的结果不会给财富研究带来问题，因为财富本身是一个价值概念，也就是所谓的"厚概念"（thick concept），同时包含规范、评价和描述的特征。[57] 在日常理解中，财富是件好事，也值得追求。然而，财富表达的积极的东西，却是我在这里想通过对财富的道德批判予以反驳的。一般来讲，社会科学领域的概念不可能像自然科学领域的概念那样，与价值无关，因为这些概念不仅塑造了社会现实本身，也是我们感知和评价社会现实的组成部分。[58]因此，对于像贫困或财富这样的评价性概念来说，同样具有评价性特征的标准其实是合适的。而为了保证这一标准的客观，只要满足客观性的第一个和第三个要求就足够了，也就是忠于事实和独立于主观利益。

57　这种"厚概念"的特点在于，它们既有描述性成分，也有评价性或规范性成分，见 Bernard Williams, *Ethics and the Limits of Philosophy*, Cambridge MA 1985, S. 143—145. 厚概念不仅描述世界上的某些事物，同时也评价它们，见 Debbie Roberts, "Thick Concepts", in *Philosophy Compass* 8/8 (2013), S. 677—688. 典型的厚概念如"公民"或"爱情"。作为厚概念，"公民"不仅指拥有一本护照的人，还指承担道德权利和义务的人；而"爱情"不仅是可被观察到的现象，大多时候更是一种被积极评价的现象。

58　就这点而言，彼得·温奇（Peter Winch）已经在路德维希·维特根斯坦（Ludwig Wittgenstein）的基础上作出了补充，见 Peter Winch, *The Idea of a Social Science and Its Relation to Philosophy*, Abingdon 2008. 以下实践理论学者的论述同样值得参考：Pierre Bourdieu, *Die feinen Unterschiede. Kritik der gesellschaftlichen Urteilskraft*, Berlin 1987; Anthony Giddens, *Die Konstitution der Gesellschaft*, Frankfurt/M 1997; Theodore Schatzki, *Social Practice. A Wittgensteinian Approach to Human Activity and the Social*, Cambridge 1996. 总览见 Frank Hillebrandt, *Politik der Würde. Eine Einführung*, Berlin 2014.

但为什么自尊是财富绝对界限恰当的客观标准？毕竟，我们的问题不是一个人自尊心强不强，而是一个人是否算得上富有。钱与自尊有什么关系？我的看法是，这里所说的"自尊"应被理解为规范性概念，而非心理学概念，此外这里的自尊概念具备双重含义。规范性而非心理学概念，是指自尊不直接涉及一个人是否有自尊感，何时有自尊感这样的问题。规范性的含义在于，一个人是否有足够的理由尊重自己。[59] 这种情况是指，人们首先能以合适的方式自理，其次能在尊敬自我的意义上自重。[60] 自尊的这两种含义都包含社会层面的意义。一个人能否自理，取决于这个人所处的社会结构。例如，工作组织和反性别歧视的预防性制度对此有重大影响，只有当一个社会的相关制度能保障每个人都有一份工作，都不会因性别受到歧视时，相关人群才能在这些方面拥有实现自理的自由。自重同样具有社会意义，因为自重也取决于一个人是否被他人平等看待。只有当这样的相互尊重平等存在时，一个人才有充分的理由认为其个性被他人尊重。[61] 这一点很重要，因为首先，自尊的基础是值得被尊重。拥有自尊意味着我们假设我们的自我是值得被尊重的。如果我们不被他人平等对待，那么他人就给予了我们怀疑自己是否真的值得被尊重的理由。其次，尊重的缺乏，例如以羞辱的方

59　见 Margalit, *Politik der Würde*, S. 52—63. 阿恩德·波尔曼（Arnd Pollmann）则认为，尊敬自我和自我价值感是相辅相成的情感概念，见 Arnd Pollmann, "Würde nach Maß", in *Deutsche Zeitschrift für Philosophie* 52 (2005), S. 611—619.

60　见 Stoecker, "Menschenwürde und das Paradox der Entwürdigung", S. 133—151.

61　Neuhäuser, "Würde, Selbstachtung und persönliche Identität", S. 448—471.

式，会伤害一个人的个性或人格。[62] 一个人的自尊，包括通过自尊表现出来的尊严，也会因此受到伤害。[63] 即使有人在被羞辱后仍能保有自己的尊严，往往他们也很难继续将这种尊严表达出来，而这正是自尊的一个核心因素。

这里通过自尊划定的界限，将有助于我们对财富的考察。这主要是因为自尊的双重含义，即能够自重（sich selbst achten können）和能够自理（auf sich selbst achtgeben können）。首先，钱在很多情况下是实现条件，因为它决定了一个人能否自理这一生存问题，因为一般来讲，生活必需品只能用钱交换。另外，钱常常也是一个人能否自理的促进条件，比如事实证明，一个人的收入与其健康状况存在统计数据上的相关性。[64] 这是因为钱多能让人获得更好的医疗保障，也就意味着生存压力更小。[65] 其次，作为促进条件，钱对自重也起着重要作用。很多人都有这样一种印象，只要一个人能挣钱，就代表这个人做了值得尊敬的事。此外，钱也为很多人表达尊严提供了便利，使他们能在公共场合规避羞辱、维护自尊；我认为

62　不同立场参见 Daniel Statman, "Humiliation, dignity and self-respect", in *Philosophical Psychology* 13/4, S. 523—540.

63　"认同哲学"（Philosophie der Anerkennung，也译作"承认哲学"——译者注）的相关著作特别强调这种社会或人际关系成分，就这一点而言，它是对自尊理论的一个重要补充。见 Charles Taylor, *Multikulturalismus und die Politik der Anerkennung*, Berlin 2009, S. 20f.，以及 Axel Honneth, *Verdinglichung. Eine anerkennungstheoretische Studie*, Berlin 2015, S. 46f. 总览见 Heikki Ikäheimo, *Anerkennung*, Berlin 2014. 直接对自尊进行讨论的，见 Colin Bird, "Self-respect and the Respect of Others", in *European Journal of Philosophy* 18/1, S. 17—40.

64　见 Stefan Huster, *Soziale Gesundheitsgerechtigkeit. Sparen, umverteilen, vorsogen?*, Berlin 2011, S. 55—62；Göran Therborn, *The Killing Fields of Inequality*, Cambridge 2013, S. 7—19.

65　同上。

这是相当重要的一个方面，稍后我会谈到这点。

现在应该不难理解，为什么将自尊作为衡量财富的标准是有意义的：根据自尊的要求，如果行为者有很多钱，那么他们就算富有。如果这里的行为者指的是人，那么这些人的财富就能使他们轻松地实现自理和自重，部分原因是因为他们能够更轻易地获得他人的尊敬。我认为钱与自尊的这一联系十分关键，它为对财富进行批判的道德考察提供了良好的基础。这样说有三点原因：第一，这种财富理解有助于确定个体行为者和团体行为者间的财富界限；第二，它揭示了钱和权力间的某种特殊联系；第三，它能更好地描述钱与地位间的关联。我将在下一章对这三点原因加以详细说明。通过讨论我还想澄清，这里提出的财富概念定义与企业和国家这样的团体行为者之间存在怎样的关联，因为与个人相比，自尊的理念被用在团体行为者身上时显得不那么自然。

第三章

财富尺度、权力与地位

上一章中对财富概念的定义在某一方面仍然相对模糊，不够清楚。我之前说，如果根据自尊的需求，行为者已经很有钱了，那么此行为者就算得上富有。但这一定义中钱和自尊之间的具体关系还不够清楚。所以，本章将深入探讨钱和自尊间的关系。我想说明为什么至少对财富的道德反思来说，用自尊定义其概念及界限是有意义的。此外，这一讨论还让我有机会解决一个到目前为止似乎毫无进展的矛盾。一方面，我断言团体行为者也能被视为富有，但另一方面，团体行为者似乎无法像个体行为者一样拥有自尊这样的特征。因此，我对财富的定义或许正如一些人担心的那样，根本不适合团体行为者。不过，我想说明的却与之形成鲜明的对照，也就是团体行为者的财富与个体行为者的自尊有关。

　　本章第一节要讨论的是一个非常关键的问题，即这里提出的财富概念是否足以确定具体的财富限度，以及如何做到这一点。正如我们所见，平均收入的两倍或100万欧元的流动资金门槛，这些作为相对财富界限的常见标准的缺点是相对随意。但它们的优点在于提供了明确的数字以供判断谁是富人，谁不是富人。虽然研究正义问题的学者往往对这些数字避而不谈，宁愿把它们留给经济学家，但当涉及实际问题时，这些数字非常重要。公共讨论在很大程度上受数字和图表的影响，各种政策的优劣也借助这一表现方式来确定。因此，要想让哲学思考对实践产生影响，在数字这个问题上努力建立联系也许对哲学来说是有价值的。确定具体数据当然仍是社会科学的工作，但以可行的方式将概念的哲学定义与社会科学的操作相结合，对实际情况而言大有裨益。[1]

在此基础上，我将在本章第二节和第三节中论证，为什么通过自尊来定义财富不仅从实用角度来看是可以设想的，而且对道德问题也有意义。这样一来，我们就能恰当地将金钱与权力以及金钱与地位之间的关系作为问题来加以论述。当然，几乎不会有人否认金钱、权力和地位间的紧密联系。金钱能带来社会权力，反之亦然。除此之外，钱是一种表达社会地位的手段——甚至或许是核心手段。对与正义有关的问题来说，这些联系之所以特别能引起人们的兴趣和注意力，是因为钱、权力和地位间的紧密联系能侵犯人对自尊的普遍要求，并使一个人的平等地位受损。这一点正是金钱财富是否构成道德问题的分水岭。

通过改善概念的可操作性以及对权力和地位进行讨论，我将澄清我提出的财富定义如何适用于团体行为者。如果团体行为者的金钱财富多到其中一部分不再有助于促进个人对自尊的普遍要求，那么团体行为者就算富有。如果他们将财富用于助长与平等的要求

1　这一要求是削弱政治哲学理想化程度的改革结果之一。这一改革认为，政治哲学应该致力于其实际影响力。见 Valentini, "Ideal vs. Non-ideal Theory", S. 654—664.

相悖的权力和地位，那么他们的财富就是成问题的。但是否的确如此，还有待本章论证。

自尊与财富的尺度

根据自尊的要求，钱多的人就是富人，这是我在上一章提出的规范性财富尺度。这一尺度之所以适于对财富进行道德考察，是因为正如罗尔斯所说，[2] 自尊是最重要的社会产品。阿维夏伊·玛格利特以及其他学者，如玛莎·努斯鲍姆、彼得·沙伯和拉尔夫·施多克，也都将自尊与尊严联系在一起。[3] 我赞同这一立场，只有有自尊的人，才能表达其与生俱来、不可剥夺的尊严，并真正有尊严地活着。自尊的前提是一个人能以适当的方式自理，并能自重地把自己当作一个平等的人，也能被他人平等对待。[4] 或许也可以这样说，当自尊表达的是自我尊重时，自尊取决于一个人能否被他人平等对待；当自尊强调的是自主自决时，自尊包含一个人能以合适的方式自理的意思。[5]

---

2 见 Rawls, *Eine Theorie der Gerechtigkeit*, S. 479.

3 见 Margalit, *Politik der Würde*; Nussbaum, *Die Grenzen der Gerechtigkeit*, S. 223f. Schaber, "Menschenwürde und Selbstachtung", S. 93—119, 及其 "Achtung vor Personen", S. 423—438; Stoecker, "Menschenwürde und das Paradox der Entwürdigung", S. 133—151, 及其 "Three Crucial Turns on the Road to an Adequate Understanding of Human Dignity", S. 7—17.

4 见 Stoecker, "Die philosophieschen Schwierigkeiten mit der Menschenwürde- und wie sie sich vielleicht lösen lassen", S. 8—20.

5 见 Neuhäuser, "Würde, Selbstachtung und persönliche Identität", S. 448—471.

将这种对自尊的理解加以完善，就可以明确自尊与财富的关联，并帮助确定一个清晰的财富边界。这样一来，就有可能确保财富概念的可操作性，并确定具体数值，这是其一。其二，这种用自尊定义财富的方法使财富概念摆脱了随意性，并为其提供了一个客观的规范性基础。一个人是否有钱，不再取决于，或者不再只取决于其他人的情况。这种对概念的理解的另一个成果是，概念本身就已经揭示出财富何时会构成道德问题。钱不只是一个人自理和自重的实现条件和促进条件，它也能妨碍他人的自尊。富有的行为者可能会阻碍，或者至少是让他人难以过上有自尊的生活。如果真是这样，那么财富就成为一个问题。

但自尊和钱到底有什么关系？要想明确这一点，就必须更好地理解自尊的两面性，到目前为止，我只是十分抽象地将自尊概括为"以适当的方式自理"和"以平等的方式自重"这两种形式。这是什么意思？"以适当的方式自理"，首先是指人们通常努力追求尽量自食其力。[6]这里的意思当然不是说要完全做到自给自足，而是要拥有参与合作式自给自足的能力。在大多数国家，这一点意味着有足够的收入来保证自己的生计。这里的生计也不单纯是生存，它包含在相关社会过上正常生活通常所需的一切。[7]比如在德国、奥地

---

[6]　理查德·森内特（Richard Sennett）尤其强调这是尊重和自重的来源，见 Richard Sennett, *Respekt im Zeitalter der Ungleichheit*, Berlin 2004.

[7]　在这方面，彼得·汤森德（Peter Townsend）为相对贫困理念作出的辩护十分具有开创性，见 Peter Townsend, *Poverty in the United Kingdom*, London 1979，及其 *The International Analysis of Poverty*, London/New York 1993.

利和瑞士，这些包括有独立卧室和客厅的公寓、出行能力、医疗保障等。[8]

要确定什么对某个特定社会中的正常生活而言是必需的，不是件易事。但无论如何，我们不能在这一过程中只简单地以人们通常拥有的那些商品为基础，而是要看哪些商品是正常且合适的。这一标准也可被理解为生活水平。[9] 例如，可能许多人都没有自己的洗衣机，尽管人们普遍认为洗衣机属于正常生活水平的一部分。又或者，虽然很多人都有车，但人们并不认为拥有自己的车属于合理生活水平的一部分，因为可能公共交通设施良好，保障了足够多的人或近或远的出行需求。尤其是对极其贫困的社会来说，生活水平不仅取决于平均商品数量，因为那里的商品数量可能少到大多数人面临用品短缺的情况。[10] 同样，此处的生活水平也应该由相关社会认为合适的标准来决定。

因此，能够以适当的方式自理，指的就是有权获得足够的收入，从而能在自己所处的社会中获得必不可少的商品，并实现合理的生活水平。如果一个人的收入明显低于这一水平，这个人就是穷人；如果一个人的收入明显高于这一水平，这个人就是富人。但是，这一方法还存在两个问题。一些人出于特定的原因根本无法自

---

8 有关德国居住空间分配不平等的讨论，见 Hans-Ulrich Wehler, *Die neue Umverteilung. Soziale Ungleichheit in Deutschland*, München 2013, S. 129—137; Stefan Hradil, *Soziale Ungleichheit in Deutschland*, Wiesbaden 2005, S. 311—315.

9 见 Sen, *On Ethics and Economics*.

10 见 Sen, *Inequality Re-Examined*.

理，另一些人根本不愿意自己照顾自己，而是满足于依赖他人。第二个问题比第一个问题更容易回答。因为一个人愿不愿意依赖他人、靠他人生活是个人选择，只要这个人有改变主意、自力更生的自由就够了。婚姻中的经济依赖只要是在依赖他人的那一方 ——通常是女性——能随时结束这种依赖关系，且随后能以合适的方式自己照顾自己的前提下，就不成问题。[11] 只可惜我们的社会往往不是这样。

另一个问题比较难回答，因心理或生理缺陷没有足够能力自理的人怎么办？一方面，这些自身障碍与外在障碍一样，都反映出一种社会责任。如果说通过适当的制度向残疾人提供适合他们能力的参与途径是可行的，且不算一种苛求的话，那么社会就应当尽力帮助他们摆脱依赖。[12] 对公共空间进行匹配的设计，让行动不便的人能够使用轮椅等目前已得到社会的普遍认可。同类型的例子还有，诸如在必要的技术支持下，盲人也有能力独立从事脑力工作。而有严重心理障碍的人是否有权要求通过从事生产活动来自力更生，这一点存在争议。这方面的问题无疑是，做到这一点可能意味着极高的社会成本。

我不想在这里继续追问，我们到底能期望一个社会做出多少努力来帮助弱势群体实现自理能力，这个问题值得单列出来详细讨

11　阿玛蒂亚·森认为，只有当一人结束依赖关系的可能性随时存在时，依赖关系才是自由选择的结果，他用斋戒和挨饿来举例说明这一区别，见 Amartya Sen, *Ökonomie für den Menschen. Wege zu Gerechtigkeit und Solidarität in der Marktwirtschaft*, München 2002, S. 95.

12　见 Nussbaum, *Creating Capabilities*, S. 69—81.

论。但我希望在本书的最后，我们能清楚地认识到，用与目前不同的方式对待财富的社会，能更有尊严地应对这个问题。然而，这里仍有一个疑问需要得到解决。我们可以想象，社会无法为某些成员提供自理所必需的能力，而且这甚至可能是合理的，因为这些成员要么根本做不到这一点，要么无法期望他们做到这一点。也就是说，有些人无法以适当的方式自理，那么这是否意味着这些人无法过上有尊严的生活？我认为，这些人的确有理由认为自己的尊严受损。如果真是这样，尊严的丧失也许能为这些人的心理问题提供合理的解释。失去自控能力会让人感到羞耻，虽然没人想这样，患有痴呆症的人就是这种情况。[13] 但受影响的人没有理由认为自己因此不再值得被人尊敬，因此也没有理由不尊重自己。因为尊重不能被建立在一个人做不到的事上。如果对自我尊重的诉求是尊严的主要规范性关切，那么即使尊严在其表达维度受到影响，其规范性核心也不会受到损害。如果一个人不能很好地自理，也不能通过任何方式改变这一情况，那么对这个人来说，尊重自己的确有难度，因为他无法很好地表达自己的尊严。但这个人依然完全有资格要求获得这种自我尊重，而社会的责任就在于帮助受影响的人实现这一点。

但作为尊严两面性的其中一面，上述自我尊重和钱有什么关系？我说过，自我尊重意味着将自己当作与他人一样平等的人来对待。但这到底是什么意思？我们大致可以这样认为，人类社会中不

---

13 Stoecker, "Die philosophischen Schwierigkeiten mit der Menschenwürde- und wie sie sich vielleicht lösen lassen", S. 8—20.

仅存在作用上的等级，还存在敬意上的等级。[14] 贵族不仅行使特定的职能，比如保护农民或处理国事，他们还拥有更多的尊严，获得了更多的尊敬，并更有能力表达这种尊敬。即使在今天，我们依然可以追问，媒体明星、高管、政客或知名学者等是否仍认为存在这样的敬意等级，是否仍认为他们比其他人更有尊严。原则上，所有人都有同样的尊严，也都因此值得同样的尊敬。[15] 作为人，每个人都应获得同样的尊重。职能等级和知名度，当然还有财富差距，都不应对此造成影响，否则就是有损尊严。

或许也可以换种方法来表达这一观点，也就是在一个注重尊严的社会里，每个人都有权享有平等的高贵地位。[16] 这样就能凸显重要的不仅仅是平等的地位，还有同样高的社会级别与值得被尊敬的正确价值。当然，这个"高贵"概念还必须摆脱它等级制、歧视性的特点，因为所有人都一样高贵。但是，仅主张平等的高贵是自我尊重的前提还不够，这种高贵还必须体现在社会交往中。将自我尊重理解为地位平等和同样高贵，取决于他人是否把自己当作拥有平

14　但我们不应像临终前仍与法西斯主义保持紧密联系的社会学家罗伯特·米歇尔（Robert Michel）一样，认为等级制度存在于大多数社会这一事实意味着寡头政治就是铁律。见 Robert Michel, *Zur Soziologie des Parteiwesens in der Demokratie*, Stuttgart 1989. 社会结构不是命运，见 Harald Blum/Skadi Krause (Hg.), *Robert Michels' Soziologie des Parteiwesens. Oligarchie und Eliten. Die Kehrseiten modernen Demokratie*, Berlin 2012.

15　Taylor, *Multikulturalismus und die Politik der Anerkennung*, S. 24f.

16　这一观点近来特别受杰里米·沃尔德伦推崇，见 Jeremy Waldron, "Dignity and Rank", in *European Journal of Sociology* 48/2 (2007), S. 201—237, 还有他的 *Dignity, Rank and Rights*. 他在讨论中特别提到 Gregory Vlastos, "Justice and Equality", in Louis P. Pojman/Robert Westmoreland (Hg.), *Equality. Selected Readings*, Oxford 1997, S. 120—136. 在研究尊严概念的学者中，奥勒尔·科尔奈（Aurel Kolnai）将尊严视为一个内在的等级概念，见 Aurel Kolnai, "Dignity", in Robin S. Dillon (Hg.), *Dignity, Character and Self-Respect*, New York/London 1995.

等地位和同等高贵性的人来尊重。这有两个原因，首先，从心理角度看，大多数人对自己的平等地位——或者更抽象地说，自我的平等地位不确定，并因此需要他人的肯定。第二，从规范性角度看，每个人都有权要求自己被他人当作拥有平等地位和同等高贵性的人来对待。如果他人忽视这一点，那么受到伤害的，就是在我的个性的意义上的我的自我，而我的自尊的基础就是我的个性。[17]

因此，对平等的漠视常常在心理层面上损害自尊，且一定在规范层面上损害自尊。在这种双重意义上，自尊依赖于他人对自己的尊敬。其与财富的关键联系就在于，钱可以是表达尊重或漠视的一种有力手段。比如，用钱可以向他人展示自己也和他们一样高贵。另一方面，有钱人也可以发展出一种钱越少、地位就越低下的文化，而与富人相比，后者就不再显得有多高贵和值得尊敬。现实或许不一定如此，可能这只是经验上的偶然关联。我们完全能想象一个少数人十分富有，但社会成员人人相互尊敬并且身体力行的社会。虽然这样的社会是可以想象的，但我并不认为这种社会存在的可能性有多大。物质商品太适合传达身份差距了，只要居高临下的地位不难实现，这一特权对很多人来说都十分具有诱惑力。[18]否则要那么多钱干嘛？我们只需想一想，如果钱没有展示地位这一功能，财富很可能根本就不会那么重要，或者可能根本就不会

---

17 Neuhäuser, "Würde, Selbstachtung und persönliche Identität", S. 448—471.

18 在这点而言，我认为托斯滕·瓦比伦（Thorsten Veblen）把炫耀性消费说成是他那个时代的特征并不恰当，见 Thorsten Veblen, *Theorie der feinen Leute. Eine ökonomische Untersuchung der Institutionen*, Frankfurt/M. 1997. 相反，我倾向于认为他是第一个系统性捕捉到这一现象的学者，但是这一现象的存在时间更久。

存在。

由于正义理论中常将社会地位忽略不计，最多也就是考虑获取公职和社会职务的机会是否均等，我将在本章最后一节详细讨论社会地位对人的尊严以及对正义问题的意义。[19] 我想说的是，低估社会地位对很多人的重要性，并把这种重要性当作单纯的虚荣心或嫉妒心，是一个错误。事实上，社会地位的意义远不止于此，它关乎一个人在**尊严共同体**中相同且平等的归属资格。[20] 在这之前还需强调的是，"以适当的方式自理"和"自重地把自己当作与他人一样平等的人"这两个因素不仅较为详细地描述了自尊，也为如何理解和衡量财富提供了一些线索。如果一个人的钱，明显多于其通常为实现适当的自理与平等的自重所需，那么这个人就算富有。

就这一对财富的理解而言，有两个特征值得一提。第一，"明显多于"这个表述给财富和满足自尊所需的金钱数量间留下了一定距离。之所以使用这样的表述，是因为只有这样的距离才能为自尊提供既合适又长久的保障，同时还能为满足其他目的保留一笔可观的资金。正是这额外的资金构成了财富。第二，"通常"一词的表述使这种理解对个人情况进行了一定的抽象。因为，一方面如我们所见，有人只需很少的钱就能实现自理，而且也不太在乎尊敬的价值；另一方面，也有一些人需要比其他人更多的钱才能实现自理，

19　在过去几年间，该问题也借着"社会平等"这一主题在哲学领域有关正义的讨论中引起了一些关注。见 Carina Fourie, "What is Social Equality? An Analysis of Status Equality as a Strongly Egalitarian Ideal", in *Res Publica* 18/2 (2012), S. 107—126，及其 Carina Rourie (Hg.), *Social Equality. On What It Means to Be Equal*, Oxford 2015.

20　见 Margalit, *Politik der Würde*，及其 *The Ethics of Memory*, Cambridge MA 2004, S. 74—83.

例如身患重病的人。依我之见，对这些情况进行抽象是恰当之举，因为作为一般范畴，财富并不取决于这种非常个人化的特点。但那些认为自己只有比别人需要的更多，才能自己尊重自己的人却不这样想。在这种情况下，或许有人会说，这些人其实已经很富有了，但即便如此，他们还不知足。[21]

通过将自尊拆分成两部分，并根据由此产生的对财富的不同理解，就可以对一个人到底何时才算富有做出实质性的判断。当一个人的收入达到平均水平时，通常就已经有能力以适当的方式自理，并有能力表达自己的平等地位了。（这种情况至少适用于合理的生活水平，以及对自尊的物质表达不与高收入挂钩的社会，但在收入水平相差巨大的社会中，恐怕就不是这种情况。在相对平等的社会里，人们完全可以将平均收入水平当作合理的生活水平，为了简单起见，我暂时遵循这样的假设。）但问题很快就出现了，一个人的收入什么时候才算得上明显多于平均收入，并因此算得上富有？此界限必然无法达到数学上的精确程度，因为财富本身就是一个很模糊的概念。[22] 我们更应该根据实际情况确定具体的财富界限，但不能随意确定，而是以自尊的相关批判标准为基础。虽然平均收入两

21　以昂贵的品味为前提的需求是否应得到道德层面的重视，在哲学领域内也引起过相关讨论。有人觉得普通的酒就已经很好喝了，而另一个人可能觉得只有价高的酒才算好酒。对此的标准观点是，品味不是正义问题的考虑范围。相关讨论见 Simon Keller, "Expensive Tastes and Distributive Justice", in *Social Theory and Practice* 28/4 (2002), S. 529—552.

22　这一概念至少和贫困的概念一样模糊不清，见 Amartya Sen, "Poor, Relatively Speaking", in *Oxford Economic Papers* 35/2 (1983), S. 153—169. 更详细的讨论见 Martin Ravallion, *The Economics of Poverty: History, Measurement and Policy*, Oxford 2016, S. 191—218.

倍这个界限有点低，但我认为这个界限还不错。[23] 平均收入的三倍也许更合适，因为只有这样才能为长期确保自尊提供期望中的物质保障。这有赖进一步的社会科学和哲学讨论以及实证研究。但无论如何，可以确定的一点是：只要收入达到平均收入的两倍或三倍，就已经算是富人了。

用自尊对财富进行这样复杂的规定，也许给人留下了并没有什么收获的印象。最终不过又是把平均收入的两倍或三倍作为财富的相对上限罢了。但这当然不能算是没有收获，我认为通过自尊规定金钱财富有四个重要收获。首先是对财富的客观规定，这一定义解释了为什么将两倍或三倍设为上限是合理的。这样一来，界限就不再是随意确定的，也因此更经得起考验。其次，这里提出的财富概念能够解释一个重要的社会悖论，也就是一个人可以既穷又富。这一判断在某种程度上取决于比较对象。在德国收入达到平均水平的人当然不算富有，但是同样的收入在其他国家和在全球范围内就已经算多了。例如，德国的平均收入水平在孟加拉或越南明显就已经不只是当地平均收入水平的两倍。也就是说，一个人拥有的钱远多于在这些国家拥有自理能力和表达平等社会地位所需。更准确地

23　相对富裕的界限是平均收入的两倍，相对贫困的界限是平均收入的 50%，这两个界限相互对应有其一定的合理性。但除了数学上的这种美感外，反对观点认为，这一数值并不能长期保障一个人不会受到物资短缺的威胁，也因此不能长期保障一个人的自尊。2012 年，一口之家的这一财富门槛是净收入将近 3000 欧元，见 Amt für Statistik Berlin-Brandenburg, "Regionaler Sozialbericht Berlin-Brandenburg 2013", https://www.statistik-berlin-brandenburg.de/produkte/pdf/SP_Sozialbericht-000-000_DE_2013_BBB.pdf，上次访问时间 2017 年 5 月 20 日。例如，为了有足够的存款以备患病或失业之需，收入目标必须通过更长的时间区间来确定。有关不同的衡量标准及社会科学方面的相关讨论，见 Druyen u.a., *Reichtum und Vermögen*.

说，这些人属于通过外在就能表达自己的社会地位高于他人的人，有时甚至可以说，他们与普通民众的社会地位完全就是两个范畴。我们可以说，这些人在这些国家过着像皇帝一般的生活。在那些国家工作的外交官和公司管理人员往往就是这种情况。

第三，这一规定清楚地展示出，财富究竟以何种方式在规范性层面与他人的收入相关。所谓的平均生活水平和上流社会地位，源于不受控且不可被直接调节的社会进程与结构。这些进程与结构不可被直接调节，是因为它们是收入分配的结果，而收入分配在很大程度上只听任市场决定，这也是不计其数的单个消费行为总和的结果。[24] 若想确定这些行为对社会地位的高低和生活水平的合理与否有什么影响，人们必须控制或大规模限制所有单独行为。这基本不可能，或者除非在高度集权的地方才有可能。如果财富的确对尊严构成威胁，并因此构成道德问题——这里我只作了简略陈述，我将在本书后面进行详细讨论——我们就必须找到另一种控制财富的方法。如果说在自由主义的基本框架内存在这样的控制方法，那么它只能是控制金钱的分配，而不可能通过对涉及生活水平和社会地位的社会建构进行有目的的政治改造来实现。

第四，上述对财富的规定清晰表明，凡是收入超过平均水平二到三倍的人都算富有。而不是说这些人只算小康，只有千万富翁和亿万富翁才算富有。后者的钱虽然比前者的钱要多得多，但无论前

24　哈耶克比任何人都更主张这种进程的不可控性和不可调节性，见 Hayek, *Der Weg zur Knechtschaft* 及其 *Die Verfassung der Freiheit*.

者还是后者，实际上都是富裕群体（因为他们的钱都明显多于他们的自尊所需）。也就是说，财富涉及的人数其实比通常意义上要多得多，尤其是在全球范围内。如果能证明财富的确构成道德问题，那么这一结论当然就举足轻重。因为这意味着，构成道德问题的财富所涉及的范围比想象中要大得多。尽管如此，富人之间的富裕差距当然也发挥着重要的作用。在接下来有关社会权力和社会地位与财富间关系的这两部分讨论中，我将考察这一点。

权力与金钱

　　金钱财富导致权力，反之，各种形式的社会权力也能助长获取钱财的可能性。[25] 这种联系难以否认，即使是按照我在这里提出的方式规定财富，这一联系依然适用。那些拥有的钱明显多于其自尊所需的人，很容易利用这笔钱对他人行使权力。然而，运用理论手段推导出钱和权力的这种联系并不容易。主要困难在于，权力的概念相当笼统且无定形。[26] 如马克斯·韦伯、汉娜·阿伦

25　没人像马克思那样，把金钱财富和权力之间这一不同寻常的关系概括得如此精辟："货币，因为它具有购买一切东西、占有一切对象的特征，所以是最突出的对象。货币的这种特征的普遍性，在于货币的万能本质；所以，它被当成万能之物……货币是需求和对象之间、人的生活和生活资料之间的牵线人。但是，在我和我的生活之间充当媒介的那个东西，也在我和对我来说的他人存在之间充当媒介。对我来说，他人就是这个意思。"见 Karl Marx, *Ökonomisch-philosophische Manuskript*, Berlin 2009, S. XLI.

26　韦伯已经注意到了这一点，见 Weber, *Wirtschaft und Gesellschaft*, S. 28f. 因此，他提出不用权力的概念，而是使用统治的概念，因为统治的概念在社会学上更为精确。不过，这也意味着他无法再顾及很多与权力有关的现象。见 Petra Neuhaus-Luciano, "Amorphe Macht und Herrschaftsgehäuse. Max Weber", in Peter Imbusch (Hg.), *Macht und Herrschaft. Sozialwissenschaftliche Theorien und Konzeptionen*, Berlin 2012.

特（Hannah Arendt）、皮埃尔·巴迪欧（Pierre Bourdieu）和米歇尔·福柯（Michel Foucault）等不同的理论家，都对权力的概念有各自的理解。[27] 但我认为，如果权力概念只是被用于一个非常具体的问题，这一无定形的特征不见得是个麻烦。这里要讨论的就是这样一个具体的问题，即财富是否是一种能对人们的自尊构成问题的权力形式。

在这一节中，我想说明权力和财富之间的确存在许多联系，但我只能简述由此会产生什么道德问题。[28] 在本书接下来的讨论中，我才会具体解释为什么财富会因其与权力的联系成为一个道德问题。对于这里要讨论的问题，广义的权力概念就够了，因为这种一般性的讨论基础可以不带偏见地考察财富在何种条件下意味着权力。从这一角度出发，韦伯对权力的一般性定义依我看十分适用，因为这一定义同样以行为者为中心，因而与这里使用的、同样以行为者为中心的对财富的阐述十分吻合。[29] 另外，史蒂芬·卢克斯（Steven Lukes）和海因里希·波普兹（Heinrich Popitz）对韦伯的权力概念的拓展方式颇具启发性。我将主要以这两位学者的理论为基

---

27 汉娜·阿伦特强调权力与暴力的区别，见 Hannah Arendt, *Macht und Gewalt*, S. 36f. 米歇尔·福柯研究的是主体建构对权力的依赖，见 Michel Foucault, "Subjekt und Macht", in Foucault, *Analytik der Macht*, S. 240—263. 皮埃尔·巴迪欧将他对权力象征的分析与习惯和社会场域的概念联系在一起，见 Pierre Bourdieu, *Praktische Vernunft. Zur Theorie des Handelns*, Berlin 1998, S. 201—242, 及其 *Meditationen. Zur Kritik der scholastischen Vernunft*, Berlin 2001, S. 48—52. 但是，这些不同的理论研究相互兼容的可能性并不高，对此比较好的概述见 Andreas Anter, *Theorien der Macht. Zur Einführung*, Hamburg 2012.

28 从批判经济学角度专门对此进行论述的有 Nobert Häring/Niall Douglas, *Economists and the Powerful. Convenient Theories, Distorted Facts, Ample Rewards*, London 2012.

29 但这并不是说其他权力概念，如福柯的结构性权力概念，在不同情况下不能成为有用的分析工具。

础，是因为他们对权力概念条理清晰的论述卓有成效。[30] 他们的论述使韦伯的权力概念能被用于各种与财富相关的现象。

韦伯对"权力"的定义如下：权力意味着，每一个在社会关系中即便面对阻力也能执行自己意志的机会，不论这是什么样的机会。[31] 据此，只要对韦伯的定义作出的以下修改是正确的，那么财富也能被视为一种权力形式：财富意味着在社会关系中，即便面对阻力也能执行自己意志的机会。这里的问题自然是这一修改是否正确，或者更准确地说，这一修改对讨论是否有意义。因为韦伯的定义的确太宽泛了，以至于在面包店买面包这件事都能被看作权力问题。毕竟，买面包的人能借助其支付能力对卖面包的人执行自己的意志。虽然卖家并没有真的给买面包这一行为制造阻力，但如果一方没钱，另一方也不会卖。然而，韦伯的定义中的"即便"一词容易让人误解，以为阻力是行使权力的必要条件。

仅凭韦伯对权力的定义，并不能为回答金钱的实际权力这一问题提供多大帮助。但海因里希·波普兹和史蒂芬·卢克斯对韦伯的权力概念所做出的进一步区分，有助于我们的讨论。在接下来的讨论中，我想介绍经他们区分后的概念，并说明财富究竟在多大程度上为这两位学者所区分的不同层次和不同形式的权力提供了基础。这不仅能从理论上为权力与金钱间存在联系这一看法提供重要的支

30　见 Steven Lukes, *Power. A Radical View*, Basingstoke 2005，以及 Heinrich Popitz, *Phänomen der Macht*, Tübingen 1992. 在经济学理论中，经济权力这一现象虽未被否认，但至少是被忽略了。然而有古典经济学家考虑到了这一点，见 Walter Eucken, *Grundsätze der Wirtschaftspolitik*, Tübingen 2004, S. 169—175.

31　Weber, *Wirtschaft und Gesellschaft*, S. 28.

持，而且还能为本书后面有关财富何时构成道德问题这一批判性讨论提供依据。该问题的一个可能答案是，当财富能使非法形式的权力成为可能并为其提供便利时，财富就构成了道德问题。

史蒂芬·卢克斯将他的方法称为"三维度"，指权力可以在三个层面上发挥作用。第一个层面涉及直接互动，第二个层面涉及对互动空间的控制，第三个层面涉及对利益的控制。[32] 卢克斯认为，在这三个层面上，行为者都有能力对他人行使权力。金钱财富与直接互动权力间的联系显而易见，直接互动权力是指，即使存在冲突，一个人也有能力做出重要决定，或者至少是有能力对决定施加有利于自己的影响。[33] 被用来进行非法贿赂的财富就能施加这样的影响；[34] 政党捐款或高价邀请重要的政客演讲这样的合法途径，也能达成相同的目的；威胁在另一国进行大量的资本投资，也明显是行使这一互动权力的方式。

权力的第二层，即对互动空间的控制，牵扯的不是像公开冲突那样的明争，也不是通过权力技巧占据上风的暗斗。这一层权力事关决定到底是否存在需要解决的矛盾冲突。第二层权力建立在次要的决定能力基础上，也就是判断究竟要不要做决定的能力。[35] 例如，

32　Lukes, *Power*, S. 29.

33　同上，S. 19f.

34　有关国际范围内的贿赂概况，见 Christopher Baughn u.a., "Bribery in International Business Transactions", in *Journal of Business Ethics* 92/I (2010), S. 15—32. 该研究清楚展示出，贿赂如何能够体现出金钱上的权力关系，因为发达国家的公司向欠发达国家行贿的频率要高得多。

35　Lukes, *Power*, S. 22.

一个有权势的董事会主席能决定哪些事要列入董事会议程，哪些不列入。媒体同样可以决定，哪些话题以何种形式在公共空间得到讨论，哪些根本不被提及。在权力的这一层面，财富与权力的直接联系在于，富有的行为者有能力用钱来左右什么内容在特定场合得到协商，什么内容被排除在外。（媒体的市场经济组织程度越高，少数大公司控制媒体行业的情况越少，媒体对公共舆论的控制力就越强。[36]）在这一层面行使权力的大多是团体行为者，但也有个体行为者存在。[37] 此外，通过游说或资助学术、半学术机构也可以在很大程度上影响公众对某些问题的看法。例如，一个行业能通过向专家支付很多钱来为一个不受行业欢迎的研究观点提供可信的反对意见。长期以来，烟草行业就是这样做的。现如今，能源行业在气候变化这个问题上似乎也是这种做法。[38] 通过这样的干预，相关话题会显得极富争议，而事实就会显得模棱两可。也许气候变化根本就没有发生，或者至少不是人为造成的？这种行使权力的方法直接设定了舆论议程，因为它促使公众以完全不同的方式讨论完全不同的内容。如果不是因为这样的干预，就气候变化而言，什么是应对变化的正确对策，以及如何公平分配责任这样的讨论可能很早就已经主导了政治议程。

36　Bernhard Peters, *Der Sinn von Öffentlichkeit*, Frankfurt/M. 2007.

37　科林·克罗齐（Colin Crouch）在他有关后民主的研究中专门讨论了这一问题，见 Crouch, *Postdemokratie*, S. 67f.

38　英国记者乔治·蒙比欧（George Monbiot）将这些行业称为谎话业，见 George Monbiot, *Heat. How We Can Stop the Planet Burning*, London 2007.

卢克斯讨论的第三层权力很棘手，他也因此将自己的权力理论称为"激进理论"。卢克斯认为，通过影响其他行为者的利益，对他们直接行使权力是可能的。这使冲突既不会直接爆发，也不会因为没有引起足够重视而得不到解决。相反，冲突根本不会存在，因为强势的一方可以通过操纵弱势一方的利益，使后者顺应前者的利益。[39]超市和商场对产品的巧妙摆放就是操纵利益的一个很好的例子。[40]另一个与财富紧密相关的案例是广告，要想覆盖更多人群，显然就需要花费大量资金。虽然受到多方指责，如本杰明·巴布尔（Benjamin Barber）所说，广告操纵了我们的利益，甚至让消费者变得幼稚，但这种通过广告行使权力的方式却一直未能得到应有的批判性关注。[41]

不过，在我看来，广告起到的作用其实远不止于此。通过影像的力量，广告定义了在公众眼里什么才算幸福生活的主流

39　Lukes, *Power*, S. 28. 这第三种操纵利益的权力形式当然会让人联想到马克思和他的虚假意识概念，也让人想起乔治·奥威尔（George Orwell）和他描绘的被全面控制的反乌托邦国家。但卢克斯的第三层权力形式也有本质上的区别，尤其是与马克思主义相比。例如，卢克斯并没有采取经济唯物主义的观点，这种观点认为意识由生产关系决定。相反，他没有讨论利益是如何被操纵的。而且，他也没有断言整个阶级对他们的世界历史意义一无所知，而是把重点放在单个行为者和主体反思性的利益上。因此，他的观点显然比马克思更自由主义。

40　见 Luc Bovens, "The Ethics of Nudge", in Till Grüne-Yanoff/Sven Ove Hansson (Hg.), *Preference Change*, Luxemburg 2009, S. 207—219.

41　见 Benjamin Barber, *Consumed! Wie der Markt Kinder verführt, Erwachsene infantilisiert und die Demokratie untergräbt*, München 2008. 西奥多·阿多诺（Theodor Adorno）和马克斯·霍克海默（Max Horkheimer），以及特别是赫伯特·马尔库塞（Herbert Marcuse），其早期批判理论就已经在有关文化产业和单向度思考的讨论中对操纵进行过批判，见 Theodor Adorno/Max Horkheimer, *Dialektik der Aufklärung. Philosophische Fragmente*, Frankfurt/M. 1988; Herbert Marcuse, *Der eindimensionale Mensch. Studien zur Ideologie der fortgeschrittenen* Industriegesellschaft, München 2008. 早期的哈贝马斯也强调过这一点，见 Jürgen Habermas, *Strukturwandel der Öffentlichkeit*, Frankfurt/M. 1990, S. 290.

观点。[42] 这当然是一种物欲横流、奢侈至上、整体十分享乐主义的生活方式。广告之所以拥有对幸福生活进行公共定义的权力，是因为其他大多数可能的定义者都严格遵守了自由主义的基本共识。这一共识认为，人们应当能够自主、自由地决定如何塑造自己的生活。[43] 但这一自由主义要想成功，除非其他行为者不再为了能预先设定什么才是被社会所接受的幸福生活而使用权力，操纵利益。现在连教会和哲学在这件事上都比广告公司表现得更克制，这可能是因为公众对它们的态度明显更具批判性。相反，作为权力用来操纵利益的工具，广告之所以这么长时间以来都没有得到它应有的批判，可能是因为经济学内部的消费者主权学说——虽与事实不符——却已经发展出了惊人的说服力。[44]

广告的问题我稍后再谈，因为它毫无疑问体现了什么是以财富为基础，对权力有道德问题的使用方式。接下来，我在这里想介绍的是海因里希·波普兹对不同权力形式的区分。与卢克斯类似，他也以韦伯的权力定义为基础，发展出了非常适合说明财富与权力间关系，但又不同于韦伯的权力概念。波普兹区分了四种权力形式：**行动权力**（Aktionsmacht），**工具权力**（instrumentelle Macht），

42 见 Eva Illouz, "Emotions, Consumption, Imagination. A New Research Agenda", in *Journal of Consumer Culture* 9/3 (2002), S. 377—413. 亦 见 Wolfgang Ulrich, *Habenwollen. Wie funktioniert die Konsumkultur?*, Frankfurt/M. 2009, S. 138—144.

43 这是政治自由主义毫无争议的基础，见 John Rawls, *Politischer Liberalismus*, Berlin 2003, S. 269f.

44 Andrew Crane/Dirk Matten, *Business Ethics*, Oxford 2007, S. 339—341. 为维护消费者主权提供规范性依据的讨论，见 Joseph Heath, "Liberal Autonomy and Consumer Sovereignty", in John Christman/Joel Anderson (Hg.), *Autonomy and the Challenge to Liberalism. New Essays*, New York 2005, S. 204—225.

权威权力（autoritative Macht）和设定数据的权力（datensetzende Macht）。"行动权力"指行为者能直接阻止或限制他人行动可能性的权力，"工具权力"建立在提供奖励和用惩罚予以威胁的基础上，"权威权力"指行为者单凭其社会地位就能指望自己的命令和指示得到服从的权力，而"设定数据的权力"最终将导致自然和社会结构发生实质性的变化，比如有人有能力通过建造水坝影响河流流向。为了减少误解，这种设定数据的权力也可以被描述为创造事实的权力。[45] 很明显，这四种权力形式都能以财富作为基础。

最显而易见的应该就是工具权力。金钱是一种用来提供奖励和实施制裁的极佳手段，它能鼓励人们去做一些他们本来不会做的事情。[46] 对行为者产生这种吸引力的往往是别人的钱，因为行为者希望把这些钱据为己有，这能诱导他采取某些行动。相反：如果一个人很富有，拥有的钱明显多于其自尊所需，那么他就能很容易地用多出来的钱影响其他行为者的决定。这就是金钱的"工具权力"。一个人富余出来的钱越多，作为行为者他就越富有，他所拥有的工具权力也就越大。富有的企业总有能力招到最好的毕业生，因为他们付得起最高的薪水。[47] 富人能以高额的诉讼费威胁比他更穷的人，

45　见 Popitz, *Phänomene der Macht*. 海因里希·波普兹的方法本身其实并不是权力理论，更确切地说，是一种对权力现象的探索。但正是因此，他的方法才有助于这里将金钱财富视作权力形式的考察目的。

46　Popitz, *Phänomene der Macht*, S. 25—27.

47　除此之外，富有的企业还因给员工提供其他生活便利，或是提供其员工认为能使生活更舒适便利的东西而出名。例如，苹果公司为女性员工提供免费的"社交冷冻"，也就是为未来的生育需求提供冻卵服务。

因为他清楚，打官司能让他的对手输得倾家荡产。

这些例子已经表明，金钱财富如何能导致波普兹所说的第二种权力形式。正如我们看到的，工具权力的基础，是通过奖励和制裁对行动方案的价值进行操纵的能力。第二种权力形式——行动权力——的基础，正是通过操纵行为者的行动能力来操纵其生活，尤其是当行为者丧失行动能力时。[48] 如果我伤害了一个有钱人的自豪感，例如比尔·盖茨（Bill Gates），他能用他的钱以最残忍的方式折磨我，而我却对此无能为力。他可以用无休止的律师函骚扰我，他可以买下我工作的地方然后辞退我，他可以买下我住的社区然后随心所欲搞破坏，他也能对所有我珍视的人做同样的事。只要我休假，他就能在我休假的地方组织令人头疼的活动。他还能想出更多折磨我的手段，而所有这一切，既不会花费他太多精力，也不会花费他太多时间，对他财富造成的损失也是九牛一毛。幸运的是，比尔·盖茨似乎是个体面人。不过，这个例子应该已经能够说明，为什么财富意味着重要的行动权力。[49]

比较难理解的可能是设定数据的权力。这一权力并不是指，有选择地操纵个别行为者的行动空间，[50] 因为通过设定数据的权力而产生的变化具备永久的结构性特征。一个恰到好处的例子是河道整

---

48 Popitz, *Phänomene der Macht*, S. 23—25.

49 对超级富豪行动权力的生动描述，见 Freeland, *Die Supperreichen*.

50 Popitz, *Phänomene der Macht*, S. 29—31.

治，即为了方便商业性的内河航运，对河流已经做出和正在做出的整治。相反，人为的气候变化不是一个合适的例子，因为波普兹所说的设定数据，也就是创造事实，在气候变化的案例中不是有意为之的结果，而是无意产生的副作用。因此，倒不如说气候变化表达的是一种无能为力，而非权力。无论如何，财富之所以会导致设定数据的权力，是因为财富明显能让人类获得对持久干预而言必要的技术可能性和劳动资源。比如，能够建造世界最高楼这一设定数据的权力明显是以财富为基础的。大型互联网公司从根本上塑造数字世界这一设定数据的权力同样也基于财富。

尤其引人注意的是波普兹的第四种权力形式，即"权威权力"。这种权力形式意味着一个人仅凭自己的权威地位就能将自己的意志强加于人。正如韦伯所说，这种形式的权力基于服从这种权威的人相信这一权威的合法性。[51] 在自由主义社会中，由于存在平等原则，财富本不应让人拥有特殊的权威。金钱当然能为一个人提供必要的行动权力或工具权力，并使其能获得某些职位和地位。但这样一来，权威权力就是建立在这样的地位基础上，而非直接建立在财富基础上。话虽如此，但有钱人，特别是那些很富有的人，难道不正是因为他们的财富带来的上流社会地位而在我们的社会中享有特殊且合理的权威吗？我想，这一联系毋庸置疑。由于这点非常重要，我将在下一节对此展开讨论。

51　Weber, *Wirtschaft und Gesellschaft*, S. 140; Popitz, *Phänomene der Macht*, S. 27—29.

地位与金钱

对韦伯的权力定义常见的解读是，"执行自己的意志"这句话指的是自己的行为。也就是说，一个人在甚至违背他人意愿的情况下，"做"一些事情的权力。但这个定义实际上更宽泛，因为"执行"并不排除"成为"的权力。在我看来，这一点对财富和权力的关系至关重要，因为我相信，有钱人有获得特殊社会地位的权力。在自由主义社会中，这种社会地位也许不会直接赋予一个人让他人立刻服从和顺从自己的权威，但与财富紧密相连的这一特殊社会地位有其自身的价值，我将对这一点进行说明。通过这种社会地位，一个清晰可见可感的等级制度就产生了。也就是说，财富能通过塑造社会惯例，间接地赋予一个人权威权力，而社会惯例能要求他人认清自己在等级制度中的位置，知道自己该干什么，不该干什么。

人们往往认为地位问题的规范性意义不大。在一般人看来，社会地位可以通过财富来传达，在某些场合，财富能带来类似于权威权力的东西，比如在餐厅、酒店或商场得到更好的待遇。总的来说这些事情并不重要，因为人们的政治地位并不会因此变得不同。无论财富多少，所有人仍享有相同的自由权与参与权。有一种观点认为，所有人在法律面前都是平等的，这才是重点。[52] 我认为这种说

52　迈克尔·瓦尔泽（Michael Walzer）明确提出了这一观点，见 Michael Walzer, *Sphären der Gerechtigkeit. Ein Plädoyer für Pluralität und Gleichheit,* Frankfurt/M. 2008, Kap. 4.

法有误。财富可能会带来更高的政治地位，可能不会。我稍后将在第五章中，对这种不假思索的自由主义观点提出质疑。但即便如此，我认为社会地位也不是没有其他问题。因为社会地位不是什么完全孤立的、不重要的、闹着玩儿的现象，它事关一个人能否作为平等的社会成员得到认可和尊重。[53]

在我看来，拥有较高的社会地位，成了拥有在规范性上得体的自尊的重要前提。这一联系导致自由主义社会中出现了普遍的财富导向，甚至是一种财富文化。这种对高社会地位看似无害的需求，有可能对社会结构产生了深远影响。[54]但社会地位和自尊间真有如此紧密的联系吗？可以得到佐证的一点是，地位可以借助所谓的"身份商品消费"得到很好的公开传达。汽车、手机、衣着、去哪儿吃饭或去哪儿度假之所以能传达某种特定的地位，是因为人们一般对这些商品的价格都很清楚。一个人能通过展示自己有什么来显示自己是谁。人们通常认为，这甚至经常是消费的首要动机。人们要消费这些商品，主要还因为这些商品能很好地传达消费它们的人

---

53 在我看来，尤其支持社会地位具有重要的经验意义这一立场的要数厄尔文·高夫曼（Erving Goffmann）的研究，见 Erving Goffmann, *Wir alle spielen Theater. Die Selbstdarstellung im Alltag*, München 2000, S. 221—233; *Stigma. Über Techniken der Bewältigung beschädigter Identität*, Berlin 1975, S. 132—155; *Interaktionsrituale. Über Verhalten in direkter Kommunikation*, Berlin 1986. 亦见 Giddens, *Die Konstitution der Gesellschaft*, S. 137—147. 但高夫曼并没有发展出任何规范性理论，虽然他的假设很适合这种理论。就这一点，见 Neuhäuser/Stocker, "Human Dignity as Universal Nobility", S. 298—310.

54 我对这种需求的描述自然会让人想起卢梭（Rousseau）的自爱（"amour-propre"，但学界对这一概念的翻译还存在分歧。——译者注）。但我同意弗雷德里克·诺伊豪瑟（Frederick Neuhouser）的解读，即需求不是要以任何一种方式排除自爱，而是将自爱当作不同群体既定的需求照单全收，并按照认可程度以合理的关系排序。见 Frederick Neuhouser, *Rousseau's Theory of Self-Love. Evil, Rationality and the Drive for Recognition*, Oxford 2008.

的地位和归属。[55] 高档的身份消费中也存在很微妙的套路，让老牌精英能嘲笑新贵们不懂这些规则，只会用错误的方式"挥霍"。

这里，我想在没有进一步实证发现的情况下假设，这种身份消费确实存在，甚至非常普遍。事实上，依我看，公共讨论中对这一点的假设也不言而喻。[56] 如上所述，应该如何对这种身份消费进行规范性评估，还存在分歧。一种可能是坚持认为社会地位对消费者太过重要，而沉迷于这种恶习体现了一种个人的道德缺失。但这种说法要么受激进个人主义的困扰，要么怀有精英主义倾向。过于个人主义，是因为这种说法忽视了自尊的基础是他人将自己当作平等的社会成员对待。但作为个人，没人能决定以什么样的形式表达互相尊重。相反，人们只能遵守现有的惯例，在其力所能及的范围内向他人传达自己值得怎样的尊重。

就算批评者承认自尊的社会特征，但如果批评者坚持认为人们不应该将自己的自尊建立在身份消费上，而是应该建立在比如教育之上，这种看法就体现了精英主义倾向。因为事实上，只有极少数人能有机会借助身份消费之外的方式向他人传达自己值得尊敬这

55　瓦比伦已经通过他的有效消费概念指出了这一点，见 Veblen, *Theorie der feinen Leute*, S. 66—75. 巴迪欧在他的著作中明确指出，一种经济形式不仅建立在外在一致性上，还通过习惯被刻画进人们的身体里，见 Pierre Bourdieu, *Sozialer Sinn. Kritik der theoretischen Vernunft*, Frankfurt/M. 1993, S. 107f.

56　一个提示是：据巴克莱资本（Barclays Capital）估计，2011 年全球广告支出接近 5000 亿美元。如果广告真没用，就不可能产生如此巨大的一笔支出。见 Statista. Das Statistik-Portal, "Weltweite Ausgaben für Werbung von 2008 bis 2011", https://de.statista.com/statistik/daten/studie/160585/umfrage/weltweite-ausgaben-fuer-werbung-seit-2008/，上次访问时间 2017 年 5 月 25 日。亦见 Stefan Hradil, *Soziale Ungleichheit in Deutschland*, Wiesbaden 2005, S. 292—298.

个信息。成功的科学家、艺术家和运动员能做到这点，但他们是特例。日常生活中，大多数人只能通过消费商品来表明这点，比如在街上、餐厅和咖啡厅里，在公车火车上，还有在步行区和商场里，因为这些才是大多数人日常生活中的公共场所。[57]

如果说，不参与地位竞争的要求不是精英主义就是过于个人主义，那么我们就不能轻易要求个人放弃参与地位竞争。如果说，身份消费是一个人要求他人平等尊重自己、实现自尊的绝佳机会，甚至是唯一的机会，那么这就意味着更多。乍看之下，人们至少有权要求能够参与到身份消费之中。虽然从理论上讲，地位和物质商品之间的关系是偶然的，但这一关系在现实中却是影响深远的社会事实，而且如上所述，这并不是个人可以随意决定的。[58]另外需要注意的是，地位和自尊间的关系并非偶然。由于自尊的基础是作为平等的社会成员所获得的尊重，那么对地位的传达也就总是会有利于对可敬程度的传达。所以，我不认为这两者能被分开。

另外，我想我们现在能从教育资产阶级占主导地位到经济资产阶级占主导地位的这一转变中，观察到一个有趣的现象。[59]经理人

57　当然，很多人还生活在其他社会空间中，并能从中获得认同，例如属于某一亚文化圈子或者有一个大家庭。但这种来自对自己重要的人的认同并不能取代来自社会大多数人的认同，见 Taylor, *Multikulturalismus und die Politik der Anerkennung*, S. 23.

58　克雷格·卡尔洪（Craig Calhoun）指出，很多世界主义的"环球旅行家"在意的非物质地位标志最终也是建立在经济商品上的，见 Craig Calhoun, "The Class Consciousness of Frequent Travelers. Toward a Critique of Actually Existing Cosmopolitanism", in *The South Atlantic Quarterly* 101/4 (2002), S. 869—897.

59　见 Ulrich, *Habenwollen*, S. 193.

正在取代或者已经取代大学教授，成了中上层的社会理想。[60] 这一转变也有平等的一面，因为某种程度上，教育资产阶级比经济资产阶级更接近贵族的精英模式，因为其社会封闭性更强。教育头衔和等级要求一生的自律，包括成为受很多成文和不成文的规则限制的社会空间的一员。[61] 目前，这一趋势在经济资产阶级中也很明显，例如精英圈子的工商管理硕士。但总的来说，在较长时间内，商业领域的职业道路比学术领域要通畅得多。关键的一点总归在于，经济资产阶级用来传达自己值得被尊敬的通货获取起来更方便，因为他们的通货就是钱，而不是教育。在公共领域，用这种通货交流起来更容易。不过，与之相伴的影响是，钱对传达一个人的地位和值得被尊敬的价值越来越重要。因此，财富的差距将会破坏看似平等的经济资产阶级理想。

金钱、地位和受尊敬之间的关系有助于理解社会的财富导向。我们现在的社会——实际上是全世界——但尤其是所谓的工业国家和新兴国家，均以财富为导向。经济增长体现了自由主义基本秩序内最高的政治目标，因为只有全面的经济增长才能保证至少有一些

60　阿拉斯代尔·麦金泰尔（Alasdair MacIntyre）是这样形容的，见 *Der Verlust der Tugend. Zur moralischen Krise der Gegenwart*, Berlin 1995, S. 46f. 就连政治主张完全不同的肯尼思·加尔布莱斯也是这么看的，见 Galbraith, *The Affluent Society*, S. 141.

61　巴迪欧曾对这种在法国尤其根深蒂固的社会封闭性进行了生动的描述，见 Pierre Bourdieu, *Wie die Kultur zum Bauern kommt. Über Bildung, Klassen und Erziehung*, Hamburg 2001. 齐格蒙·鲍曼（Zygmunt Baumann）将其描述为当代社会摆脱偶然性的一种形式，见 *Flüchtige Zeiten. Leben in der Ungewissheit*, Hamburg 2008. 德国目前的状况，见 Wehler, *Die neue Umverteilung*, S. 106—108. 维勒（Wehler）在诸多方面与巴迪欧观点一致，例如，他指出大学名额的受青睐程度取决于家长的受教育程度。

人能变得更富有，而没有人会变得更贫穷。[62] 社会制度也得到了相应的建构，市场作为经济增长的保障被赋予了社会主导作用，就连那些看似与增长考量无关的机构，例如学校和医院，也都成了经济增长的一部分。[63] 通过这样的优化，我们的社会将在结构上越来越以财富为导向。[64]

但重要的是要看到这里讨论的集体财富导向，不一定是个人的。社会的财富导向根本不以每个人或者大多数人追求财富为前提。因此，根本没必要因为结构性的财富导向这一发现而假设大多数人都很贪，这种对贪婪的批判也难以被证明。相反，只要假设大多数人并不追求富有，而只追求小康就够了。也就是说，人们不一定在乎他们的钱是不是远多于有自尊的生活所需；相反，他们在乎的是，他们有没有足够的钱来确保其有自尊的生活不会受到威胁。

---

62 这是"帕累托最优"的核心理念。只能通过经济增长才能在现有的最优值下实现帕累托改善。正是因此，这一标准被经济学家理解为一种正义概念。这方面的重要批判，见 Rawls, *Eine Theorie der Gerechtigkeit*, S. 305f. 亦见 Daniel Hartmann/Michael McPherson (Hg.), *Economic Analysis, Moral Philosophy, and Public Policy*, Cambridge 2006.

63 比如理查德·蒙希（Richard Münch）对教育系统的经济化进行了分析，见 Richard Münch, *Globale Eliten, lokale Autorität. Bildung und Wissenschaft unter dem Regime von PISA, McKinsey & Co.*, Frankfurt/M. 2009，及其 *Akademischer Kapitalismus. Über die politische Ökonomie der Hochschulreform*, Berlin 2011.

64 很多学者都对市场社会这一命题进行了论述，如马克斯·韦伯、卡尔·波兰依、C. B. 麦克弗森（C. B. Macpherson）、埃里希·弗洛姆（Erich Fromm），还有彼得·乌尔里希（Peter Ulrich）。见 Weber, *Wirtschaft und Gesellschaft*, S. 382; Polanyi, *The Great Transformation*; C. B. Macpherson, *Die politische Theorie des Besitzindividualismus*, Frankfurt/M. 1973, S. 307—310; Erich Fromm, "Haben oder Sein", in Fromm (Hg.), *Analytische Charaktertheorie*, S. 320f; Peter Ulrich, *Integrative Wirtschaftsethik. Grundlagen einer Lebensdienlichen Ökonomie*, Bern 1997; Michael Sandel, *Was man für Geld nicht kaufen kann. Die moralischen Grenzen des Marktes*, Berlin 2012. 在我看来，这些有关市场社会的论述分为两部分。首先，越来越多的社会领域和实践被融入市场，也就是经常说的"商品化"这一概念。其次，特定的社会领域虽然不属于经济系统，但是愈加以市场或者市场的需求为导向。

鉴于自尊与一个人受尊敬的程度相关，而后者又与社会地位相关，那么地位竞争就无法避免，尤其是在不平等情况严重的社会里。个人对普通小康生活的渴望，通过这样的地位竞争被转化成社会层面对财富的集体导向。

所以，尽管许多人也许只是追求小康，但通过这种集体需求所产生出来的却是追求更多金钱的社会财富导向。我想，这一过程越来越自主，是因为机构和组织也在逐渐适应财富，并由此催生出一种类似于财富文化的东西。我认为两种现象尤其能说明这种文化的存在。一是很多组织都具备一种向财富看齐的目标结构，这当然适用于私企，但也适用于国家行为者，例如实力强大的联邦部门。企业与这方面的联系显而易见。通常情况下，利润最大化这一目标甚至是理所当然的假设。[65] 虽然这不一定是企业唯一的目标。企业可以同时在竞争中承担社会责任，甚至有些公司以去增长为目标，因此不以高利润为导向，它们本身不想做大，也不想追求经济和与之相关的商品数量在富裕国家的进一步增长。[66]

但对于大多数企业来说，利润最大化仍是核心诉求，企业的组织结构、员工激励机制、公共关系沟通和政策也都接受了相应的设计。这并不令人感到惊讶，也没什么争议。相比之下，更需要得到解释的，或许是为何国家层面的团体行为者也以财富为导向。国家

65　在这一立场上最具代表性的是米尔顿·弗里德曼。见 Friedman, *Kapitalismus und Freiheit*，及其 "The Social Responsibility of Business Is to Increate Its Profits"，in *New York Times Magazine*, September 13 (1970), S. SM17；亦见 Crane/Matten, *Business Ethics*, S. 47f.

66　见 Pavan Sukhdev, *Corporation 2020. Warum wir Wirtschaft neu denken müssen*, München 2013.

与企业的区别在于，其服务的对象不一定是自己的财富，而是社会财富。国家关心的是刺激经济增长，因为通过经济增长能实现社会稳定，并提高政治满意度。经济增长带来新的工作岗位，让人们体会到日新月异的繁荣。[67] 因此，当权政治家要努力让国家机构里的公务人员以经济增长为导向。这一目标导向因此也就逐渐成为相应行政机关的一部分，并最终显得十分自然。例如，即使面对民众巨大的阻力，类似于跨大西洋贸易及投资伙伴协议（TTIP）这样的贸易协定，也会被长期的政治努力推行下去，官方理由是，这是为了至少实现点儿繁荣收益。[68]

　　关键的一点是，社会整体首先在结构上是以财富为导向的，个人则不一定，在我看来，个人所追求的确切来说是小康生活。使结构性的财富导向得到合理化的，是类似于协会、企业和政府部门这样的大型机构和组织。它们的组织目的是创造财富，[69] 它们的核心任

67　阿尔伯特·赫尔施曼（Albert Hirschman）用高速公路上堵车的情景形容这种心态，只要所有车道还能继续行驶，就没人不满意，见 Albert O. Hirschman, "The Changing Tolerance for Income Inequality in the Course of Economic Development", in *The Quarterly Journal of Economics* 87/4 (1974), S. 544—566. 就算一条车道上行驶特别缓慢，情况也是如此。但如果一条车道上的交通完全停滞，而其他车道还能行驶，就会发生冲突，因为所有人都想换到别的车道上。

68　佩特拉·宾兹勒（Petra Pinzler）对跨大西洋贸易及伙伴投资协议的公共争议进行了公允且条理清晰的陈述，见 Petra Pinzler, *Der Unfreihandel. Die heimliche Herrschaft von Konzernen und Kanzleien*, Reinbek 2015. 亦见 Joseph Stiglitz, *The Great Divide*, New York 2016, S. 263—272. 确定自由贸易负面影响的方法论问题在哲学领域内也得到过讨论，见 Nicole Hassoun, "Free Trade, Poverty, and Inequality", in *Journal of Moral Philosophy* 8/1 (2011), S. 5—44. 这方面原则上的思考，见 Dani Rodrik, *The Globalization Paradox. Democracy and the Future of the World Economy*, New York 2011.

69　安瑟尼·吉登斯（Anthony Giddens）的分析尤其具有说服力，他指出，通过行为者在该结构中的行动得到合理化和巩固的正是结构本身，就算行为者并无意这么做也对此毫不清楚，见 Giddens, *Die Konstitution der Gesellschaft*, S. 235—247.

务之一是协调大批人的行动。如果它们完全按照经济增长来调节人们的行动，那么由此产生的结果就是个体行为者的职业行为中包含结构性的财富导向。这或许也是为什么源于市场，并通过广告和媒体得到传达的财富文化很少遭到反对的原因。这样一来，这种文化就能在媒体上通过地位需求和大多数人的个人小康导向来主导什么东西能被合理化。

我对社会财富导向而非个人财富导向的强调有一个重要影响。如果在本书后半部分能证明财富的确构成道德问题，那么财富就不完全是，也不首先是那些可能非常富有或者超级富有的人的问题。相反，财富是关乎社会成员的集体问题。社会成员必须共同协商他们想要以何种方式，应该以何种方式与彼此共同生活，针对社会的财富导向他们又能做些什么。对德国、奥地利和瑞士来说，问题在于是否有可能打破这种在结构上已经稳固了的集体财富导向，从而至少减少与之相关的道德问题。这可以通过例如转型为"去增长社会"来实现。但是只有先证明财富的确构成道德问题，讨论解决方法才有意义。现在，是时候直面我到目前为止还未直接回答的问题了。在下一章中，我将讨论什么是对财富做出道德判断的规范性基础。到目前为止，我将财富限制为金钱财富，并将其限制在自尊的范围内，我还指出了财富与权力问题和地位斗争间存在紧密联系。

至此，已经能得到证实的，或者至少已得到澄清的一点是，这里提出的财富概念甚至与自尊间存在双重关系。从说明性的角度看，自尊明确了一个人何时算得上富有。当一个个体行为者拥有的钱明显多于其自尊生活所需时，这个个体行为者就算得上富有；当一个团体行为者拥有的钱明显多于它为了促进人们的自尊生活而需要维持的正常运转时，这个团体行为者就算得上富有。此外，对社会权力和社会地位现象的研究还表明，一些行为者的财富可能会给其他行为者的自尊带来麻烦。富有的行为者可能会伤害他人的自尊，或者影响他们过上有自尊的生活的能力。在这种情况下，财富就构成了道德问题。我们也可以说，相关行为者不只是富有，而是过于富有。

按照这一概念的思路，如果一个行为者的钱多到他可以伤害或者无视他人的自尊，却不影响自己自尊的基础，那他就算过于富有。我将在下一章对财富批判的这一规范性标准展开讨论，以便在后面几章中将它与不同的道德问题联系起来。

财 富 的

道 德 问 题 REICHTUM

ALS

MORALISCHES PROBLEM

第四章

财 富 与 批 判

财富具有重要的社会意义，因为就获取幸福生活必需的产品、价值和能力而言，它是重要的实现条件，至少也是促进条件。这不仅是因为财富和权力以及社会地位间存在紧密的联系。上两章的这些认识为我们思索财富构成的道德问题提供了一个出发点，但财富到底什么时候会带来这样的问题？乍看之下，财富只是带来了额外的生活选择。富有的行为者比其他行为者拥有更多的产品与能力，能比其他行为者实现更多的价值。有人认为，只要其他行为者有足够的钱，而且尤其是当其他人的钱足够多，甚至超过他们过上体面生活所需的程度时，那么富有行为者的财富就没什么问题。所有人都能对自己拥有的感到心满意足。这一立场还会补充指出，如果他们不知足，那就是因为嫉妒，而不是因为财富构成了什么道德问题。[1]

我认为，这种辩称财富在道德上没有过失的说辞站不住脚。在上一章中，我已经说明了我的批判所依据的基本思路，即借助于自

---

[1] 嫉妒通常被理解为一种消极、不合理的态度。玛格丽特·拉·卡泽（Marguerite La Caze）的立场提供了新颖的独特看法，她指出，嫉妒其实是一种暗示不公正的重要态度，见 Marguerite La Caze, "Envy and Resentment", in *Philosophical Exploration* 4/1 (2001), S. 31—45. 我也赞同这一观点，很多看似是嫉妒的现象，其实可以被理解为正义受到侵犯的感觉。

尊的概念来区分富有和过于富有。如果一个行为者可支配的钱多到他在实现自己对于体面的要求之后，仍能用金钱有意或无意地伤害或漠视其他行为者，那么根据这一规定，此行为者就算过于富有。但在我捍卫这种将财富看作道德问题的理解之前，我们也理应考虑一下其他形式的财富批判。对财富的批判不仅可以从道德角度出发，也可以从美学，或者更准确地说还可以从伦理学角度出发。我提到的这类批判主张认为，因财富而不能过上幸福生活或合理生活的是富人自己，而非其他人。根据这类批判理论，富人因其财富未能达到某种伦理本质上或生活美学本质上的规范性标准。

这类批评具有一定的初步合理性，但在我看来，它的合理性是有条件的，也就是取决于批判涉及的那个人对幸福生活的主观理解。与此相对，道德批判更基本，因为其要求更具一般性。原因是，对幸福生活的主观理解不应成为普世的道德标准，但就体面生活而言，一定存在一种普世的观念。[2] 也就是说，当财富对他人的体面生活，而不是对自己的幸福生活造成阻碍时，财富就构成了道德问题。不过，富有的行为者也有权要求体面的生活，而这里的棘手问题在于他们是否因此有权要求享有财富。或许他们已经形成的性格有赖于财富，又或许剥夺他们以这种身份生活的机会在道德上是

2　我无意争论这里涉及的理由的本质是现实主义还是建构主义。在后一种情况中，规范性理由本身可能就导致了这种普遍诉求，见 R. Jay Wallace, "Konzeptionen der Normativität. Einige grundlegende philosophische Fragen", in Rainer Forst/Klaus Günther (Hg.), *Die Herausbildung normativer Ordnungen*, Frankfurt/M. 2011, S. 33—56，及其 "Normativität, Verpflichtung und instrumentelle Vernunft", in Christoph Halbig/Tim Henning (Hg.), *Die neue Kritik der instrumentellen Vernunft*, Berlin 2012, S. 103—152；以及 Thomas Scanlon, *Being Realistic About Reasons*, Oxford 2014, S. 90—104.

错误的。

我认为，我们必须在实现自己选择的部分身份和他人对体面生活的诉求之间权衡。这种权衡会对不同社会背景下的财富道德评估产生影响。本章中，我将首先讨论美学伦理学角度的财富批判，并通过指出这一批判的影响范围有限来奠定规范性基础。之后，我将引入尊严，或者说自尊作为对财富进行道德评价的规范性尺度。最后，我还将探讨人们对自己生活幸福的诉求能否包含对财富的诉求。

对财富的美学伦理学批判

亚里士多德早就说过，如果人们对财富的追求高于一切，就必然会错失幸福生活。虽然他承认一定程度的富足对幸福生活是重要的，但更重要的是有德性的生活，这一点就算只拥有微薄的财物也能做到。[3] 相比之下，柏拉图-斯多葛传统更极端，因为对他们来说，幸福生活就连微薄的财物都不需要。虽然能有物质保障总是好的，但这并不是真正重要的东西。人即使贫穷也能过上幸福的生活，因为幸福生活取决于对理性的使用。[4] 基督教传统则在此基础上更进一

3　见 Harald Weinrich, *Über das Haben*, Münschen 2012, S. 13—37. Anna Schriefl, *Platons Kritik an Geld und Reichtum*, Berlin/Boston 2013. 朱莉亚·安娜斯（Julia Annas）对古希腊罗马时期的伦理学的大体情况做了精彩的介绍，见 Julia Annas, *The Morality of Happiness*, Oxford 1993.

4　塞内卡（Seneca）写道："死亡、疾病、恐惧、欲望，对疼痛的忍耐，还有工作，所有这些折磨我们的东西与钱给我们造成的邪恶相比，根本不算什么。" in Seneca, *Vom glückseligen Leben und andere Schriften*, übers. von Ludwig Rumpel, Stuttgart 1984, S. 45.

步，因为这一传统至少有时会假设，财富对虔诚信徒的幸福生活不仅无关紧要，甚至可能有害。[5] 对财富类似的怀疑和批评在其他文化传统中也有迹可循，例如佛教和道教。对讨论的价值更紧要的，是这种伦理学或美学形式的批判在当代哲学中也很常见。

例如，早期的批判理论就对某些形式的消费和轻浮享乐表现出明确的不屑。[6] 某种程度上，如果这种猜测合理的话，这或许也跟以批判理论为代表的教育资产阶级对当时已呈上升趋势的经济资产阶级的蔑视有关。但这种拒绝的姿态可能还有一个更根本的动机。从批判理论的角度看，那些过于关注物质财富的人，错过了生活的真正意义所在。他们的生活也许不错，但实际上并不美好，因为这种好生活一定也伴随着匮乏。人不能只沉浸于物质的繁荣中，人必须给予自己的生活一个更高的意义，这就需要放弃。又或者，他们的生活其实并不美好，只是他们的审美力太过迟钝。因为有助于生活变得美好的不是拥有多少诗作与画作，而是对生活的思考。而拥有设计手袋和昂贵轿车并不能为这方面做出什么贡献。

我不想在这里对这类财富批判的伦理层面和审美层面进行系统区分。正如我刚才指出的，这一尝试可以通过将美学和美感以及伦理学和幸福生活结合在一起来进行。不过，说到底，强调某种美的

5　见 Ulrich Füllerborn, *Besitzen, als besäße man nicht*, Frankfurt/M. 1995, S. 25—37.

6　这一批判早就出现在马克斯·霍克海默和西奥多·阿多诺的《启蒙辩证法》(*Dialektik der Aufklärung*，1944/1988)一书最有名的章节"文化工业：作为大众启蒙的欺骗"(Kulturindustrie-Aufklärung als Massenbetrug)中。赫伯特·马尔库塞在《单向度的人》(*Der eindimensionale Mensch*)一书中也对此进行了旗帜鲜明的批判。这一批判方法后来通过埃里希·弗洛姆的《占有还是生存》(*Haben oder Sein*)得到普及。

生活或某种符合审美的生活，在我看来只代表了一种对幸福生活的特定理解，或者这种强调只是意在表达，美从总体上看对幸福生活起着特殊作用。不管怎么说，美学家对幸福生活的构成有独到的理解。[7]出于这一联系，财富的美学和伦理学批判的影响范围可以放在一起讨论。我同意这种美学-伦理学批判有其合理之处，但它也有一个关键的弱点。要想具备普遍约束力，这一批判要么必须以人们对幸福生活的实际理解为基础，并证明在这一认知背景下财富有问题；要么这一批判必须断言存在某种对幸福生活的客观理解，而财富与这一理解矛盾。但我认为不论采取哪种论证方法，这一批判都无法实现普遍约束力。

首先，通过对幸福生活的客观理解批判财富不合适，是因为根本无法确定这种理解的客观性是否具有普遍约束力。为了确保这一点的说服力，有必要区分两种不同的论点。第一种论点，也是比较有说服力的论点认为，不存在能让所有人都感到生活幸福的客观原因。[8]我不想对这一论点表态，也没必要这么做，因为这里真正的问题其实在于第二个论点，同时也是说服力较弱的论点。这一论点认为，因为没有方法能令人信服地断定哪种对幸福生活的理解才是客

7　见 MacIntyre, *Der Verlust der Tugend*, S. 46f.

8　我在这里引述的是霍尔默·斯坦法赫（Holmer Steinfath），我认为他的论证很有说服力，见"Selbstbejahung, Selbstreflexion und Sinnbedürfnis", in Steinfath (Hg.), *Was ist ein guten Leben?*, Berlin 1998, S. 73—93，以及 Steinfath (Hg.), *Orientierung am Guten. Praktischen Überlegen und die Konstitution von Personen*, Berlin 2001. 这一讨论的概述见 Holmer Steinfath, *Was ist ein gutes Leben? Philosophische Reflexionen*, Berlin 1998; Ursula Wolf, *Die Philosophie und die Frage nach dem guten Leben*, Reinbeck 1999; Jean Kazez, *The Weight of Thing. Philosophy and the Good Life*, New Jersey 2007; Dagmar Fenner, *Das gute Leben*, Berlin 2007.

观的，所以不能轻易排除以钱和财富为导向的生活就不可能是对幸福客观正确的理解。若想排除这种可能性，就必须要说明，所有为了幸福生活而追逐财富的人都犯了一个客观错误。[9]到目前为止，还没人能成功证明这一点，其中的原因很简单。

没人能有幸得知，生活幸福是否存在可能的客观原因。或许是因为根本就没有这样的客观原因，但也可能是因为我们无法足够清晰地认识到这些原因究竟是什么。因此在这个问题上，所有人都是半斤八两，没人有绝对的认知权威。相应地，也就不可能通过什么是对幸福生活的客观正确理解来批判财富导向。[10]另一种途径是从人们对幸福生活的主观理解出发，并证明财富在其中不占一席之地。这样，如果人们相信财富是幸福生活的一部分，我们就要证明，他们是在自欺欺人。[11]他们或许将财富与他们认为真正重要的东西混为一谈，或许并未意识到虽然财富对他们很重要，但却与他们认为更重要的东西相矛盾。在第一种情况下，人们虽然可以追求财富，但这种追求将会让他们偏离真正重要的东西。在第二种情况

---

9 仅从形式上看，当然可以说，让人感到生活幸福的理由总有优劣之分，而更理性的做法是选择那个理由最充分的对幸福生活的理解。但即便如此，这种做法还是不能清楚地展示出某种想法在多大程度上取决于主观偏好，并因此容许人们以财富为导向。

10 相比之下，我认为更有望成功的是将某些对幸福生活不理性的理解排除在外的否定式方法。但这里的问题依旧在于，除了指出这些理解不合适之外，我们能否进一步澄清什么是不理性的理解。我认同哈里·法兰克福（Harry Frankfurt）的观点，他将我们全身心肯定的欲望视作根本欲望，见 Harry Frankfurt, "Identifikation und freier Wille", in Frankfurt, *Freiheit und Selbstbestimmung*, Berlin 2001, S. 116—137.

11 比如拉赫尔·耶吉（Rahel Jaeggi）的批判理论就适于这一目的，见 Rahel Jaeggi, *Kritik von Lebensformen*, Berlin 2014, 及其"Was (wenn überhaupt etwa) ist falsch am Kapitalismus? Drei Wege der Kapitalismuskritik", in *Working Paper der DFG-KollegforscherInnengruppe Postwachstumsgesellschaften* 01-2013, S. 1—20.

下，追求财富对于他们来说甚至是有害的，因为这将毁掉真正重要的目标。我认为这种批判的这两种形式通常是合理的，因为无论哪种形式，都能在现实中找到令人信服的案例。但即便如此，这种批判也要适度，以免过犹不及。

那么是否真如第一种情况描述的那样，我们高估了财富对幸福生活的重要程度？人们的确倾向于高估财富对满意度的重要性。实证研究表明，随着收入的提高，对自己生活的主观满意度在达到某一收入水平后不再明显增加。[12] 小康生活而非拥有财富貌似对主观满意度更重要。就算牵扯到社会地位，问题也在于财富是否真的适合传达这一信息。富人，尤其是新富，不也因为自己的炫富行为而遭到嘲笑吗？亚里士多德就曾断言，只有当荣誉因正确的事被授予正确的人时，荣誉才是有价值的。如果我们在概念上将荣誉和社会地位联系在一起，就会发现这在今天依然适用。[13] 社会地位应该取决于付出和成就，而不是财富。一位儿科医生，由于她的诊所开在贫困的居民区，所以只有中等收入水平，但她每天加班加点做着有意义的工作，相比于在富人区赚着十倍于她的薪水的整容医生而言，她应该享有更高的社会地位。这听上去很合理，但问题是：现实根本没这么简单。因为在市场社会中，我们似乎做不到以表现为导向分配荣誉、社会认可或地位（或者说，情况至少是，只要有一

12　一直以来，论证这一点并辅以实证研究的是 Bruno Frey/Alois Stutzer, "Happiness, Economy and Institution", in *The Economic Journal* 110 (2000), S. 918—938.

13　见 Kwane Anthony Appiah, *The Honor Code. How Moral Revolutions Happen*, New York 2010.

定形式的财富存在，我们就做不到，这一点我稍后将讨论）。[14]

另一个问题是，就算人们能达成普遍共识，认为对生活的满意度与财富无关，以及认同和尊重不应与财富有关，人们还是能继续将自己的财富看作自己幸福生活的一部分。他们可能有别的、更直接的理由，而这些原因与对满意度的反思没多大关系。富有的人可以实现许多愿望，其中一定包括对物质的渴望，但也间接包括其他不那么物质的东西，正如我们在前几章看到的，这是因为钱代表了获取这些东西的实现条件和促进条件。无论如何，对于直接或间接具有物质主义倾向的人来说，有辆好车，能按照自己的意愿装修梦想中的房子，经常去世界上最美的地方度假享受，就是好事。这些人或许钟情高档包，量身定制的西装，名牌家具，皮制精装的大哲学家们的全套著作，用传统方式饲养出来的专属马匹，或精品酒。在物质方面，想象力和梦想更是不受限制。如果人们觉得这些东西就是他们幸福生活的一部分，那么或许也就真是如此。

对这样的人，我们能用什么理智的话来劝阻他们？我们可以问他们是否搞错了物质的重要性，但如果他们思考之后仍认为商品和钱对他们的确很重要，那我们也许就只能接受。在经过反思后，他们主观上有理由认为财富就是他们幸福生活的核心成分。要想批

14　很长时间以来，在英语国家尤为盛行的观点认为，自由经济市场是精英领导制，表现决定薪水。就连很多左翼自由派理论家也接受这一理念，如诺曼·丹尼尔斯（Norman Daniels）和在这一问题上左倾的大卫·米勒（David Miller），见 Norman Daniels, "Merit and Meritocracy", in *Philosophy and Public Affairs* 7/3 (1978), S. 206—223; David Miller, "Two Cheers for Meritocracy", in *Journal of Political Philosophy* 4/4 (1996), S. 277—301. 但与此同时，表现对财富分配起关键作用这一流行观点也遭到广泛质疑，如 Alperovitz/Daly, *Unjust Desert*; Reich, *Beyond Outrage*.

判把财富当作幸福生活的一部分这一主观导向，现在还剩第二种方法。虽然把财富看作自己幸福生活的一部分是能被认可的立场，但我们依然可以质疑，财富导向与其他对当事人而言更重要的东西相矛盾。所以这样想的人最好放弃对财富的追求，这样才能实现其他更重要的东西。[15]

这方面的例子很容易找。从事一门繁重工作的人虽然收入不菲，但他们很容易就会忽视自己的家庭和朋友，并因此伤害这些关系。事实上，对于许多处于这种情况的人来说，这些关系更重要，但不知怎的，他们已经习惯于过多地关注财富。又比如，某人继承了一大笔钱，并因此成为某一社会圈子里的一员，可他觉得这个圈子既拘谨又不自由。[16] 他可能必须放弃他的财富，以便能过一种在很多方面都很普通，但也更自由、更有意思的生活。合乎自我矛盾的这种例子一定还有很多，但不符合这种情况的例子应该也能找到不少，或者至少能找到一些。论证的问题就出在这里。财富以及对钱的追求有时与幸福生活的其他部分构成矛盾，有时不构成矛盾。这完全取决于当事人各自对幸福生活的理解以及外在条件。如果有人愿意过挥金如土的生活，也愿意为此努力工作，有什么理由认为

15　也可以说，这些人对他们自己的偏好的优先顺序没有形成正确的认识。在经济学领域，这种说法在很长一段时间内不被接受，因为要想假设信息是完整的，就必须同时假设自己的偏好是完全透明的。但是，这一假设无论对经济学还是对道德考量来说都不合理，丹尼尔·豪斯曼（Daniel Hausmann）就论述过这一点，见 Daniel Hausmann, *Preferencen, Value, Choice, and Welfare*, Cambridge 2001.

16　根据皮埃尔·巴迪欧的描述，不同的社会经济群体中都存在相当严格的行为准则这一社会状况，见 Bourdieu, *Die feinen Unterschiede*. 我认为，行为准则会随着群体内对差异的需求增加而增强的观点是有道理的。

这个人在金融或咨询行业的工作，以及通过这份工作对财富的追求就不是正确的途径呢？如果有人喜欢夸张的造型，也在演艺行业受到欢迎，有什么理由认为与之相关的财富对这个人的幸福生活就不重要呢？

尽管如此，就很多个例而言，对财富的伦理学-美学批判当然还是非常成功的，这种批判在这方面也有自己的合理性。但是它无法为从正义论角度对财富进行的考察提供良好的基础，因为它的诉求不具备普遍约束力。对于所有公开支持财富，甚至准备朝着有利于财富的方向化解价值冲突的人来说，这种批判没什么用。至少，当这些人在反思后仍坚持自己的物质主义立场时，我们除了接受别无他法，[17] 否则就是对他们在幸福生活这个问题上的认知权威和自主选择采取家长作风。[18] 我不知道到底有多少人在深入反思后还坚持认为财富对他们的生活起着重要作用，正如上一章提到的，我估计很多人追求的根本不是财富，而是物质上的小康。但这种物质上的小康对他们来说也很重要，而且这样想的人可能比自柏拉图和亚里士多德以来的哲学家所想象的要多得多。

---

17 从社会批判的角度看，批判性反思的能力存在被低估的危险，比如罗宾·塞利卡特斯（Robin Celikates）在谈到巴迪欧时提出的。从过程上看，这一问题当然可以通过讨论得到解决，见 Robin Celikates, *Kritik als soziale Praxis*, Frankfurt/M. 2009. 依我看，这一批判意味着，社会理论方面的考量必须给出非常充分的理由，说明为什么行为方式和个人陈述不应该是反思性的。

18 家长式的专制和自由主义的基本政治价值不符。无论观点优劣，自己决定的自由绝对优先于外部干预。密尔曾就这一点在《论自由》(*Über die Freiheit*) 中写道："如果一个人有说得过去的常识和经验，那么这个人自己的生活方式就是最好的，不是因为这一方式本身就是最好的，而是因为这是这个人自己的方式。"见 Mill, *On Liberty. Über die Freiheit*, S. 193.

说到"小康"，就说到了为什么对财富的伦理学-美学批判没抓住重点的另一个原因。上几章已经表明，不仅是个体行为者，团体行为者也追求财富，甚至或许追求财富的主要就是团体行为者。此外，要实现结构性的财富导向，只要个人单纯追求小康就够了。这两种情况都导致即使大部分个人什么都不干，社会整体还是会追求财富的社会经济动向。此外还存在一种模糊小康与财富之间界限的财富文化。如果财富构成道德问题，那么从伦理学-美学角度进行的财富批判根本不够，因为社会整体对财富的追求根本不需要个人也这样做。更确切地说，只要个人渴求的是小康生活就足够了。不过，从对幸福生活主观理解的伦理学-美学批判角度来看，小康生活这一个人导向明显更容易被接受。

因此，从正义论角度将财富作为道德问题进行考察，不能采取伦理学-美学的立场，而是需要直接从道德角度出发。但这究竟是怎样的道德角度？我已经提到，我认为自尊的理念不仅能确定一个人什么时候算得上富有，它还有助于对财富进行道德批判，此外，它还能指出一个人什么时候过于富有。这就是我现在要深入探讨的内容。

财富、自尊与尊严

如何确定财富，或者至少是某些形式的财富，为何以及在何种情况下一定是不公正的，并因此构成道德问题？我想，回忆一下上面提出的对财富的规定，有助于我们回答这个问题：如果个体行为者拥有的钱超过满足其有自尊地生活所需，如果团体行为者拥有的钱多于其为人们的自尊做贡献所需，这样的个体行为者和团体行为者就算富有。但是，到底何时才算过于富有？换句话说，财富在何种情况下是不公正的？我认为，自尊的规范性标准也能回答这一问题，这个想法其实并不复杂。一定量的钱对自己的自尊来说是有益的，而钱一旦超过这个数量就尤其会对他人的自尊产生危害。这中间有一个差距，其中涉及的钱虽数额巨大，但对自尊既不特别有利也不构成系统性危害。这一差距有多大，取决于财富何时构成系统性的道德问题。到目前为止，我把重点放在了以下方面：当行为者拥有的钱明显多于维系其自尊所需时，行为者就算富有。这里必须明显超过财富界限，而不只是勉强超过，因为为了应对危机和计划外的不确定性，一定量的存款是合理的。[19] 这就是无问题财富的下限，低于这一界限的人都不算富有。达到这一界限的人虽然算得上富有，但其财富应该还不构成什么问题。

无问题财富的上限——这是我想强调的第二个问题——由财富何时会对其他行为者的自尊构成系统性威胁来确定。仅就个体行为者而言，无问题财富是否会转变为有道德问题的财富，涉及的是其他行为者的自尊，而不是富有行为者的自尊。只有当规范性标准是以其他人的自尊而不是自己的自尊为参照时，所涉及的才是对财富

19　托马斯·霍布斯（Thomas Hobbs）强调，为应对未来可能的不时之需，理性的规划者总会备好储备，见 Thomas Hobbes, *Leviathan. Oder Stoff, Form und Gewalt eines kirchlichen und bürgerlichen Staates*, Berlin 1966, S. 95.

的道德批判，否则就是对财富的伦理审美批判。判断道德问题的标准是他人的尊严，而不是自己的尊严。但何时会出现这种情况？基本上有以下两种可能的情形，第一是当财富能被轻易用来损害他人的自尊时；第二是当多余出来的财富能被轻易用来帮助自尊受损的人重新过上有自尊的生活，但却未被这样使用时。[20] 我想论证的是，这两种情形中的财富均漠视了他人的自尊，因而伤害了他人的尊严，并因此构成正义问题。

而无问题财富是指，一个行为者虽然拥有多于维系其自尊所需的钱，但这笔多出来的钱无法被用来系统性地漠视其他行为者的自尊，或至少几乎无法带来这样的危害。这里的重点是系统性漠视，因为无论是否与财富有关，钱都能被用来羞辱他人。就连从未有过温饱生活的人都能做到这一点。简单起见，我假设行为者具备一定的理性：个体行为者首先确保的是其自尊，而团体行为者首先确保的是其功能。也就是说，如果在保证自尊或功能之余，行为者还有足够的资金来实施只有用钱才能达成的漠视形式，那么我们就能视财富被用于系统性漠视。当然不是所有行为者都如此理性，也许有人愿意不惜一切代价伤害他人，就算把自己的生活毁了也在所不

---

20 此处适用的常见表述"财产负有义务（后半句为"财产权的行使应有利于社会公共利益"——译者注）"，即（德国）《基本法》第 14 条第 2 款中的规定，可被转变成"财富负有义务"，见 Deutscher Bundestag, *Grundgesetz für die Bundesrepublik Deutschland*, Art. 14 Abs. 2, www.bundestag.de/gg，上次访问时间 2017 年 5 月 29 日。我不打算进一步说明为什么在涉及人的尊严时存在积极义务，而是以人的尊严是最根本的价值这一直觉为出发点。对满足自己有尊严的生活这一目的几乎不再产生任何影响的财富，相比之下似乎也就不再是什么重要的产品，因此以利益权衡为基础的积极义务假设，在这种不对称的关系中似乎也是合理的。对积极义务的全方位辩护，见 Corinna Mieth, *Positive Pflichten*, Berlin 2012.

惜。但这毕竟是个例，而且通常借助报复性正义就可以理解，不需要分配正义的概念。另外，这种情形牵扯的问题是事后应施加怎样的惩罚，而不是一开始就应该对钱采取怎样不同的分配方式。

不过，这里的重点是把财富视作分配正义的问题。我的第一个重要提问是，财富在哪些情况下涉及对他人自尊的系统性漠视。接下来的第二个重要提问是，应该如何从规范性的角度评判这种漠视。在这节讨论中，我只打算对以上两个提问做出相对简短和抽象的回答，因为详细的论证将在接下来的两章中通过一些具体的正义问题得到梳理。之所以选择这样做，是因为抽象的哲学论证不应被简单粗暴地应用于不公正的现象，相反，论证应该是在对这些现象分析之后才能得出的。因为确信某些事情不公，我们才会思考何为正义，并寻找这些不公正现象的解决之道。[21]

那么财富什么时候会导致对自尊的漠视？这个问题可以通过已经提出的对自尊的两点区分来作答。自理能力和被人尊重是自尊的两个必要条件。[22] 因此，只要财富被用于损害至少其中一个方面，财富就构成漠视。这可能是指财富被用来剥夺一个人在重要事务上的自理能力，可能是指财富被用来破坏一个人对另一个人的尊重。无论是哪种情况，财富都是行为者违反不得漠视他人这一消极义务的帮凶。但如果行为者能用自己的财富帮助他人获得自理能力或别

21　在这点上，我赞同阿玛蒂亚·森在方法论上的见地，见 Sen, *Die Idee der Gerechtigkeit*, S. 53—55.

22　见 Stoecker, "Menschenwürde und das Paradox der Entwürdigung", S. 133—151, 及其 "Three Crucial Turns on the Road to an Adequate Understanding of Human Dignity", S. 7—17, 和 "Die philosophischen Schwierigkeiten mit der Menschenwürde—und wie sie sich vielleicht lösen lassen", S. 8—20.

人的尊重，但却没有这样做呢？行为者看上去并没有违反任何消极义务，因为他什么都没做。行为者最多就是没尽到帮助别人过上自尊生活的积极义务。[23]

目前，关于是否存在积极义务，以及积极义务和消极义务能否被清晰地区分开，已出现了大量讨论。[24] 例如，有人主张，即使富人并不对穷人的贫穷负有责任，也就是说富人的行为没有直接导致或间接助长贫穷，富人也必须帮助穷人。[25] 我不想对这一问题作出抽象的回答，而是以具体的正义问题作为讨论基础。我认为，就绝对贫困人口而言，有关全球援助义务的讨论表明，援助义务存在与否以及援助义务的范围有多大，均取决于具体情况。[26] 但基本的规范性假设当然是必需的，否则我们就无法回答这个问题。这就带入了第二个重要提问，也就是自尊的规范性意义。目前德语界的讨论将自尊与尊严紧密相连。[27] 而尊严，或者说人的尊严——尤其是因为它在《德意志联邦共和国基本法》第一条中的核心位置——又在

23　科琳娜·米特（Corinna Mieth）从四个方面对积极义务和消极义务进行了区分，分别是：产品论，行动论，结果论和规范性。这里所说的是行动论方面的区别，也就是取决于一个人是否有所行动，见 Mieth, *Positive Pflichten*, S. 95f, S. 98f.

24　见 Mieth, *Positive Pflichten*，及其 "World Poverty as a Problem of Justice? A Critical Comparison of Three Approaches", in *Ethical Theory and Moral Practice* II (2008), S. 15—36，以及 Judith Lichtenberg, "Negative Duties, Positive Duties, and the New Harms", in *Ethics* 120 (2010), S. 557—578.

25　见 Barbara Bleisch, *Pflichten auf Distanz. Weltarmut und individuelle Verantwortung*, Berlin 2010, S. 176f; Peter Schaber, "Globale Hilfspflichten", in Barbara Bleisch/Peter Schaber (Hg.), *Weltarmut und Ethik*, Münster 2007, S. 159—167.

26　见 Valentin Beck, *Eine Theorie der globalen Verantwortung. Was wir Menschen in extremer Armut schulden*, Berlin 2016, S. 151—156.

27　Schaber, *Menschenwürde*.

规范性上具备特别的重要性。[28]

　　这其中的联系基本如下：人仅仅因为是人，就拥有不可剥夺的尊严。这种尊严表现出人值得尊重的道德地位，同时也传达了人作为人被尊重的价值。按照传统理解，这一特殊价值在于人的人格（Personalität）。也就是，将他人当作个人（Person）来尊重。人格强调的主要是人的理性和自主能力。[29] 如果把自尊理解为对自我（Selbst）的尊重，尊严与自尊间的联系就很清晰了。自尊是指尊重他人的和自己的自我。当然，这里需要回答的问题是，尊重这样一个大写的自我是什么意思。如果把这个自我理解为个人，再加上已经讨论过的自尊的两个含义，就能得出以下要求：第一，一个人必须能维护自己的人格；第二，一个人必须能被自己和他人平等尊重。经常也会有人补充说，这里也包含不可剥夺的权利，因为只有这些权利才能传达个人的尊严和值得被尊重的价值是绝对的、无条件的。那么，每个人都有权维护其个人，也都有权要求被当作理性、独立的人来平等对待。[30]

　　我认为这种对自尊和尊严的常见理解在其结构上是正确的。

---

28 《德国基本法》第 1 条第 1 款规定："人的尊严不可侵犯。尊重和保护人的尊严是一切国家权力的义务"，见 Deutscher Bundestag, *Grundgesetz für Bundesrepublik Deutschland*, https://www.bundestag.de/gg，上次访问时间 2017 年 5 月 29 日。

29 见 Schaber, *Menschenwürde*, S. 101f，及其 *Instrumentalisierung und Würde*，S. 123—126，和 "Achtung vor Person", S. 423—438.

30 克莉丝汀·科斯加德（Christine Korsgaard）的进一步论证认为，不接受这种平等对待他人的观点本身就是错误的。对有些人来说，这样的论证可能过于牵强，但不可否认，这一论证从道德角度看是合理的，见 Christine Korsgaard, *Creating the Kingdom of Ends*, Cambridge 1996, Kap. 7，及其 *Self-Constitution. Agency, Identity, and Integrity*, Oxford 2009.

但有一点我不同意，而且这点对把财富视作道德问题来说并非无关紧要。尊严和自尊不仅关系到人格，也关系到一个人的个性（Persönlichkeit）。人的尊严不仅在于人是有自我意识和独立性的理性人，更在于——这甚至可能是主要原因——人是有独特的品格特征和生活历史的个性个体。[31] 因此，人不仅有权维护其人格并要求其人格得到尊重，还有权维护其个性并要求其个性得到尊重。我相信，人的尊严不仅关系到人的人格，也关系到人的个性，因为正是个性给予了生命独特的意义。[32] 如果说人格有任何超越生物功能的意义，那就是人格使一个人能在一定程度上掌控其个性、品格以及生活历史的塑造。

强调个性而不是人格，当然会对如何理解自尊产生影响。自尊不再只关乎维持人格，还关乎通过自理强化个性。此外，这还意味着我们不仅要将他人作为有人格的人来尊重，还要尊重其个性。[33] 这两者对于追问财富的道德问题都很重要，因为尊重个性显然比尊重人格的要求更高。维持个性所要求的资源和努力要甚于维持人格所需。如果只要求保证最低的生存水平，一个勉强超过温饱线的人仍能保持其人格。但是，社会学研究有力地证明，小康水平的急剧下降会对个性产生严重的影响。[34] 另外，个性的自由发展往往比单

31　见 Neuhäuser, "Würde, Selbstachtung und persönliche Identität", S. 448—471.

32　我在这点上的看法与弗洛姆一致，尽管他基本上不被当作哲学家，见 Fromm, "Haben oder Sein", S. 332f., S. 339f. 一个重要的例外是恩斯特·图根哈特（Ernst Tugendhat）对弗洛姆的解读，见其 *Vorlesungen über Ethik*, Berlin 1993, S. 263—276.

33　见 Neuhäuser, "Würde, Selbstachtung und persönliche Identität", S. 448—471.

34　见 Robert Walker, *The Shame of Poverty*, Oxford 2014.

纯的生存保障需要更多资源。

同样，尊重他人个性要比尊重他人人格的要求更高。平等尊重他人首先是要给予他人相同的基本权利。这主要包括相同的自由权利和政治参与权，可能还包括一些社会经济权利。[35] 相比之下，平等尊重他人的个性包含的内容更多。在社会交往中，他人的个性必须在客观上明确得到与自己的个性完全一样的重视。也就是说，只要他人选择的人生道路是他们真正想要的，其个性就值得高度肯定。[36]最后的这一点补充很重要，因为正是当事人对其个性和人生道路的主观评价，提供了其值得尊重的理由。如果连当事人自己都抱怨自己的人生道路和性格，那就说明他还未实现自己的个性尊严。

这样就凸显出人格尊严与个性尊严间的一个区别。因为与人格尊严不同的是，个性尊严在规范性意义上并不是不可侵犯的。[37]无论一个人要求与否，基本权利属于每个人。拥有被自己全身心接受的个性，也可以被理解为这样一种基本权利。但这关系到的仍是人格尊严。个性尊严在于肯定个性本身。如果一个人不能肯定自己的个性，那么他人也无法平等尊重这个人的个性。这个人虽然不会因此失去其要求得到尊重的基本权利，但是这一要求实际上无法兑现。仅剩的有限可能是，帮助这个人发展他自己认为值得尊重的个

35　见 Schaber, "Achtung vor Personen", S. 423—438，及其 "Der Anspruch auf Selbstachtung", in Wilfried Härle/Bernhard Vogel (Hg.), *Begründung von Menschenwürde und Menschenrechten*, Freiburg im Breisgau 2008, S. 188—201，和 Schaber, *Menschenwürde*.

36　这一表述来自 Harry Frankfurt, *Sich Selbst ernst nehmen*, Berlin 2007, S. 64.

37　Neuhäuser, "Würde, Selbstachtung und persönliche Identität", S. 448—471.

性。就这点而言，人格尊严要比个性尊严更稳固。不过，这当然不代表个性尊严不如人格尊严重要，或者对个性的尊重与尊严无关。

此外，对个性的漠视和侮辱也对尊严构成侵犯。因为人们对自己的理解不仅限于人格，也包括个性，因此其自尊也与个性相关而不只是人格。不过，对个性的漠视和侮辱不一定来自对权利的侵犯，而是也有可能在社会交往中通过更难被察觉的方式实现。这对财富涉及的道德问题来说很关键。财富或许在很多情况下并没有侵犯权利，或者甚至不能被用来侵犯权利，但是这些财富可以被系统性地用来漠视他人的个性。如果只是诉诸权利，这层联系就无法得到揭露。这里需要的是对社会关系进行更详尽的描述，这也是我在接下来几章中想通过若干实例进行讨论的内容。

在此之前，还需要一个限制，这也涉及牵扯一个棘手的问题。与人格尊严不同的是，个性尊严并非没有限制，因为有些个性尊严可能是以漠视他人个性尊严为基础的。例如，一个沙文主义者或性别主义者的个性基础，是对他人个性的系统性歧视。只要个性本身不对别人构成侮辱，那么他人的个性就理应得到平等的尊重。但贬低他人的个性不值得被尊重。当然，有这种个性的人依旧是人，也应当作为人得到平等尊重，但是其个性不再值得尊重，甚至说值得被轻视可能都不为过。[38]

个性虽然值得被普遍尊重，但也不是没有限制，而问题就棘手

38　米歇尔·梅森（Michelle Mason）的看法很有意思，他将轻视看作一种道德感觉，并指出这种感觉能够兼容对被轻视的人的基本尊重，见 "Contempt as Moral Attitude", *Ethics* 113/2 (2003), S. 234—272.

在这里。一个人可能认识到非羞辱型个性的平等地位以及这样的个性值得普遍尊重，并因此意识到自己应该改变，但与此同时，这个人又无法放弃自己性别主义或沙文主义的基本姿态。那么，这个人有可能面临自己无法解决的个性冲突。要想反驳这点，就必须假设人们对自己的个性拥有绝对控制，并能随心所欲地改变个性。在我看来，这似乎是道德哲学中普遍存在的一个假设，但又是一个很不现实的假设。[39] 不现实的原因有二。要想从根本上改变一个人的个性特征，行为者首先需要一个能让自己彻底或者至少在很大程度上拒绝现有特征的立场。但是，如果一个人长期拥有某种个性特征，彻底改变它就会很难。对自己个性的改变必须来源于自身，只有这样，个性才能得到彻底的，或者至少是可观的改变，因为在这种情况下，改变本身就是个性的一部分，并立足于此个性。[40]

其次，要想摆脱这种与自己不想要的个性特征相关的姿态，并代之以另一种，需要的是社会环境。这种环境不仅意味着一种知识性的练习，更是生命过程中的一种实践活动。如果认为只有意识信念能影响实践态度，而实践态度不能影响意识信念，那就错了。如果一个人反复注意到自己继续表现出有意识拒绝的个性特征，这有

39　与这一点有关的批评，见 John Christmann, *The Politics of Persons. Individual Autonomy and Socio-historical Selves*, Cambridge 2011.

40　对康德式的"完全独立"理念抨击得最猛烈的莫过于皮埃尔·巴迪欧，见 Bourdieu, *Die feinen Unterschiede* 以及 *Praktische Vernunft. Zur Theorie des Handelns*. 但就连巴迪欧也承认，人通过反思判断和实际练习有可能摆脱令人讨厌的个性特征。

可能导致他不再有意拒绝这一特征，而是放弃实践。[41] 由此可见，摆脱负面的，或侮辱性的性格特点有时并不容易。即使人们事实上赞同这一抽象立场，始终平等尊重他人人格和个性其实很难。紧接着的问题是，我们能否以及在什么情况下能期待人们做到这一点。

如果能证明某些形式的财富因为侵犯他人的自尊所以是侮辱性的，那么就会出现上述问题。一些人可能很难放弃他们有道德问题的财富，尤其是当这些财富已经成为他们个性的固定组成部分时。可能至少在他们的主观感知中，他们的自尊甚至取决于这些财富。如果真是这样，就明显存在不易解决，但对财富的规范性评价意义重大的冲突。我将在下节讨论中分析这一冲突，以便能在接下来的两章中，对有道德问题的财富形式进行说明。

金钱、原则与幸福生活

有些人对幸福生活的主观理解明显包括财富，或者至少是小康水平。而在市场社会中，由于权力和社会地位与金钱的联系紧密，这可能更是不少人的真实想法。[42] 与此同时，如果又能证明财富构成道德问题，那么冲突就会由此产生。从道德角度看，富人是否必

---

41 利昂·菲斯汀格（Leon Festinger）认为，一旦超过忍耐程度，认知失调总是会通过更容易被摆布的方式得到解决。有时可能是受环境影响，但往往还是受自身信念的影响，见 Leon Festinger, *A Theory of Cognitive Dissonance*, Redwood City 1957, S. 260f.

42 见 Barber, Consummed!，以及 Sighard Neckel, *Flucht nach vorn. Die Erfolgskultur in der Marktgesellschaft*, Frankfurt/M. 2008.

须因此放弃自己的财富？也许他们确实得放弃。但人们难道没有按照自己的主观理解实现幸福生活的权利吗？难道这一权利就没有道德分量吗？我想确实如此。能够活出自己的个性，是人的尊严的一部分。[43] 因此，只要人们愿意，他们首先当然有权追求财富。但个性尊严和自由发展个性的权利不是没有界限，如果个性建立在对他人的尊严进行系统性贬低或侮辱的基础上，那么没人有权拥有这种个性。例如，性别歧视或种族主义的个性就不值得尊重。具有这些个性的人应该疏远这些侮辱性的观念，并摒弃相应的特征。

尽管在实践中要摆脱一套牢固的个性特征往往相当困难，但这绝不能成为合理化性别歧视或种族主义的借口。正因为这些观念有损尊严，是侵犯尊严的直接基础，所以无论多么困难，我们都能要求人们摒弃这样的观念。财富也是如此。无论财富对一个人有多重要：只要财富同时伴随着对尊严的侵犯，人们就必须放弃对财富的追求。因为在这一点上，追求财富与种族主义或性别歧视不再有任何区别。不过，这只适用于的确能证明财富对尊严构成威胁的情况。虽然我在下一章才会谈到这一点，但现在有必要先解释一下抽象层面上的一些系统性思考。即使财富与有损尊严的行为联系紧密，应对财富的方式还是要有别于应对性别歧视或种族主义的方式，因为财富对尊严造成的伤害，或许在有关方面与那种直接侵犯

---

43 在这点上我赞同伯纳德·威廉姆斯的观点，他虽然没有提到尊严，但在他有关幸福生活的讨论中，个性起着核心作用，见 Bernard Williams, "Persons, Character and Morality", in Williams (Hg.), *Moral Luck*, Cambridge 1981, S. 1—19, 及 "Utilitarianism and Moral Self-Indulgence", in Williams (Hg.), *Moral Luck*, Cambridge 1981, S. 40—53. 我相信自尊也能通过个性的意义得到辩护。我们不仅希望我们的人格得到尊重，也希望我们的个性得到尊重。

尊严的观念不同。追求财富和损害尊严之间的联系可能有别于性别歧视或种族主义与损害尊严间的联系。

这两种联系的重要区别可能有很多，但我只想强调其中三点。首先，追求财富不一定侵犯尊严，而只是有可能侵犯尊严。第二，由财富对尊严造成的侵犯往往不是有意造成的，而是经常由个体行为者和团体行为者在追求财富的过程中无意造成的，甚至是由不可预见的副作用引起的。第三，导致尊严受损的往往不是财富本身或是对财富的追求，而是对财富的错误使用。财富可被用于帮助他人摆脱有损尊严的境况，而只有当财富不被用于这一目的时，财富才会对他人的尊严造成额外的伤害。也就是说，这种情况违反的是帮助他人的积极义务，而不是不伤害的消极义务。不过，积极义务更难辩护，而且很多哲学家认为，积极义务不如消极义务重要。[44]

首先，财富与损害尊严之间的偶然联系，与种族主义和性别歧视形成鲜明对比。后两种观念直接建立在不同性别或种族的人低人一等，而且不配享有和自己一样的优越地位这一信念上。[45]一个人不可能既放弃这种想法，同时又保留种族主义或性别歧视的观念。但财富不同，单纯追求财富并不一定损害尊严，一个人可以在追求财富的同时希望所有其他人都能获得同样的财富。如果说财富仅仅意味着拥有多于体面生活所需的金钱，那么一个人完全可以希望每个人都是有钱人。也就是说，财富与损害尊严之间的联系不是必然

44　米特在这一议题上的讨论既详细又严谨，见 Mieth, *Positive Pflichten*, S. 95—113.

45　见 Margalit, *Politik der Würde*, S. 147—152.

的，而是只有在特定的社会条件下才会发生。所以，这里的问题依旧在于，拥有财富的行为者在这种情况下是要必须放弃财富，还是只要控制条件让财富不再能损害尊严就够了。

对这方面进行分析的一个恰当例子是有关"去增长"和"绿色增长"的讨论。去增长的支持者坚称，要想阻止气候变化的严重后果，至少得让最发达的经济体停止增长。[46] 而绿色增长的支持者则认为，着重开发环保技术既能允许经济继续增长，又能保护气候。[47] 如果我们假设持续恶化的气候问题将威胁子孙后代的尊严，那么我们的社会持续增长（从而变得更加富有）是否在道德上构成问题，显然就取决于去增长理论和绿色增长理论哪个是真的。继续像以前那样的经济增长，以及借此实现对财富的追求一定会危及未来子孙后代的尊严。相反，绿色增长也许不会危及尊严——而这也适用于由绿色增长带来的财富。

由人类引起的气候变化也很适合说明上面提到的第二点，也就是，财富对尊严造成的侵犯，是追求财富的过程中无意且往往不可预见的副作用。长期以来，人们不知道自己的经济活动和消费行为会危害气候。这一点现在虽然已经众所周知，但是气候变化并不是

46　蒂姆·杰克逊（Tim Jackson）尤其赞同这一观点，他驳斥了经济增长能与环境污染脱钩的观点，见 Jackson, *Wohlstand ohne Wachstum*, S. 81—99；亦见 Giorgos Kallis, "In Defence of Growth", in *Ecological Economics* 70/5 (2011), S. 873—880; Martin Jäniche, "Wir brauchen radikale Lösungen", in *Ökonomisches Wirtschaften* 4 (2012), S; 20—23; Paech, *Befreiung vom Überfluss*.

47　支持绿色增长观点的有 Füchs, *Intelligent wachsen*. 支持增长并反对一般性监管的，有 Carl Christian v. Weizsäcker, "Vorsicht vor dem 'gestaltenden Staat'! Reaktion auf R. Schubert et al. 2011. Klar zur Wende! Warum eine 'Große Transformation' notwendig ist", in *GALA* 20/4 (2011), S. 243—245, 以及 Paqué, *Wachstum!*.

人类有意造成的，也没人打算以此危及后代尊严。[48] 此外，许多从经济增长中获利的人追求的根本不是财富，而是小康。虽然他们在结构上与追求财富的团体行为者息息相关，尤其是国家和企业，但他们往往并没有追求财富的个人意图。就个体而言，他们只想在自己生活的社会中拥有体面的生活，仅此而已。

然而，虽然大多数人追求的只是小康，但他们的行为支撑起来的却是一个主要以经济增长为中心的社会结构。这首先是因为，对财富的追求与对较高社会地位的追求相互关联。同时，现有的经济不平等导致了一个上升螺旋，只要经济不平等还存在，经济增长就会持续增加。这里我们可以清楚地看到，这种效果是无意的，甚至是间接的。只追求小康的个人，最后却促成了社会的财富导向，并支持着以财富为中心的团体行为者。不过，我们根本不清楚问题到底是出在个人对小康的追求上，还是对财富的集体取向上。如果社会基本结构的组织方式不同，也许追求小康就不会有什么问题。

财富与性别歧视和种族主义相比的第三点区别，在于不伤害他人的消极义务以及帮助他人的积极义务。富人往往并不会用自己的财富直接伤害他人的自尊，其他行为者的自尊也并不仅仅因为富有行为者的存在就受到伤害。更常见的似乎是，富有的行为者能用

---

48 这就体现出双重效应理论的问题。虽然气候变化的后果不是有意为之，而是由人们追求的经济增长等其他方面的积极结果引起的，但是依然无法否认环境因此遭到了巨大的破坏，见 Neil Roughley, "The Double Failure of 'Double Effect'", in Christopher Lumer/Sandro Nannini (Hg.), *Intentionality, Deliberation, and Autonomy*, Farnham 2007, S. 91—116.

自己的财富帮助他人获得自尊，但是他们并没有这样做。例如，富有的企业显然可以通过创造更多的工作岗位帮助失业人群，让他们重新获得自理能力。这家企业的经营效率或许会降低，但应该还是有利可图。对此，通常会有人反驳说，企业的目的是让其所有者的利益最大化。[49] 但如果我们假设这家企业的所有者已经很富有了，那么他们对财富的追求真能作为他们不提供更多工作岗位的理由吗？

我们可以主张企业所有者和企业有帮助求职者的义务。不管怎么说，问题的关键在于一个人照顾自己这一根本能力。不过，与不伤害的消极义务相比，帮助的积极义务并未明确规定要帮什么以及帮多少。但不伤害的消极义务却十分清晰：我不能随便杀人，因此不论什么情况，我都不能这么做；我不能伤害他人的尊严，因此不论何时我都必须克制自己。但帮助的积极义务往往没有明确谁应该得到帮助，以及得到多少帮助。难道富有的行为者要捐钱捐到自己不再富有才算数吗？毕竟，这笔财富对他们的尊严生活来说已经无关紧要。但是不是也应该允许一个容忍限度，好让富有的行为者能继续自由支配他们的财富？而且，富有的行为者应该用他们的财富帮谁？他们能自己决定这点，还是要遵循某种优先次序？想要回答这些问题并不容易，而这些问题恰恰清楚表明，为什么放弃帮助在道德上不如主动伤害更应受到谴责。

---

49 Friedman, *Kapitalismus und Freiheit*, S. 133—136, 及其 "The Social Responsibility of Business is to Increase its Profits", S. SM17.

上文提到的三个因素——财富与损害尊严的行为之间的偶然联系，财富对尊严的伤害是无意且往往不可预见的副作用，以及帮助义务的核心地位——都严重限制了从损害尊严的角度对财富进行否定式的评判。对财富的追求不一定如性别歧视或种族主义一样，意味着对金钱有失尊严的贪求。追求财富或小康的人，也不一定就是从根本上观念堕落，因此其个性不值得被尊重的人。但除此之外，这三个因素到底具备怎样的规范性作用？毕竟，富有的行为者还是能用自己的财富损害他人的自尊。这种情况又该被如何评估？如果财富确实损害尊严，那么这些因素或许根本不重要。

这其中的根据很直白。如果某种行为在道德上是被绝对禁止的，那这种行为就是有损尊严的。[50] 在这种情况下，社会因素的影响，行为者是否有意侵犯尊严，以及侵犯尊严的行为是基于主动作为还是被动不作为，都不重要。尊严不容许被侵犯。因此，准确无误地证明某种问题行为是否构成对尊严的侵犯，始终是关键的一环。出于这样的原因，我在本书中也着重讨论了财富是否与有损尊严的行为有关这一问题，而将财富是否会在其他方面存有道德争议这一更广泛的问题排除在外。这当然有可能，但是，对财富进行更广泛的道德判断首先会引起更多争议，其次会引起优先次序的冲突，到底是更广泛的道德立场应该得到优先考虑，还是一个人通过

---

50 这是有关尊严在道德及法律上的重要地位的标准观点，见 Markus Rothaar, *Die Menschenwürde als Prinzip des Rechts. Eine rechtsphilosophische Rekonstruktion*, Tübingen 2015, S. 323f.

追求财富实现其个人的幸福生活更重要。[51]

　　诚然，转而聚焦尊严并不代表就能规避上述的权衡问题。尊严概念的一大困难在于其本身的弹性。谁都能轻而易举地讲述一个关于尊严受损、遭到侮辱的故事，这样精心准备好的故事能将任何一种行为解读成有损尊严的。如果尊严被上升到如此高度，以至于从中只能得出无条件的禁令和戒律，那就会造成这样一种印象，仿佛道德在这里的严苛统治根本不允许任何人按照自己的理解追求幸福生活。而这样我们就成了道德的奴隶。[52] 我认为，要想应对这一危险，就必须将尊严与自尊相结合，正如我已经提议的那样。只有当一个人在重要方面不能自理，只有当一个人不被平等尊重时，称之为侵犯尊严才是恰当的。

　　如果能证明某些形式的财富与损害尊严的行为相关，那么这些财富就应该被废除。但进一步的限制在于，这种道德上的判断对政治而言代表着什么还不清晰。上述三个限制因素均与这一点息息相关，因为无意侵犯他人尊严和对他人尊严造成少许间接损害的人，不应该在政治上受到与故意损害他人尊严，以及对他人尊严造成直接侵犯的人相同的对待。在我看来，要付出多大努力去原谅一个

51　对这一问题的详细讨论，见 Susan Wolf, "Happiness and Meaning. Two Aspects of the Good Life". In *Social Philosophy and Policy* 14/01 (1997), S. 207—225，及其 *Meaning in Life and Why It Matters*, New Jersey 2010；以及 Holmer Steinfath, "Selbstbejahung, Selbstreflexion und Sinnbedürfnis", S. 73—93，及其 *Was ist ein gutes Leben?* 和 *Orientierung am Guten.*

52　苏珊·沃尔夫（Susan Wolf）持这样的观点，见 Wolf, "Moral Saints", in *Journal of Philosophy* 79/8 (1982), S. 419—439，及其 "Morality and the View from Here", in *Journal of Ethics* 3/3 (1999), S. 203—223. 一个有趣的批评观点，见 Edward Lawry, "In Praise of Moral Saints", in *Southwest Philosophy Review* 18/1 (2002), S. 1—11.

人，取决于这个人的主观责任有多大。但这就产生了一个问题。假设某些形式的财富能通过社会手段对尊严造成间接的伤害，而这些伤害只能通过大规模的援助才能被制止，我们还可以进一步假设这种财富与一个人的个性息息相关，那么在这种情况下，我们虽然可以从道德上期望一个人完全改变其个性，但我们能否也在政治上抱有并执行这样的期望，尚不明朗。事实上，我们甚至有反对这样做的理由。

谨慎的改革也许不仅更明智——因为长远来看，这样的改革会更有效——而且在政治上也有道德必要性。通过政治手段要求许多人彻底改变他们的个性，本身就是对这些人的个性尊严的侵犯。要求性别主义者或种族主义者做出这样的改变应该还是合理的，但性别主义者和种族主义者依然享有人格尊严，因此不该被洗脑。[53] 但是由于性别歧视和种族主义的个性本质上就是有辱他人尊严的，因此这样的个性不应得到尊重。漠视这样的个性是被允许的，在某些情况下甚至可能必要的，例如为了声援遭到歧视的受害者。相反，如果说大部分人追求的根本不是财富，而是小康的生活水平，但他们仍通过间接途径设法实现了共同富裕，此外还有某些团体行为者也通过这一过程获得了财富，那上述联系就不成立。这些人中没有人的个性在本质上对他人的尊严构成侮辱，因此他们的个性也应该得

---

53 出于相同的原因，恐怖分子也不应该被虐待。至于这里涉及的是法律原则还是无条件适用的道德原则问题，见 Corinna Mieth, "Hard case Make Bad Law", in Michael Reder/Maria-Daria Cojocaru (Hg.), *Zur Praxis der Menschenrechte. Formen, Potenziale und Widersprüche*, Stuttgart 2015, S. 85—104.

到尊重。所以，这里需要的政治手段应该做到尊重他人的个性尊严。

我在最后一章才会讨论我们到底需要怎样的政治手段。这部分首先需要回答的问题是，财富与有损尊严的行为间是否真的存在联系。到目前为止，对尊严与自尊的思考应该已经为此提供了线索，而我提出的财富理解也支持这一判断。如果财富意味着一个人拥有的钱明显多于体面生活所需——对团体行为者来说，意味着多于履行社会责任所需——那么多出来的这笔财富就不再有多重要，也不再能对有尊严的生活起到任何促进作用。此外，如果这笔财富与权力和地位间还存在紧密的联系，那么可想而知，因此而产生的冲突就会危及人们的尊严。但是我还没有证明情况的确如此。只有证明财富与损害尊严的行为间确实存在联系，财富才能因其造成的严重不公而被名副其实地视为严格意义上的道德问题。

这就是我在接下来的两章中要探讨的问题。我首先关注的，是在像德国、奥地利以及瑞士这样的富裕国家里，财富是否会危及体面的共同生活。这涉及的议题有相对贫困、失业与不体面的工作，以及后民主。然后，我将讨论全球范围内的体面共存问题：这涉及绝对贫困、气候变化以及全球市场的脆弱性。在所有这些情况中，财富都实实在在地构成了严重的道德问题，因为财富通过不同的方式与侵犯尊严的行为紧密相连，我将对此进行说明。不过，这些问题对政治而言意味着什么，将在最后一章中得到讨论。在这之前，也就是在第七章中，我还需梳理一些不赞成通过政治手段处理财富问题的有关反对意见。

财 富 的

道 德 问 题 REICHTUM

ALS

MORALISCHES PROBLEM

第五章

财富：体面社会的问题

综上所述，目前可以得出的结论是，如果个人可支配的钱明显多于其满足尊严生活所需，此个体行为者就算富有；如果团体行为者拥有的钱明显多于其维持有益于生活的功能所需，此团体行为者就算富有。另外，我还在上一章讨论了财富构成严重道德问题的两种情况，第一种情况是当有人能系统地使用其财富来伤害他人尊严时，第二种情况是当这笔财富虽然能被很轻而易举地用来帮助尊严受损的人，但却未被这样使用时。在第一种情况下，富有行为者负有直接责任，这点显而易见，因为正是富有行为者从根本上导致了侵犯尊严的行为。而在第二种情况下，富有行为者则是放弃为某些人的尊严生活做出贡献。富有行为者这时是否真的为此负有责任，还有待商榷。也许他们有理由得到谅解，他们甚至也可能有正当的理由解释为什么不利用自己的财富帮助他人实现有尊严的生活。

出于这样的原因，我目前主张的只是财富在这种情况下会构成道德问题。但我并未说明，这对于某些行为者意味着什么。这一点必须根据具体情况加以澄清，因为只有这样才能将行为者行动的背景原因考虑在内。相应地，我也不想只对财富何时构成道德问题以及有怎样的后果这样的提问进行抽象讨论，而是从现在开始以一系列典型事件为基础展开探讨。就个别富裕社会而言，这些事件包括相对贫困、不体面的工作与失业以及民主制度受损等议题。就全球层面而言，我将在下一章讨论绝对贫困、气候变化以及全球市场失调这些议题。所有这些议题都让人有理由担心，金钱财富与损害尊严的行为间存在有道德问题的系统性联系。

对这些重点议题的讨论将分三步进行。首先，我将证明这些议题各自的背景中都存在着对尊严的系统性损害。所谓"对尊严的系统性损害"，是指损害尊严的行为与某种既定的实践间有紧密且规律的联系。之所以强调对尊严的系统性损害，是因为只有这样的损害才能要求系统性的解决方案。其次，我将说明财富要么助长了这些对尊严的损害，要么能被不费吹灰之力地用来防止或者至少是大大减少这种对尊严的损害。虽然其他社会现实和实践也常与损害尊严的行为关系密切，但就我的论证而言，我没必要证明财富是损害尊严的唯一途径。例如，若财富能系统性导致严重的失业状况，那么财富就构成道德问题，尽管这一失业状况同时还可能与其他原因有关。

第三步，也就是最后一步，我将分别针对前述议题简要讨论，如果在不同情况下的确能证明财富对人们的尊严构成威胁，那么这将产生怎样的影响。最后一点的讨论较前两点更简短，因为我还会在第七章和第八章中从整体角度出发探讨这些问题。最后，我还将考虑能否在不需要人们完全放弃追求小康的情况下，通过某种理性的方式避免这种有问题的财富。总而言之，接下来两章的论述都部分具有纲领性的特点。我主要想说明两点，首先我想强调，对侵犯尊严这样严重的正义问题来说，这里提出的否定分析方法证明是行之有效的。在一个非理想型，但仍属进步主义的正义理论框架内，我们能够通过这种方式分辨主要的正义问题。其次，我想澄清财富的确有可能成为道德问题，因此不能总是理所应当地得到积极的评价。

本章中，我将考察财富是否对一个社会内部的体面共存构成威胁。我所说的"体面"，就是玛格利特所指的一个社会基本制度结构所应具备的最低规范性尺度，以保证其社会成员不会遭受系统性的贬低。也就是说，体面是社会正义的核心领域。换句话说，一个体面的社会中仍可能存在不公，但一个公正的社会不可能不体面。[1] 我将通过相对贫困、失业与不体面的工作以及后民主这三个议题来讨论体面，因为在我看来，这三点问题在像德国或美国这样的国家尤为突出。

相对贫困

相对贫困人口，是可支配收入少于平均收入的 50% 或 60% 的群体。[2] 以 60% 的标准为基础，2013 年，德国一口之家的这一界限

---

1 这是玛格利特的观点，我对此也表示赞同，见 Margalit, *Politik der Würde*; Neuhäuser, "In Verteidigung der anständigen Gesellschaft", S. 109—126.

2 持这一观点的主要是彼得·汤森德，见 Townsend, *Poverty in the United Kingdom*，以及 *The International Analysis of Poverty*. 亦见 Ruth Lister, *Poverty*, Cambridge 2004.

大约是每月收入 848 欧元。[3] 而瑞士的贫困线高于这一数值，因为那里的平均收入明显高于德国。这也正是相对贫困衡量标准普遍遭到诟病的原因所在：对比较富裕的社会来说，其相对贫困线也较高。但即使相对贫困群体的收入有所提高，他们的贫困状况依然没有改善。这样的关联带出了一种反对意见，即与绝对贫困相比，相对贫困根本不算真正的贫困。绝对贫困的人每天只有两美元度日；[4] 这样的贫困不仅威胁他们的基本生存，也威胁他们的尊严。该立场认为，既然相对贫困通常不会威胁一个人的基本生存，因此也就不会威胁人的尊严。

这一反对意见虽然正确指出了相对贫困并不直接对受此影响的人的基本生存构成威胁，[5] 但这并不代表相对贫困与侵犯尊严的行为间没有联系。单纯的生存并不是尊严生活的全部。相对贫困与损害尊严的行为之间的联系可能建立在其他基础上。为了解清楚是否存在这样的联系，根据本书依据的尊严即自尊的理解，必须得到解答的有以下两个问题：相对贫困是否会使受此影响的人在重要的事务上无法自理？相对贫困是否会使受此影响的人无法再将自己当作平

3　根据科隆德国经济研究所的数据，德国 2013 年的等值净收入为每人（根据中间值）1413 欧元，见 IW Köln, http://www.iwkoeln.de/presse/iw-nachrichten/beitrag/einkommensranking-hohe-wirtschaftskraft-reicht-nicht-immer-123518，上次访问时间 2017 年 6 月 28 日。亦见 Christoph Butterwegge, *Armut in einem reichen Land. Wie das Problem verharmlost und verdrängt wird*, Frankfurt/M. 2012.

4　见 Valentin Beck, *Eine Theorie der globalen Verantwortung. Was wir Menschen in extremer Armut schulden*, Berlin 2016.

5　间接来看，情况的确如此，因为相对贫困的群体对生活的预期低于较富裕群体，见 Stefan Huster, "Selbstbestimmung, Gerechtigkeit und Gesundheit. Normative Aspekte von Public Health", in *Würzburger Vorträge zur Rechtsphilosophie, Rechtstheorie und Rechtssoziologie Heft 49*, Baden-Baden 2015.

等的社会成员来尊重？我想，这两个问题的答案都是肯定的，也就是说，相对贫困会损害一个人的自尊。[6]

首先，相对贫困使人在重要的事务上不能自理。他们的收入不多，不足以保证他们在自己所居住的国家拥有得体的生活水平。[7] 相反，他们要么依赖国家的转移支付，[8] 要么在像美国这样的国家严重依赖私人慈善行为。[9] 如果没有这些设施，他们在自己所居住的国家可能就属于绝对贫困人口。但正是因为他们生活的国家有公立或私立的保险机构，他们中的许多人不需要担心自己会陷入绝对贫困。[10] 不过，如果他们能够自理，且不需要依赖他人，这对他们的自尊来说当然是更好的选择。[11] 或许有人会提出异议，认为就无法自理这一点而言，相对贫困的人自己也有责任。[12] 因为他们完全可以通过自己工作来挣得体面的薪水。我将在下一节重点探讨失业和低薪工作的问题。但当下需

6　见 Neuhäuser, "Zwei Formen der Entwürdigung", S. 542—556, 以及 Gottfried Schweiger/Gunter Graf, *A Philosophical Examination of Social Justice and Child Poverty*, Basingstoke 2015, S. 35. 专门对美国社会中的贫穷与羞辱进行多角度描写的讨论，见 Tavis Smiley/Cornel West, *The Rich and Rest of Us. A Poverty Manifesto*, New York 2012.

7　我所使用的"生活水平"（Lebensstandard）概念来自阿玛蒂亚·森，这一概念指的是能满足社会生活中常见功能所需的核心能力，见 Sen, "The Standard of Living".

8　"转移支付"（Transferzahlung）是通过政府无偿支出实现社会收入和财富再分配的一种手段，常见的社会福利及特定补贴都属于转移支付。——译者注

9　慈善行为的哲学问题讨论，见 Judith Lichtenberg, "What is Charity", in *Philosophy & Public Policy Quaterly* 29/3 (2009), S. 16—20.

10　但仍有调查结果表明，即便在美国，仍有 150 多万人至少偶尔会出现每天的可支配金额不足 2 美元的情况。见 H. Luke Shaefer/Kathryn J. Edin, "Rising Extreme Poverty in the United States and the Response of Federal Means—Tested Transfer", in *Social Service Review* 87/2 (2013), S. 250—268.

11　见 Sennett, *Respekt im Zeitalter der Ungleichkeit*, S. 158.

12　在美国持这一立场的人中，备具影响力的有 Lawrence Mead, "From Welfare to Work", in Alan Deacon (Hg.), *From Welfare to Work. Leassons from America*, London 1997.

要得到强调的一点是，相对贫困的群体在大多数情况下并不对自己的贫困负有责任——因为造成他们无法摆脱贫困的是结构性原因。[13]

阿玛蒂亚·森的可行能力方法能很好地说明这一点。森认为，存在能让人将现有商品转化为能力，从而让人实现某种功能的转变因素。[14] 那么，在目前讨论的情形中，这就是一个如何摆脱相对贫困，以及如何在基本经济问题上实现自理能力的问题。森提出了三种类型的转变因素，即个人因素、社会因素和环境因素。[15] 这里的关键因素是个人和社会这两个转变因素，如果社会因素妨碍人们获得自理能力，那么相对贫困的人显然不对此负有责任。符合这种情况的有例如结构性失业，极高的生活成本，或是单亲家庭的儿童得不到良好的照顾。此外，另一个值得注意的地方是，相对贫困的群体往往也不对不利于自己的个人转变因素负有责任。比如，如果有人因残疾而无法摆脱相对贫困，那么此人对自己相对贫困的处境不负有责任。我认为，同样的理由也适用于教育程度低的人群。良好教育的关键赛道在幼儿时期就已经确定了，那时受此牵连的孩子当然不对这种事负有任何责任，但他们的一生都将受此影响。[16]

13　Young, *Responsibility for Justice*, S. 22—27.

14　Sen, "Equality of What?", S. 195—220，及其 *Commodities and Capabilities*. 这方面的导论见 Sen, *Ökonomie für den Menschen*，以及 Nussbaum, *Creating Capabilities*.

15　Sen, *Inequality Re-Examined*, S. 19—38.

16　见 Bourdieu, *Wie die Kultur zum Bauern kommt*，及其 *Das Elend der Welt*, München 2009 一书中对此进行的详细描述。亦见 Kirsten Meyer, *Bildung*, Berlin 2011，以及 Jutta Allmendinger, "Mehr Bildung, größere Gleichheit. Bildung ist mehr als eine Magd der Wirtschaft", in Steffen Mau/Nadine M. Schöneck (Hg.), *(Un-)Gerechtigkeiten*, Berlin 2015, S. 74—82.

当然，也有人愿意生活在相对贫困中。一些僧侣和修女就是这样，生活艺术家或其他艺术家中也有人这样做。这些情况牵扯的相对贫困，因其自愿的特征不对尊严构成侮辱，正如挨饿和节食是完全不同的两种情况一样，相对贫困和自愿的节俭应被视为不同的现象。[17] 根据这一区分，非自愿的相对贫困有辱尊严，因为受此影响的人无法在基本问题上进行自理，尽管他们希望这样做，但结构性的原因导致他们没有这样的能力。而自愿生活在贫困中的人，今后也能脱离贫困，他们只是现在不想这么做。但这仅适用于今后能随时摆脱贫困生活的情况。如果一名僧侣或一名艺术家想回归世俗生活，那么他们必须有这样做的可能，否则他们的尊严也会受到损害。如果一个人暂时不将自己的自尊与贫困挂钩，他也不会因此失去这样做的权利。（这就好比即使一个人暂时决定成为反对几乎所有宗教的无神论者，但他不会因此失去信仰自由的权利。[18]）

也就是说，相对贫困之所以有辱人格，是因为它让人处于一种无法在根本问题上自理的状态，即使当事人本身其实有这样的能力。被迫生活在贫困中的人面临的就是这种有辱尊严的相对贫困，因为当事人其实有能力摆脱贫困，但由于背景条件多变，当事人无法发挥自己摆脱贫困的能力。这与自尊的第二个层面又有怎样的关系？处于相对贫困中的人是否也因贫困很难把自己当作平等的社会成员来对待？我认为情况的确如此。首先，如我们所见，自尊取决

---

17 Sen, *On Ethics and Economics*，及其 *Ökonomie für den Menschen*, S. 95.

18 这是约翰·罗尔斯的观点，见 *Eine Theorie der Gerechtigkeit*, S. 241f.

于他人对自己的尊重；其次，他人在公共领域对自己表现出的尊重，取决于当事人能否表达自己作为平等之人的地位；第三，在像我们的社会这样的市场社会中，表达自己平等社会地位的能力取决于物质商品。

只有按照某种方式着装，拥有诸如手机这样的特定科技装备，在乡下地区拥有一辆说得过去的车，以及居住环境体面的人，才能表达自己的平等地位，并将自己视为平等之人。这并不是说我们必须时时处处向别人展示我们的手机，虽然可能存在这样独特的亚文化，而是说只要人们能意识到，在大多数人眼中，此类商品对社会平等地位有重要意义就足够了，这些商品能制造出一种归属其中或被排除在外的主观印象。个人当然有可能搞错什么才是代表了属于社会主流的基本商品。但从总体上看，大多数人应该能够准确地理解什么才算体面、值得尊重的物质配备，特别是在市场社会中，媒体，尤其是广告，以其咄咄逼人的攻势不断传播着这种理解。[19]

但在物质方面不与社会中大多数人看齐真的有损尊严吗？为了让社会中的每一个人都有机会将自己视为平等的公民，特别是在政治参与上平起平坐，保障基本的经济需求不够吗？[20] 也许我们能想象这样一个对作为平等公民所拥有的尊重来说，超过基本需求之外

---

19 本杰明·巴布尔特特别强调这一点，见 Barber, *Consumed!*，亦见 Neckel, *Flucht nach vorn.*

20 从正义论角度倾向对这一立场进行的辩护，见 Harry Frankfurt, *Ungleichheit*；通过所谓的正义充分论对这一立场作出的不同论述，见 Liam Shields, "The Prospects for Sufficientarianism", in *Utilitas* 24/1 (2012), S. 101—171.

的物质配备无关紧要的社会。但这在我们的社会行不通。物质商品之所以具有重要的社会意义，其根本原因可能在于经济：我们的经济体系依赖经济增长。这种体系的前提是不断攀升的消费水平，以及为了赚更多钱而心甘情愿地长时间辛苦工作。[21] 只有当消费和对物质财富的表达与一个人受尊重的程度息息相关时，人们才愿作出这种牺牲。[22] 正是因此，市场社会发展出了一套物质商品与受尊重程度紧密相连的财富文化。所以相对贫困有损尊严的原因便在于，贫困让人无法参与象征性消费，至少在市场社会中，这是一个人在社会多数人的眼中不再享有平等地位的理由之一，因此相对贫困的人便无法将自己视为平等的社会成员。[23]

相对贫困与财富间的关系应该已经很清楚了：一旦社会中的一部分人变富，但较穷的那一部分却没有变富，或其财富增幅极小，那么相对贫困就会增加。甚至，尽管一部分人收入很高，但他们却因富人的财富增长而变得相对贫困也是有可能发生的。也就是说，如果财富分配不均，普遍的财富增加就会造成相对贫困。持批评立场的人借机主张认为，这说明相对贫困根本不是真正的贫困，也不

21　这方面开创性的分析见 Wolfgang Streeck, *Die vertagte Krise des demokratischen Kapitalismus*, Berlin 2013.

22　这里体现出了经济理性论的一个困难，该理论虽假设了所有理性偏好，但却对人们产生这些特定偏好的原因毫不在意，见 Hausmann, *Preference, Value, Choice, and Welfare*, S. 57—73.

23　在我看来，这并不意味着相对贫困的人经常遭遇歧视，而是他们会设想出一个代表了普通公民的一般性他者，他们正是在与这一一般性他者的比较中丧失了平等地位。一般性他者这一形象可追溯至乔治·赫伯特·米德（George Herbert Mead），见 Hans Joas, *Praktische Intersubjektivität. Die Entwicklung des Werkes von G. H. Mead*, Berlin 1989, Kap. 5, 及其 *Die Kreativität des Handelns*, Berlin 1996, S. 202; Hans Joas/Wolfgang Knöbl, *Sozialtheorie. Zwanzig einführende Vorlesungen*, Berlin 2004, S. 189—194.

是道德问题。[24] 但他们的论断犯了一个关键错误，他们没有考虑人的社会属性，忽略了之前讨论过的自尊的两个意义层面均包含尊严的社会维度。

对自尊来说，相对贫困以及与之相关的某些财富形式的确是个问题，但由此能得出什么？有些学者在此处强调所谓的"向下拉平异议"（Leveling-Down-Einwand）。[25] 他们指出，大幅减少社会中部分非常富有的成员的财富，倒是足以应对相对贫困的问题，但这样做虽然能带来更多的平等，事实上却无人从中受益。相反，这样做唯一能实现的，就是通过减少部分富人的财富来损害他们的利益。针对这一异议有两种回应。第一种回应侧重技术特征，它指出衡量相对贫困不应以平均收入为标准，而是以收入的中位数。第二种回应认为"向下拉平异议"整体上具备非常重要的积极影响，因此不应被视作不合理的观点而被搁置在一旁。

第一种回应指出相对贫困是根据中位数，而非通常误解的平均收入衡量得出的，这明显能够削弱"向下拉平异议"提出的非难。平均数意味着用所有家庭的收入总和除以家庭总数，从而得出平均收入。而以中位数为标准时则存在两个数据数量大小一致的集合，

24　阿玛蒂亚·森在与彼德·汤森德的讨论中提到的几点也指向此方向，见 Sen, "Poor, Relatively Speaking", S. 153—169，及其 *Commodities and Capabilities*，但森只意在对相对贫困为何代表了剥夺作出规范性解释。

25　例如，提出这一异议的德里克·帕菲特（Derek Parfit）希望借此维护优先主义，见 Derek Parfit, "Equality and Priority", in *Ratio* 10/3 (1997), S. 202—221, 及其 "Another Defence of the Priority View", in *Utilitas* 24/03 (2012), S. 399—440. 根据他的观点，问题的关键在于改善弱势群体的处境。概述见 Michael Weber, "Prioritarianism", in *Philosophy Compass* 9/11 (2014), S. 756—768.

其中一个集合代表所有收入中低收入的那一半，另一个集合代表所有收入中高收入的那一半。用低收入中的最高值与高收入中的最低值计算出的平均数就是中位数。

值得注意的是，现实社会中的收入中位数远远落后于平均收入，因为收入的增长趋势通常不是线性的，而是累进的。中位数的优势在于，收入最高的那 10% 或 20% 的收入究竟有多高，增长有多快，对中间值来说无关紧要。[26] 这些收入不会被直接计算在内，其具体数额不会对结果产生影响，而只是作为高收入那一半的一个数据量存在。也就是说，超级富豪有多富，对找出中位数以及确定相对贫困的界限来说没有影响。因此，如"向下拉平异议"说的那样，单靠剥夺超级富豪的部分收入不会减少相对贫困。

对"向下拉平异议"的第二种回应在某种程度上与第一种存在矛盾。该回应基于的理由如下：收入的巨大差距之所以有损相对贫困群体的尊严，是因为相对贫困使人无法再将自己当作社会平等成员来尊重。如果这一论断没错，那么削减富人的财富就的确能为解决问题提供实质性帮助。因为相对贫困的人将自己当作社会平等成员看待，并以这种身份参与社会的可能性将有所提高。因此"向下拉平异议"所主张的削减富人的财富只会带来负面而非正面影响，根本就是建立在错误的前提之上。因为这样做的确能为穷人的尊严

---

26 如果一个社会中 80% 的人口收入为 1 万欧元，20% 的人口收入为 100 万欧元，则平均收入为 20.8 万欧元，而收入中位数只有 1 万欧元。那么相应的贫困线就是 6000 欧元。

带来积极的差别。[27]

　　所以，用中位数来衡量相对贫困的做法同样存在问题，因为这种方法无法表明收入差距究竟有多大。因此我们也就无法说明，这样计算出的相对贫困界限是否真能有助于受贫困影响的人以平等成员的身份重新参与社会生活。但确定平均收入对这一问题也没有多大帮助，因为仍有可能存在大多数人收入很低，只有很特殊的一小部分人收入极高的两级社会。由于高收入组的人数非常少，平均收入在这种情况下将相对较低，但这就导致了社会中多数人因为数学原因而不属于相对贫困人口的结果。

　　但这有悖于直觉，因为一小撮富人决定什么才是在公共场合恰当的普通举止，以及什么才是得体的普通生活方式，并非不可想象之事，也并非不可能。因此，像托马斯·皮克提（Thomas Picketty）那样，在统计中将收入分配划分为五等份或十等份的做法更佳，这样一来，收入分配与被排除在公民平等地位之外而对尊严造成的威胁之间的关联，就变得清晰可见。从皮克提的数据中可以看出，对此我们确实有理由担忧。例如，美国 10% 的上层人口在税前的收入几乎占美国全年总收入的 50%。[28]

　　面对这种分配，我们应如何回应？一个可能的答案是，某些形

27　除此之外，一个人承担得起的商品数量与种类同时还取决于其他参与者的购买力这一点，当然也应被纳入考量。经济学家往往出于方法论原因规避这一点，因为他们只通过价格弹性这一概念考察价格构成，见 Nordhaus/Samuleson, *Volkswirtschaftslehre*, S. 212f.

28　最近的一项研究显示，这一群体的税前收入占全国全年总收入的 47%。1% 的顶层人口税前收入占国民收入的 20%。见 Thomas Picketty/Emmanuel Saez/Gabriel Zucman, "Distributional Naitonal Accounts, Methods and Estimates fort he United States", in *NBER Working Paper No. 22945* (2016), S. 40.

式的财富应被完全禁止，或者至少应被大力限制，例如通过高强度的累进税，本节讨论已对此有所暗示，但我仍将在最后一章详细作答。[29] 这个想法并不新颖，约翰·斯图尔特·密尔早已提出过这样的要求，约翰·罗尔斯也给过这样的建议。[30] 比如，我们可以达成以下妥协：最富有的那十分之一人口的收入所得，不得超过最贫穷的那十分之一收入所得的十倍。也就是说，如果最贫穷的那十分之一人口的平均年收入为 3 万欧元，那么最富有的那十分之一人口的平均年收入就不得高于 30 万欧元，他们必须放弃超出的部分。这种解决方案乍看之下当然颇有乌托邦之感。因此现阶段我先不对这一方案作深入讨论，而是将这一点连同其他建议一起放在第八章探讨。如何在财富的所有问题层面对其道德问题作出回应，将是那一章的主要内容。

失业与不体面的工作

德国联邦就业局的数据显示，2016 年德国的失业人口近 300 万，[31] 而全球范围内有近 2 亿人失业。[32] 非自愿失业有损尊严，至少

29　Anthony Atkinson, *Inequality. What Can Be Done?*, Cambridge MA 2015, S. 179—204.

30　约翰·斯图尔特·密尔要求大力限制遗产继承权，见 Mill, *Principles of Political Economy*, S. 35. 约翰·罗尔斯提议的"财产所有权民主制"（property-owning democracy）旨在对生产资料的私人占有以及由此而来的资本进行广泛调控，见 Rawls, *Gerechtigkeit als Fairness*, S. 245—250, 亦见 O'Neill/Williamson, *Property-Owning Democracy*.

31　Bundesamt für Arbeit (BA), "Arbeitslosigkeit im Zeitverlauf", in *Amtliche Nachrichten der Bundesagentur für Arbeit* 64/1 (2016), https://statistik.arbeitsagentur.de/Statistikdaten/Detail/201601/anba/anba/anba-d-0-201601-pdf. pdf, 上次访问时间 2017 年 6 月 8 日。

32　ILO, "Global Unemployment Projected to Rise in Both 2016 and 2017", http://www.ilo.org/global/about-the-ilo-newsroom/news/WCMS_443500/lang--en/index.htm，上次访问时间 2017 年 6 月 8 日。

对工作报酬是主要收入来源的社会而言的确如此。以无偿的家务工作为例很容易理解这一点，在如德国这样的社会中，这一工作依然主要由女性承担。[33] 家务工作没有报酬这一事实本身就是道德问题。但此刻我不想讨论这一点，而是强调另一个问题，即从事无偿家务工作的女性处于依赖有收入的人的状态，此人通常是她们的丈夫。只要这种安排是出于女性的自愿选择，那么至少当其处境符合以下额外条件时，其尊严不会因此受损：尽管女性因为没有自己的收入而无法在重要层面实现自理，但她们能随时在短期内找到有偿工作改变这种情况——这就是必要的额外条件，只要满足这一条件，我认为自尊的需求就可被视为已经得到满足。

如果一名女性因在职场上找不到有偿工作而再也无法摆脱其家庭妇女的角色，那么她的处境就有损尊严。在这种情况下，没有收入来源使她的处境相当于因长期失业而无法在重要层面实现自理的人。这一群体因为没有可支配的收入而始终依赖如个人或国家这样的另一方。不过，只有在他们仅能通过钱才可在社会中实现自理时，他们的自尊才会受损，因为只有在这种情况下，收入才真的对尊严起着重要的作用。例如，在自给经济中就不是这种情况。在自给经济中，无论是家务工作、田间劳作或是其他工作都是无偿的，因此在这种情况下，家务与其他工作之间的交换能被理解为一种对

33　女性三分之二的工作没有报酬，男性的无偿工作占比不到其工作的二分之一；Statistisches Bundesamt (D-Statis), "Arbeitszeit von Frauen. Ein Drittel Erwerbsarbeit, zwei Drittel unbezahlte Arbeits", *Pressemitteilung* Nr. 179 vom 18. 5. 2015, https://www.destatis.de/DE/PresseService/Presse/Pressemitteilungen/2015/05/PD15_179_63931. html，上次访问时间 2017 年 6 月 9 日。

称关系，但这并不意味着这种交换关系一定公平。比如，在自给经济中，女性通常承担比男性更多的工作，但依然比男性更贫穷。[34]

而德国、奥地利与瑞士的情况明显不同于自给经济，一旦有人想摆脱现有的依赖关系，那么只有当她拥有可支配的收入，或至少随时都能获得收入时，她才有能力在基本的物质层面实现自理。但并不是任一种工作报酬都足以满足这样的基本需求，更确切地说，收入水平必须能够在现实中保证有尊严的生活。也就是说工资必须足够高，使人能在基本问题上实现自理。德国 2015 年引入了 8.5 欧元的最低时薪，当年一周 40 小时的全职工作月均税前薪资为将近 1500 欧元。这笔收入是否足以实现一个人生活基本层面的自理，没有定论。[35] 但如果将上一节中的 60% 即贫困线当作前提，那么这笔收入看似足够。可是对一位有两个孩子的单亲母亲来说，这笔收入很少，就算她还能领儿童金，但全职工作使她不得不继续依靠政府的转移支付。也就是说，她无法在基本层面照料自己和她的孩子。

另外，从自尊的第二个层面来看，失业以及一份薪水很低的工作也是成问题的。失业人员很难将自己视作得到认可的平等社会成

34　见 Nussbaum, *Creating Capabilities*; Jean Drèze/Amartya Sen, *Indien. Ein Land und seine Widersprüche*, München 2014.

35　对于不断增长的兼职劳动力领域来说，情况确实如此，兼职工作的工资为最低收入，或略高于最低收入。此外，德国的大部分兼职劳动同样为女性。见 D-Statis, "Frauen und Männer auf dem Arbeitsmarkt. Deutschland und Europa", https://www.destatis.de/DE/Publikationen/Thematisch/Arbeitsmarkt/Erwerbstaetige/BroeschuereFrauen MaennerArbeitsmarkt0010018129004.pdf?_blob=publicationFile，上次访问时间 2017 年 6 月 9 日。

员，因为失业给他们带来了耻辱。[36] 许多人希望工作，也有能力工作，但却由于非他们力所能及的因素而找不到工作。一些找工作的人对劳动力市场来说年龄过高，另一些人的教育背景则干脆出于偶然的原因不再受市场青睐，而极其简单的人力工作在劳动力市场上又存在大量供大于求的情况。[37] 此外，外在的结构性障碍也让找工作难上加难。[38] 许多人或许能在另一座城市找到工作，但这可能意味着他们的父母因此无法再帮他们照看孩子，或者他们必须放弃自己所有的朋友。这些案例虽然生硬但也绝对典型，这些受影响的人对于他们失业的现状无能为力。但人们却经常认为他们懒惰，或至少是没用，并且不把他们当作为社会做出自己贡献的平等成员来尊敬。这就是失业为何会有损尊严的第二个层面。

从事"低薪工作"的人也面临类似的情况。[39] 他们薪水不高，是由于他们受教育程度不高，正因为他们除了当"帮工"外几乎没有用武之地，因此他们应为自己至少还有份工作，还能为自己赚点钱而感到高兴——持这一看法的人貌似不少。最后，失业的人与从

---

36 见 Richard Sennett, *Respekt im Zeitalter der Ungleichheit*, Berlin 2004, S. 144.

37 见 Jeremy Rifkin, *Das Ende der Arbeits*, Franktfurt/M，2005; Paul Mason, *Postkapitalismus*, Berlin 2016; Richard Sennett, *Die Kultur des neuen Kapitalismus*, Berlin 2007, S. 78.

38 艾丽斯·杨对这一结构的重要性作出了极具说服力的论述，见 Young, *Responsibility for Justice*, S. 22—27; 亦见 Christoph Henning, "Gibt es eine Pflicht zur Übernahme der geteilten Verantwortung? Über Komplikationen im Anschluss an Iris Marion Young", in *Zeitschrift für Praktische Philosophie* 2/2 (2015), S. 61—86.

39 我所说的"低薪工作"，是那些不但低薪，还无法带来社会认可的工作。演员或艺术家的收入可能也不高，但这些职业带来高的认可。这在一定程度上弥补了金钱上的窘迫，但只有极少数低薪工作符合这种情况。对"有意义的工作"的重要性的精彩论述，见 Adina Schwarz, "Meaningful Work", in *Ethics* 92 (1982), S. 634—646. 亦见 Stephan Lessenich, *Neben uns die Sintflut*, Berlin 2016, S. 69f.

事低薪工作的人，均无法表达自己在根本层面上也是平等的社会成员，也值得同等的尊重。[40] 我认为，他们在很多情况下耻于提起他们失业或谈论他们从事的工作，就清晰地体现了这一点。因此，从自尊的两个层面来看，想要但却没有体面的工作确实是个问题。这不仅让人无法在基本层面实现自理，也让人无法得到平等的尊敬。

但这一切与财富有何关系？为什么财富在此处意味着问题？难道情况不正好相反，工作是因为财富才存在的吗？财富与更多的工作岗位之间存在积极关系的基本思路很浅显：金钱财富能被用于投资，而投资能带来更高的经济效能和更多的工作岗位。消费（更不用说身份消费）也能促进经济，创造工作岗位。这样看来财富起着积极的作用，因为无论是个人还是企业，富有的行为者通常乐于消费。如果一家富有的企业在法兰克福或柏林购置一座浮夸的公司总部，就算这不是消费，也算得上投资；虽然这种事的可信度不是特别高。但更重要的总归在于，这样的奢华建筑能创造或确保许多工作岗位。再加之富有行为者的缴税额度可观，国家不仅能用这笔钱支持社会福利，还能用在以社会为导向的投资上，这又能带来不少工作岗位。一言以蔽之，财富看似对经济增长有利无害，而这对于创造更多的工作岗位而言也是好处良多。经济增长越高，社会越富，体面的工作也就越多，因为工作能带来不菲的收入以及更高的

40　安德烈·格尔兹在其许多论述中极力支持这一立场，见 Gorz, *Arbeit zwischen Misere und Utopie.* 但他意在主张终结劳动社会。以既不浪漫化，又颇具说服力的笔触对法国劳动阶级被遗忘的苦难进行的描写，见 Didier Eribon, *Rückkehr nach Reims*, Berlin 2016.

社会认同。[41]

　　这种对财富与体面工作间的积极关系的简单解释很常见，也可能是众多政府很少控制金钱财富的一个重要原因。失业与体面工作始终是大选的一个重要话题，没人想为升高的失业率担责。但我认为，把财富形容为劳务市场的引擎是欠妥的，其中存在两个相互依存的原因。第一，即使不把金钱财富当作经济引擎，劳务市场中的工作也不会流失。第二，限制财富甚至能让工作与收入分配更平等，还能让更多人有机会获得体面的工作。这也就是说，财富之所以是道德问题，是因为它阻碍了这种更加平等的分配。在某种程度上，上述第一点为第二点，即中心论点做好了理论准备。

　　在认为体面工作依赖财富的观点中，藏着两个有破绽的假设。第一个假设认为，经济增长依赖财富。第二个假设认为经济增长是创造更多体面工作的必要条件。这两个假设都有误。首先，经济增长依赖的并不是财富，准确来说，有助于经济增长的是储蓄，因为储蓄可被相对集中地用于投资。但足够的储蓄率要求的不是人人富有，而是人人小康。也就是说，部分行为者拥有的钱是否远多于其自尊或其正常运转所需，并不重要。只要行为者拥有的钱略多于他们满足目标所需，就能够达到足够高的储蓄率。尤其是考虑到一般情况下富有的只有部分行为者，更多的行为者则是处于小康的生活

41　这是依赖经济增长运作的劳动力市场政策典型的经济理论基本思路，以约翰·梅纳德·凯恩斯（John M. Keynes）为基础的批判性论述见 Skidelsky, *Keynes*, S. 93f.

状态，情况就更是如此。

此外，经济增长也绝不是体面工作得以存在的必要前提。例如，约翰·斯图尔特·密尔很早就已经为无需增长的静态经济进行过辩护，他深信这样的经济足以为所有人提供一份体面的工作。[42] 只要一个社会总体的富足程度足以让所有人实现小康生活，那么这就是可行的。也就是说，在这种情况下，对工作的分配能让所有人都获得从事体面工作的能力，这不仅能带来足够的收入，还能让人得到社会认同。也正是在此处，我们能清楚地看到上述第二点为何正确，为何说财富甚至能妨碍对体面工作进行更好的分配。

例如，德国、瑞士和奥地利基本上算是足够富足的社会，能为每个想工作的公民提供一份体面的工作。除此之外，无疑有足够满足所有人的工作数量。尽管如此，还存在两个需要克服的问题。第一，某些工作虽然具备社会价值，但却没有或几乎没有市场；第二，相当多的人工作量非常大，一周的工作时间常常超过五十或六十个小时，尤其是在高技能职业领域。理论上存在为具备社会价值的工作提供市场，以及大幅缩减工作时间的可能性，让所有求职者与所有工作不体面的人都能从事体面的工作。[43] 我认为，这完全适用于所有求职者，或是受困于不体面职业的人。对于残疾程度严

42　Mill, *Principles of Political Economy*, S. 127.

43　市场可行性能通过基本收入或负所得税来打造，比如米尔顿·弗里德曼就持这样的观点，见 Friedman, *Kapitalismus und Freiheit*, S. 227—231. 但一国工作时长的缩短会对该国在国际上的竞争力产生直接影响，比如法国就是这样。

重的人来说，如失明或失聪人士，这也是可以实现的。重中之重在于，这样做的结果不会损害小康的生活状态。当然，许多人将因此失去一些财富，有些人则会失去一大笔财富，但没人必须放弃小康生活。关键的问题当然是，如何才能实现这一点。但没有找到该问题的答案，不是认为这一转变不可行的充分理由。

在小康生活不受损的情况下，为所有人提供工作是可行的——这一论点听起来可能很怪。直觉上一般会假设，如果目前就业人群的工作时间缩短，此外还要再将无法独自找到市场，需要交叉补贴来支撑的工作形式人为地并入劳务市场，那么现有就业人群的小康水平就一定会显著下降。但与此相反，我们有必要回忆一下第三章中通过绝对界限界定的客观富足的概念。拥有财富，意味着一个人拥有的金钱多于维系其有尊严地生活所需。因此，许多现在从事全职工作的人将不得不接受收入与工时明显减少，即每月税后收入从 3000 欧元降至 2250 欧元，每周工作时间从 40 小时降至 30 小时，但他们依然能保持小康的生活状态。因为通过缩短工作时间，以及纳入迄今为止无经济利益可图的工作，还能额外减轻两方面的负担。一是相对价格将下降，二是身份消费将变得不再重要。

相对价格下降，是因为工作时间减少后平均收入下降。如住房这样的重要商品应该会更便宜，但应该也会有更多人能负担得起更宽敞的住房，因为从事体面工作的人将变多。现在还说不清楚这种影响会有多大，但关键是要看到，一边是源于人的尊严的体面工作的权利，[44] 另一边是要求住房越大越好、装修越奢华越好的权利，后者无法与前者相提并论。更确切地说，我们可以预见住房的划分将更加平等。除此之外，总体上的住房购买力将升高，所以我们可以假设新住房的数量将增多。

总而言之，至关重要的一点仍是工资减少将导致身份消费的重要性降低。但这只有在由此产生的工资差距缩小，特别是象征意义强大、能助长展示性身份消费的财富几乎不存在时，才有可能发生。因为只有当富有的行为者无法再系统地表达其高人一等的社会地位，及其因此理应得到更多的社会尊敬时，这种身份消费才能萎缩。只有在这种情况下，社会尊严与身份消费之间才不再存在普遍联系。一旦能实现这一点，那么对许多人来讲，为了能消费身份商品而多赚钱，并拥有远高于平均水平的收入也就不再那么重要。而将工作分配给更多人，并创造更多的体面工作岗位也就相应变得更容易。[45]

有关身份消费的讨论当然也表明了，我们为什么不能只期待个人行为者削减自己的工作时间，并接受这对其收入造成的损失，即便雇主允许他们这样做。只要目前这种规模的展示性身份消费存在，就会有许多人为了确保自己的社会尊严而参与其中。从道德角

---

44 国际劳工组织提出了一份体面工作倡议。但批评观点认为，此份倡议制定了某种绝对的最低水平，却未考虑体面的社会相对性。见 Jean-Phillipe Deranty/Craug MacMillan, "The ILO's Decent Work Initiative: Suggestions for an Extension oft he Notion of 'Decent Work'", in *Journal of Social Philosophy* 43/4 (2012), S. 386—405.

45 我们或许也能这样审视全球层面的这一问题，见 Iris M. Young, "Responsibility and Global Labor Justice", in *Journal of Political Philosophy* 12/4 (2004), S. 365—388.

度来看，我们完全能理解这一点，因为牺牲工资导致的个人成本是不合理的，这些人不管怎么说还在乎他们的自尊。所以我们需要的其实是对收入进行结构性调整，以打破收入高、加班多的工作需求，与由此而来的身份消费能力，以及与此相连的社会尊严三者之间的关联。但这却立刻带来了一个问题，即如何才能实现这样的结构调整。毕竟所有人，或者只是就业人群中的大多数同时决定减少工作的可能性极小。[46]

因此，我们需要的是政治制度层面的解决方案，而不是仰仗集体的简朴美德。[47] 经济的组织方式必须大幅缩小就业人群中的收入差距，这样才能一方面削弱身份消费的重要性，另一方面创造更多的工作岗位。[48] 我们不仅需要限制高管的薪酬，还要限制其他就业群体的超高收入。对于像德国或瑞士这样的单一经济体来说，实施例如税率等政策或直接调整收入都是可行的。但或将由此产生的一

---

46 各种各样涉及集体行动的问题随之而来，曼瑟尔·奥尔森（Mancur Olson）在其经典著作中对此进行了详细的剖析，见 Mancur Olson, *The Logic of Collective Action. Public Goods and the Theory of Groups*, Cambridge MA 1971.

47 这是经济伦理学的核心贡献，它对结构性经济问题为何需要制度性方案作出了明确的回答。可参见 Karl Homann, "Ordnungspolitik", in Homann, *Anreize und Morel*, Münster/Berlin u.a. 2003, S. 137—165; Homann, "Ökonomik. Fortsetzung der Ethik mit anderen Mitteln", in Homann, *Vorteile und Anreize*, Tübingen 2002, S. 243—266; Homann/Andreas Suchanek, *Ökonomik. Eine Einführung*, Tübingen 2005. Ingo Pies, "Karl Homanns Programm einer ökonomischen Ethik. 'A View from Inside' in zehn Thesen", in *Zeittschrift für Wirtschaft und Unternehmensethik* 11/3 (2010), S. 249—261; Pies, "Die zwei Pathologien der Moderne. Eine ordonomische Argumentationsskizze", in *Diskussionspapier Nr. 2011—14*, Halle 2011, http://wcms.itz.uni-halle.de/download.php?down=22171&elem=2528330, 上次访问时间 2017 年 6 月 9 日；Pies, "Wie kommt die Normativität ins Spiel? Eine ordonomische Argumentationsskizze", in Pies (Hg.), *Regelkonsens statt Wertekonsens. Ordonomische Schriften zum politischen Liberalismus*, Berlin 2012, S. 3—53.

48 见 Andrew Sayer, *Warum wir uns die Reichen nicht leisten können*, München 2017.

个负面影响是，资本以及训练有素的劳动人口出现外流，而这又会严重损害经济产能。那么这就相当于是给失业群体与低收入群体帮了倒忙，因为他们的生活将无法通过这些措施得到改善，甚至还可能会变得更糟。

这一负面影响以及与之相关的问题，对约翰·罗尔斯而言，是接受收入差距大的契机，他认为这从均等主义的角度看是可行的，但前提是社会最弱势群体从这种收入差距中获益的程度要高于没有这种收入差距存在的情况。杰拉德·科恩不赞同罗尔斯的观点，对此他也提出了一系列论证，不过是从理想型理论的角度。[49] 但其中一点对非理想型理论框架中的分析也有重要意义。科恩强调，最弱势群体的处境往往取决于社会中较好阶层的策略性利己主义行为。如果说最弱势群体的境况会明显变好，是因为在较好阶层不以外流和资本损失相威胁的情况下，能实现另一种形式的收入分配，那么这也就是说，最弱势群体实际上是被勒索着接受这种巨大的收入差距的。[50] 基于其正义论立场，科恩认为，如果没有来自较好阶层的这种勒索，那么就能实现几乎完全平等的社会收入分配。[51] 对尊严与自尊而言，让所有人都能获得体面的工作，至少这样可以减少不平等的分配。

49　见 Gerald A. Cohen, "Where the Action Is", in *Philosophy and Public Affairs* 26/1 (1997), S. 3—30，及其 *If You're an Egalitarian, How Come You're So Rich?*, Cambridge MA 2000 和 *Rescuing Justice and Equality*.

50　见 Cohen, *Rescuing Justice and Equality*, S. 38—41.

51　见 Cohen, *If You're an Egalitarian, How Come You're So Rich?* 和 *Rescuing Justice and Equality*，以及 Kok-Chor Tan, *Justice, Institutions, and Luck*, Oxford 2012.

我们也可以用第三章中的权力理论词汇来理解科恩的观点。富有的行为者用外流，也就是波普兹所说的行动权力阻碍对超高收入设限。[52] 甚至在某种程度上，卢克斯所说的第二及第三层面的权力也在起作用，[53] 因为公共舆论中几乎没有任何对高收入设限可能性的讨论。此外，似乎许多行为者并没有意识到，对高收入设限不仅符合他们的经济利益，从正义论的角度看也是合理的。如果所有这些论述都言之有理，那么我还需解决一个实际的两难困境。一方面，必须要采取哪些行动才能结束有损尊严的失业状态与工作形势已相对明朗；但另一方面，瓦解经济压迫与政治上的权力关系没那么容易，因为还没有可能建立起全球范围的政治制度。这一现实中的两难困境构成了最后一章中要讨论的问题。

后民主

当今大部分民主国家是否还是民主国家，或者只是在形式上拥有民主机构，而这些机构其实已经不再真正起作用，这一问题存在争议。"后民主"概念概括的就是民主已失去其精神与效用的观点。[54] 这里的问题是，"后民主"是否可能与财富的问题有关。

52　见 Popitz, *Phänomene der Macht*, S. 23—25.

53　见 Lukes, *Power*, S. 29.

54　见 Crouch, *Postdemokratie*; Dirk Jörke, "Auf dem Weg in die Postdemokratie", in *Leviathan* 33/4 (2005), S. 482—491.

在诸如德国、瑞士或奥地利这样的国家，许多人曾在很长一段时间内无法正式参与政治活动。在当权者眼中，他们配不上承担正式的政治角色。[55] 例如，完整且平等的女性选举权在很多国家是 20 世纪时才在强烈的抗议声中被确立的。比如在瑞士，女性自 1971 年起才拥有联邦层面的选举权。在我看来，在全世界范围内已有数百年历史且依然持续不断的民主抗争，争取的从来都不只是形式上的政治自由，这场抗争也始终在争取尊严。这股进步力量关心的，是政治活动应该体现出所有人作为公民享有平等的尊严。

能在自己居住的国家作为平等的公民参政，对一个人的自尊来说确实非常重要。我想说的是，一个人只有这样才能将自己当作平等的社会成员尊重，也只有这样，他们才能在重要的事上拥有自理能力。自尊的这种双层含义，对应的是民主的工具价值与内在价值这一常见划分。民主的国家形式具备工具价值，因为它能在面对战争和饥荒，尤其是面对当权者的专断与统治时，给人提供保护。[56] 此外，这种工具价值还能让公民共同建立基本的社会制度。民主制度下，公民能在基本事宜上实现集体自理，因为他们能通过他们的控制力，保护自己不受国家权力的侵害，并按照他们的想法塑造社会。[57] 但只有确保公平的机会平等，让所有人都有可能以同样的方

---

55 在大多数民主国家生活的外国人，即便已经生活了很久也依然常常没有政治权利，或者其权利严重受限，见 Joseph Carens, "Rights and Duties in an Egalitarian Society", in *Political Theory* 14 (1986), S. 31—49.

56 见 Peter Rinderle, *Demokratie*, Berlin 2014, S. 41f; Robin Celikates/Stefan Gosepath, *Grundkurs Philosophie. Band 6. Politische Philosophie*, Dizingen 2013, S. 202—204.

57 见 David Held, *Models of Democracy*, Redwood City 2006, S. 81f; Robert A. Dahl, *On Democracy*, New Haven 2000.

式参与基本社会结构的建设时，人们才能真的以适当的方式自理。[58]

民主同时还具备内在价值。但这并不如古典共和主义所认为的那样，因为积极参政对所有事关幸福生活的合理想象来说都至关重要；[59]而是因为平等地拥有参政的公平机会，对作为平等社会成员的自尊来说十分重要。这与信仰自由的含义类似，这种自由无关一个人是否想信仰某一宗教，它确保的是一个人随时拥有重新选择、改变信仰的自由。[60]同样，民主制度的内在价值无关一个人是否想积极参政，而是通过平等权利的形式确保一个人的基本诉求，这一权利之所以具备内在价值，是因为它为所有人保有改变自己对幸福生活的理解，转而积极参政的可能性。就算一个人目前不愿积极参政，但他也应始终拥有这一可能性。

民主涉及的不只有主动的选举权，还有被动的选举权，也就是竞选政治性公职的可能性。这里所指的当然不是所有候选人都拥有完全相同的当选机会，因为是否当选明显取决于选民的政治喜好。但候选人不同的初始机会不应由像财富或出身这样毫不相干的社会因素决定，而应该主要取决于在公平选举阶段才能被断定的个人资质。只有在这种情况下，所有公民才真的在担任政治性公职上享有

58　在这一点上，约翰·罗尔斯提出必须被实现的是政治自由的公平价值，见 Rawls, *Eine Theorie der Gerechtigkeit*, S. 254—258.

59　共和主义如今常被区分为新雅典派和新罗马派。只有新雅典派共和主义才强调参政对幸福生活的价值所在。持这一立场的有汉娜·阿伦特、查尔斯·泰勒和迈克尔·桑德尔（Michael Sandel）。综述见 Cécil Labore/John Maynor, "The Republican Contribution to Contemporary Political Theory", in Labore/Maynor (Hg.), *Republicanism and Political Theory*, Hoboken/New Jersey 2008, S. 1—28.

60　见 Rawls, *Eine Theorie der Gerechtigkeit*, S. 247.

平等的机会，而不仅仅是在形式上。[61] 这就已经挑明了金钱财富如何能瓦解民主的基本功能，并损害人们作为平等社会成员的自尊。金钱财富能直接影响政治选举，以不公的方式增加其中一些候选人的当选几率。此外，富有的行为者能凭借其财富就直接拥有当官的特权途径，并通过这样的方式对民主决定施加巨大的影响。

以上两种情形均威胁公民的自尊，但方式有别。第一种情形有损公民的自尊，主要是因为参选政治性公职的机会取决于候选人的财富，让公民无法再将自己视为平等的社会成员。这似乎就是美国当下的情况。[62] 由于竞选依赖私人资助，有钱的候选人因其专业且多样的媒体攻势，享有其他候选人没有的巨大优势。总统竞选尤其如此，但许多其他公职也是这种情况。美国众议院与参议院中超过一半的议员自己就是百万富翁，[63] 之所以存在这一令人担忧的发展趋势，是因为美国的竞选活动开销很高。富有的政客能将自己的财富派上用场，但主要原因还是在于富有的候选人在他们同样富有的朋友及熟人圈子里，拥有合适的人际关系，能为他们启动竞选活动赢得更多的捐款。[64]

61　见 Rawls, *Eine Theorie der Gerechtigkeit*, S. 255.

62　一份来自普林斯顿的最新调查将美国目前的情况形容为寡头政治，见 Martin Gelens/Benjamin I. Page, "Testing Theories of American Politics. Elites, Interest Groups, and Average Citizens", in American Political Science Association (Hg.), *Perspectives on Politics*, 12/3(2014), S. 564—581.

63　见 Christopher Hayes, *Twilight of the Elites. America After Meriocracy*, New York 2008, S. 144—150.

64　见 Joseph Stiglitz, *The Price of Inequality. How Today's Divided Society Endangers our Future*, New York 2012, Kap.5. 有关部分亿万富翁如何资助美国右翼竞选活动的生动记述，见 Jane Mayer, *Dark Money. The Hidden History of the Billionaires Behind the Rise of the Radical Right*, New York 2006.

德国、奥地利与瑞士的政治选举状况虽不存在美国那种寡头特征，但财富同样在竞选公职中扮演着重要的角色。首先，与竞选中从事普通全职工作，收入水平一般的候选人相比，富有的行为者当然拥有更多的时间与资源来支持自己的竞选活动。[65] 尽管许多公职最终由隶属于某一政党，并由该政党资助的候选人获得，[66] 财富的效用因此有所减弱，但候选人必须为此在政党工作中投入大量时间，而这又会起到排他的效果。其次，富有的行为者拥有能让他们维持其竞选活动的关系网。通过这种关系网，他们能宣传自己的立场，达成自己的目标。虽然这一发展趋势看上去还不是那么糟，财富还不是成功竞选公职的前提条件，但这三国在这方面的进展是否趋向美国选举体系，我们还需从批判的观察角度拭目以待。[67]

　　不过，上述第二种情形在德语国家已经十分严重，也就是财富对民主的渗透，这有损公民的自尊。这种情形体现在富有行为者对公职人员的影响力上。该影响力或直接包含在交换关系的形式中，

65　德国第 16 届（2005—2009）议员中仍有 143 名律师，34 名高中教师，28 名政治学家，26 名经济学家与 20 名工程师。他们中许多人是自由职业者，或者他们可以以公务员的身份请假。第 18 届（2013—2017）议员主体依然是公务员和自由职业者。见 Statista, "Berufe der Bundestagsabgeordneten (18. Wahlperiode, 2013 bis 2017）", http://de.statista.com/statistik/daten/studie/36615/umfrage/berufe-der-bundestagsabgeordneten-16-wahl-periode, 上次访问时间 2017 年 6 月 9 日；Deutscher Bundestag, "Fakten. Der Bundestag aus einen Blick", Berlin 2015, https://www.btg-bestellservice.de/pdf/40410000/pdf, 上次访问时间 2017 年 6 月 9 日, S. 7.

66　积极参政的自由取决于长期隶属于某一政党的现象本身当然也是问题，见 Butterwegge, *Armut in einem reichen Land*, S. 238—244.

67　不过，政治学注意到了低收入阶层参与选举的比例格外低，这是令人担忧的发展趋势。见 Armin Schäfer, *Der Verlust politischer Gleichheit. Warum die sinkende Wahlbeteiligung der Demokratie schadet*, Frankfurt/M. 2015; Wolfgang Merkel, "Ungleichheit als Krankheit der Demokratie", in Steffen Mau/Nadine M. Schöneck (Hg.), *(Un-) Gerechte (Un-)Gleichheiten*, Berlin 2015, S. 188; Dirk Jörke, "Bürgerbeteiligung in der Postdemmokratie", in *Aus Politik und Zeitgeschichte* 1-2/2011, S. 13—18.

或间接蕴含在对政治议程的威胁与操控中。交换关系中存在的直接影响，指公职人员直接用政治影响力与金钱利益作交换。贿赂当然是被禁止的，当事人也会受到惩罚，但仍存在其他不那么显眼，也未被明令禁止，但同样高度可疑的交换方式。这包括，例如政客在企业演讲时收取极高的演讲费或咨询费，[68]或在其任期尾声加入大企业董事会这些普遍做法。虽然无法证明这其中是否存在报酬，但不难想象政客一定从中得到了此类回报，否则这种交易对企业来讲能有什么经济上的吸引力？

富有的行为者也能通过间接的方式影响政治官员的决定。特别是企业，如果它们对其居住国或企业所在国的税收政策不满，它们可以通过将资本转移至其他国家相威胁。[69]这种潜在的威胁如今影响力广泛，以至于政府经常在重大的政治决定之前要特别咨询企业的意见，只为顺从地提前知晓它们能接受什么，不能接受什么。不仅如此，正是由于这一缘故，重要的企业代表还经常参加峰会，而且这些企业与协会的代表很多时间都花在联邦政府各部门内。[70]

我认为，这种影响力明显就是一种利用权力的方式，富有的行

68　比尔·克林顿（Bill Clinton）的演讲费据称高达 50 万欧元。德国知名政客或前政客的演讲费普遍在 1.5 万至 2.5 万欧元之间。

69　很长时间以来，这都是尽人皆知的现象，彼得·乌尔里希很早就已经指出了这一点。见 Peter Ulrich, "Ist die Weltwirtschaft gnadenlos? Ist sie es 'zwingend'? Wie sind Weichen zu stellen für eine lebensdienliche Wirtschaft?", in Annette Dietschy/Beat Dietschy (Hg.), *Kein Raum für Gnade?*, Münster/Berlin u.a. 2002, S. 130—154; Peter Ulrich, *Ziviliserte Marktwirtschaft. Eine wirtschaftsethische Orientierung*, Bern 2010, S. 146f, S. 162f.; Andreas Scherer/Guido Palazzo, "Towards a political conception of corporate responsibility", in *Academy of Management Review* 32 (2007), S. 1096—1120.

70　见 Crouch, *Das befremdliche Überleben des Neoliberalismus*, Kap.6.

为者拥有波普兹所说的工具权力，也就是卢克斯理论中权力的第一层面。[71] 他们能设定奖励，实施制裁，并借此对政治施加巨大的影响力。个人或群体越富有，他们的这种权力就越大。这当然适用于大企业，但也适用于凭借不缴税与撤走投资进行威胁的超富个人群体。但富有的行为者也拥有卢克斯所说的第二层权力，因为他们能通过自己与政治官员及重要公职人员的紧密关系主动影响政治议程。[72] 而大部分媒体也是有赖经营管理的企业，并因此同样受到金钱的影响，这就进一步强化了这层权力。员工超过 10 万人，旗下媒体企业不计其数的贝塔斯曼集团（Bertelsmann）就很好地证明了这一点。这家集团主要由贝塔斯曼基金会持有，并经常因其政治干预与游说活动而饱受批评。[73]

综上所述，从民主的角度看，财富的问题在于富有的行为者拥有的政治权力远超其他行为者，但这种权力不具备任何形式的民主正当性。[74] 这种权力破坏了在民主制度下，所有人都拥有作为公民的平等政治地位，政治权力应与符合民主正当性且获取途径公平的职责和岗位相挂钩的基本理念。[75] 富有行为者的政治权力之所以

71　见 Popitz, *Phänomene der Macht*, S. 25—27; Lukes, *Power*, S. 29；亦见 Petra Böhnke, "Ungleiche Verteilung politischer Partizipation", in *Aus Politik und Zeitgeschichte* 1-2/2011, S. 18—25.

72　见 Crouch, *Postdemokratie*, S. 60.

73　对贝塔斯曼基金会的批评，见 Thomas Schuler, *Bertelsmannrepublik Deutschland. Eine Stiftung macht Politik*, Frankfurt/M. 2010. 媒体企业普遍扮演的角色，见 Crouch, *Postdemokratie*, S. 63—69.

74　见 Dahl, *On Democracy*, S. 173—179，及其 *A Preface to Economic Democracy*, Berkeley 1985, S. 68—72.

75　见 Rawls, *Eine Theorie der Gerechtigkeit*, S. 255，及其 *Gerechtigkeit als Fairness*, S. 230—233.

损害了许多人的自尊，正是因为这些人无法再将自己视作平等的公民，特别是他们无法再在政治问题上实现集体自理。富有行为者的权力及其游说行为限制了集体自治。[76]

财富与丧失民主平等性之间的关联，要比财富与贫穷、失业及不体面的工作间的关联更容易打破。至少乍看之下是这样，比如美国可以整治铺张浪费、由私人资助的大选活动，让经济实力不那么雄厚的候选人也能有机会。[77] 德语区同样存在很多能减少游说活动，以及降低政客对经济的依赖的可能措施。比如提高政党捐款透明度并设置限额，在某些行业设立政治官员离岗后几年内不得在该行业从业的禁令，此外政治官员的额外收入也可被设置上限。但也会有人怀疑这些措施是否可持续。为保证政治程序不受富人影响，无论哪项法律，都是煞费苦心并反复顶着立法机关众多成员反对的压力才能被通过的：但只要有官员时刻准备着接受经济利益的诱惑，可能就会不断出现某些或直接或间接的"致富"途径。

政客们对这件事的问题意识可能不足，但我认为此外还与他们的相对收入有关。德国的联邦国会议员月收入约为 9000 欧元，这已经超过大多数德国公民的收入。根据我在书中给出的提议，议员算得上富有，因为他拥有的钱明显多于满足其有自尊地生活所需。但他自己可能并不这样认为，因为他的收入明显低于中型或大型企业的董事与副总裁的收入。他虽然不说，也不承认，但他可能会认

---

76 见 Hayes, *Twilight of the Elites*, S. 145—151, S. 174f.

77 见 Stiglitz, *The Price of Inequality*, S. 169f.

为自己是在经历了艰难的政治斗争后，才终于踏入权力中心的。相比之下，他收入高是应该的，这样他才能在市场社会中恰当地展现他的能力与地位，并通过自己的社会地位得到合理的尊重。

由于存在选举，政客们应该基本不会承认这种想法。[78] 但我认为与此类似的态度其实普遍存在。[79] 必须要强调的是，这种态度与我在这里提出的对自尊的理解毫不相关。与尊严相连的自尊指的是，能将自己视为与社会中所有其他人一样，值得同等尊重的平等社会成员来看待。这其中包含的虽然不只有对个人的尊重，也有对个性的尊重，但这绝不是说，国会议员的个性高人一等。也就是说，政客的问题不在于他们赚得太少，而是与他们相比，市场社会的结构抬高了企业经理们的收入。对社会大多数人来说，这两个群体都很富有，或者说过于富有，虽然具体程度不同。因此正如我将在最后两章讨论的那样，相较于社会大多数人，这两个群体的收入也许必须被削减。

此外，结构性游说无法靠提高政客和高级官员的收入来解决。富有的企业与个人仍能凭借将其资本转移出国，并对国民经济造成巨大影响相威胁，而谁也不清楚能如何应对这种潜在威胁。在我看来，这或许就是存在于我们这个时代的政治秩序中的那个主要根本问题。民主国家对资本的高依赖度，系统地侵蚀了集体自决这一民

78　但佩尔·斯泰因布吕克（Peer Steinbrück）除外，他在 2013 年的选举中承认了这一点，并因此受到猛烈抨击。

79　即使现实情况的确如此，我也不确定应该被指责的是否是政客个人。毕竟他们的工作量与责任确实跟企业经理一样多，一样大。那么为什么他们的收入要比经理们低？

主理念，并进而损害了公民的自尊。一种国际解决方案，甚至是全球性的方案，从抽象角度看或许很吸引人，但事实上根本不现实。[80]因为个别强国能通过其金融市场从不受控的资本波动中获得可观的收益，而它们基本不会参与到这种集体解决方案中。一个真正的替代方案应当以财富较少而福利较高的社会为基础，因为它们能更好地抵御资本的威胁，以及国民经济因此承受的压力。这能再次为功能性民主结构创造空间。

提出这一替代方案的关键原因在于，身份消费在这类国家的影响力特别小。这样人们就愿意接受收入损失，因为这些损失的分布将更均匀，而且核心产品的生产与供应也不必非得依赖金融资本。此类社会的国民经济在国际市场上的竞争力甚至可能更高，因为与主要靠身份消费推动工作积极性的经济体系相比，在这种经济体中工作的人受教育程度更高，工作能力更强。我同样将在最后两章对这些观点进行深入探讨。

80　例如，托马斯·皮克提呼吁实行全球资本税，见 Piketty, *Das Kapital im 21. Jahrhundert*, Kap.15. 但至于如何才能在政治极度分裂，各方关系并不融洽的世界实现这种资本税，税率又该多高，仍无定论。

财 富 的

道 德 问 题 REICHTUM
ALS
MORALISCHES PROBLEM

第六章

财富：体面世界的问题

我在上一章中讨论了相对贫困、失业与后民主，也就是富裕社会中的**尊严共存**所面临的三项与财富相关的主要挑战。选择讨论这三点，或许会造成财富问题首先出在富裕社会中过于富有的个人与团体行为者身上的印象，因为在此语境下，这些行为者拥有远超其自尊所需的金钱。这一群体中许多人的收入可能是平均收入的 200 或 300 倍以上。而成问题的团体行为者，拥有的金钱则远超其维持正常运转所需。正如上一章说明的那样，这些形式的财富的确给**尊严共存**带来了严重的问题，因为人们的自尊因此受到了损害。

这一结论虽然重要，但如果认为财富的道德问题只限于某一社会之内，也只有在该语境下算得上富有的行为者才应被考虑在内，那就大错特错了。因为从另一个角度出发，我们还能提出一个更深远的问题，即是否几乎所有生活在德国、奥地利、瑞士等富裕国家的人，其富有程度也是成问题的？当我们采用全球视角时，该问题就不乏紧迫性。这其中存在的一个巨大困难在于，富裕社会中看上去完全无害的小康水平，在全球视角下可能足以构成在道德上的问题，而且有碍于**尊严共存**的财富。[1]

---

1 见 Branko Milanović, *Global Inequality. A New Approach for the Age of Globalization*, Cambridge MA 2016, S. 125—132.

我想通过分析三个典型的全球问题，以不同的方式阐明财富问题究竟有多么棘手。此讨论意在说明，同一位行为者既可能在本国语境下只算小康，或者甚至连小康都算不上，但在全球语境下，其富足程度又可能是成问题的。我首先要讨论的是绝对贫困，这一全球性现象能够特别清楚地体现出，即使是在富裕社会内根本不算小康，甚至可能还算相对贫困的人，也能突然一跃跻身富裕群体。其次，我将系统讨论已多次提到的环境变化，对这一形势的讨论能指明富裕社会的总体富有程度究竟在哪方面不妥。最后，我将讨论扭曲的全球经济市场，尤其是金融市场。

绝对贫困

根据对绝对贫困的传统理解，日购买力不足 1.25 或 2 美元的人属于绝对贫困人口。[2] 也就是说，绝对贫困群体在其所在国能够获得的商品，就像用 1.25 至 2 美元能在华盛顿、芝加哥或旧金山买到的一样多。事实上，绝对贫困群体拥有的钱常常更少，但由于价格差异，他们能用这些钱在自己生活的国家买到更多的商品。[3] 如果这些绝对贫困人口真的生活在美国，那么他们每月差不多有 37 至 60 美

2　根据不同的测算方法，全球属于这一情况的人口有 10 亿至 20 亿，见 Shaohua Chen/Martin Ravaillon, "The Developing World is Poorer than We Thought, but No Less Successful in the Fight Against Poverty", in *Quarterly Journal of Economics* 125/4 (2010), S. 1577—1625，此处的讨论内容见第 6 页。亦见 Ravaillon, *The Economics of Poverty*, S. 3.

3　这里说的是购买力，见 Paul Krugman/Maurice Obstfeld, *Internationale Wirtschaft. Theorie und Politik der Außenwirtschaft*, Hallbergmoos 2006, S. 478.

元，他们则必须用这笔少得可怜的钱支付他们的全部生活所需。拥有自己的住处或负担医疗保险根本不可能。也就是说，绝对贫困的人群不仅囊中羞涩，他们也饱受重病的折磨，而且往往寿命很短。虽然这些疾病中许多其实可被医治，但他们太穷，负担不起他们需要的最低限度的医疗。除此之外，他们常常风餐露宿，无法用电，没有干净的饮用水和卫生设施。他们的受教育程度也很低，往往没有读写能力。[4]但绝对贫困的人全都经常挨饿这一说法却并不准确。尽管他们常常患有慢性的营养不良，并面临食物不足，尤其是食物价格上涨的威胁，但通过自给自足的经济，他们往往能摆脱长期饥饿带来的痛苦。[5]尽管如此，绝对贫困群体的生存依然始终受到威胁，因为他们几乎无法保护自己不受疾病和其他威胁的侵害。

绝对贫困是否有损人的自尊，这个问题的答案显而易见。绝对贫困的人无法在最基本的生活层面实现自理，虽然他们有能力这样做，但经济与政治结构对他们不利。因为妨碍他们实现自理的，主要是全球政治与经济秩序带来的外在社会环境，因此绝对贫困与有尊严的生活根本无法兼容。[6]但我们不应忽视，绝对贫困还在另一层面有损尊严。受绝对贫困影响的人无法将自己视为与他人一样的

4　出于这个原因，萨比娜·阿尔凯尔（Sabina Alkire）与同事一起提出了一套将卫生设施和教育程度等纳入考察范围的多维度贫困指数，见 Sabina Alkire u.a. (Hg.), *Multidimensional Poverty Measurement and Analysis*, Oxford 2005.

5　但全球仍有近8亿人挨饿。为何应优先消灭饥饿，见 Paul B. Thompson, "From World Hunger to Food Sovereignty. Food Ethics and Human Development", in *Journal of Global Ethics* 11/3 (2015), S. 336—350.

6　沙伯就这点给出了有力的论述，见 Schaber, "Achtung vor Personen", S. 423—438, 及其 "Absolute armut", Paulus Kaufmann u.a. (Hg.), *Humiliation, Degradation, Dehumanization. Human Dignity Violated*, Berlin 2011, S. 151—158.

平等之人，因为他们甚至无法获得最起码的合理帮助。他们的贫困能通过比现有方法更有效的方式得到应对，但不采取这些措施，就体现出绝对贫困的人与他人相比不值一提，他们不值得拥有同等的尊敬，其他人也不值得为绝对贫困的人付出如此重要的努力。与相对贫困不同的是，这种无视不仅来自社会成员，还来自全人类，更确切地说，是来自全人类中那部分富有的群体。因为绝对贫困造成的生存威胁之严重，让采纳超越国界的全球普遍援助义务显得合情合理。[7] 所以，不履行这一援助义务所体现出的无视有损尊严，就是因为这一援助只是为了让绝对贫困人口能在生活的基本层面实现自理。所以除了绝对贫困使人缺乏自尊的第一点外，不施以援助道出了为什么绝对贫困使人丧失尊严的第二个原因。

除了一些令人相当难以置信的道德理论外，将绝对贫困理解为有损尊严，并从中推导出全球援助义务，应该并不显得多么突兀。[8] 相比之下，更重要的是回答财富与此有什么关系，或者说为什么从绝对贫困的角度来看，财富是成问题的。一个直白的答案可能主张，富有之人和富裕的国家应该将其财富（或者至少是其中一部分）分给绝对贫困的人，但他们却没有这样做。[9] 但这种要求算不上

7　相关讨论，见 Mieth, *Positive Pflichten*, S. 161—164.

8　阿玛蒂亚·森指出罗伯特·诺齐克（Robert Nozick）以财产权为着眼点的论述无法对饥荒的道德问题进行合适的考量，见 Amartya Sen, *Poverty and Famines. An Essay on Entitlement and Deprivation*, Oxford 1981，及其 *Ökonomie für den Menschen*, S. 84—86; Robert Nozick, *Anarchie, Staat, Utopie*, München 2011.

9　比如彼得·辛格（Peter Singer）持此观点，见 Peter Singer, "Hunger, Wohlstand und Moral", in Barbara Bleisch/Peter Schaber (Hg.), *Weltarmut und Ethik*, Paderborn 2007; Peter Singer, *Praktische Ethik*, Ditzingen 1984, S. 278—314，及其 *One World. The Ethics of Globalization*, New Haven/London 2002, S. 90; 亦见 Barbara Bleisch/Peter Schaber (Hg.), *Weltarmut und Ethik*, Paderborn 2007 一书中的讨论。

好的解决方案，因为这无法消除贫困的源头，只是无限向后推延贫困的问题，并让贫困群体永远依赖他人。[10] 相反，我们更需要的是结构上的解决方案，这种方案要能促成让所有人，或者至少是让几乎所有人都能获得自理能力的全球经济制度。[11] 在这一点上，发展援助政策与发展援助经济方面的讨论已经表明，消除贫困的有效方法是建立在民主制度的法治国家、日益增长的国内市场、良好的卫生保健系统以及不断提高的国民教育程度之上。[12] 但如果真是这样，其他行为者的财富对这些措施造成阻碍之说就不再那么显而易见。

有人甚至试图进一步主张，经济增长以及发达国家随之增加的财富，对绝对贫困人口众多的极端贫穷国家而言是好事。[13] 这一基本思路很易于理解：投资人总在寻找新的投资机会和投放剩余资本的市场。这些人总有一天会来到十分贫穷的国家，这些投资也总有一天能惠及最贫困的那部分人。但这种观点站不住脚，经验已表明，虽然很长时间以来，北美、西欧及日本等所谓的发达国家一直都拥有相当可观的财富，但极度贫困的国家并未在过去七十年里迎

10　见 Andrew Kuper, "Global Poverty Relief. More than Charity", in Kuper (Hg.), *Global Responsibility. Who Must Deliver on Human Rights?*, New York/London 2005, S. 155—172.

11　艾丽斯·杨和托马斯·波格（Thomas Pogge）均对贫困问题的此类结构性解决方案作出过论述，见 Young, *Responsibility for Justice*, S. 42—52; Thomas Pogge, *Weltarmut und Menschenrechte. Kosmopolitische Verantwortung und Reformen*, Berlin 2011, S. 248—255; 亦见 Valentin Beck, *Eine Theorie der globalen Verantwortung*, S. 241—254.

12　阿玛蒂亚·森在他与让·德雷泽（Jean Drèze）就印度的有关情况合著的实证研究中有力地论述了这一点，见 Jean Drèze/Amartya Sen, *Hunger and Public Action*, Oxford 1989; *India. Development and Participation*, Oxford 1996，以及 *Indien*.

13　可参见 Karls Homann, "Was kann Gerechtigkeit für die Beziehungen zur Dritten Welt heißen?", in Homann(Hg.), *Anreize und Moral*, Münster 2003, S. 217—231.

来上述发展趋势。[14]另外，从理论角度看，认为对一国的投资极有可能消除那里的绝对贫困也不具备说服力。因为此类投资不会自动带来法治国家结构，运转良好的国内市场，更完善的卫生保健系统，更优秀的教育系统，或是满足起码的公平要求的福利国家。

恰恰相反，这些投资甚至可能阻碍发展。每每谈及这一问题时，不断被反复引用的事例就是军阀之间对以出口为主的宝贵资源的争夺，例如钻石和被用于计算机的钶钽铁矿。[15]这种激烈争夺会持续阻碍任何运转良好的法治国家的政权建设。但就连在运转正常的国家里，对出口型经济商品的投资经常促成的也只是一小撮从这些业务中受益的富裕上流阶层的发展。其他人从这些投资中几乎一无所获，他们只作为生产环节的廉价劳动力被剥削。就算我们假设，这种形式的经济结合能够通过极其缓慢的过程，最终在贫穷的国家内促成中产阶级的兴起，而这些中产阶级也具备推动结构性改革的潜力，但我们依然要问，是否存在能比上述方案更快、更持久地帮助绝对贫困群体脱贫的替代性政治与经济措施。

由于绝对贫困涉及的是严重损害尊严的问题，因此只是证明现

---

14 发展合作方面的批判性评估，见 William Easrterly, *The White Man's Burden. Why the West's Efforts to Aid the Rest Have Done So Much Ill and So Little Good*, London 2007，及 其 *The Tyranny of Experts. Economists, Dictators, and the Forgotten Rights of the Poor*, New York 2015. 亦 见 David A. Crocker, *Ethics of Global Development. Agency, Capability, and Deliberative Democracy*, Cambridge 2008.

15 列夫·韦纳（Leif Wenar）着重探讨了所谓的"资源诅咒"这一问题的规范性层面，见 Leif Wenar, "Property Rights and the Resource Curse", in *Philosophy and Public Affairs* 36/1 (2008), S. 2—32. 对该问题的实证研究，见 David Wiens David/Paul Poast/William Roberts Clark, "The Political Resource Curse. An Empirical RE-Evaluation", in *Political Research Quarterly* 67/4 (2014), S. 783—794.

行措施方向正确还不够，我们还须证明这一措施要比其他（有道理的）替代方案更有效。可遗憾的是，这一点虽然重要，却常被围绕着发展援助表面成就的公共讨论所忽视。而正是通过这一点，我们可以看到财富究竟如何构成了道德问题，这也就是为什么说忽视这一点不妥的原因所在。由于已经十分富有的发达国家社会仍在追求财富，因此他们不会采用最有效的措施消除绝对贫困。[16] 我将分两步说明为什么至少存在这样的嫌疑：首先，我将指出富裕社会的财富导向与绝对贫困这一问题之间存在联系；其次，通过讨论若干可能方案，我将解释多余的财富如何能被更好地用于可持续减少绝对贫困的结构性改革。

我在第四章已经说过，只要多数成员追求小康生活，就足以促成一个社会的财富导向。原因是，至少在身份消费扮演重要角色的市场社会内，个人的小康是以略微超过平均水平收入为前提的，因此就其目标结构而言，该社会的机构计划实现的依然是财富。这样就产生了不断向上的螺旋，因为社会机构必须保障人们提升小康水平的需求，而这又会让社会整体的富有水平不断升高。极其关注盈利增长的私企支持这一发展趋势，但这也少不了国家机构的帮助，因为在既定状况下，国家机构的首要任务就是制定有利于经济增长

---

16 《跨大西洋贸易及投资伙伴协议》以及其他富裕国家间的自由贸易协议就是很好的例子，这些协议扩大的是富裕国家设在贫穷国家的企业的利益，而贫穷国家的企业在竞争上只有劣势，这阻碍了这些国家的发展能力。见 Gabriel Felbermayr/Mario Larch, "Das Transatlantische Freihandelsabkommen. Zehn Beobachtungen aus der Sicht der Außenhandelslehre", in *Wirtschaftspolitische Blätter* 2 (2013), S. 353—366; Felbermayr u.a., *Mögliche Auswirkungen der Transatlantischen Handels- und Investitionspartnerschaft (TTIP) auf Entwicklungs- und Schwellenländer*, ifo Forschungsberichte 67, ifo Institut, München 2015.

的框架性条件。正是因为我们的市场社会在这一意义上是以财富为导向的，而且社会自身的经济增长也相应地享有极高的优先地位，所以作为一个集体，我们没有能力用适当的方式应对绝对贫困带来的挑战。

个人行为者对小康生活的单纯向往，从全球角度看却成了毫无顾忌地追求财富，就清晰体现出了上述问题。在德国普普通通的小康水平，在绝对贫困群体的眼里却是无法想象的财富。例如，在德国税后月收入 3500 欧元的人拥有的钱，依然是绝对贫困的人的几百倍。不过，拥有小康生活的人自己绝不这样认为，在他们眼中，无论是在他们生活的社会，还是与社会中常见的收入水平与消费水平相比，他们最多只能算小康。我认为，这两种角度之间的矛盾不容易解决。一方面，只要小康是对幸福生活的合理设想的重要组成部分，那么生活富足的人作为个人有权在他们所处的社会中追求这样的小康水平；[17] 但另一方面，这种小康对于绝对贫困的人而言很难自圆其说。

我认为解决方案只可能是结构转型，即在基本不损害小康生活的情况下，废除全社会的财富导向。这个提议乍听之下或许让人觉得有些自相矛盾，但其实完全有可能实现。因为富裕社会中的个人小康，首先也是一种相对小康。对人们来说，经济商品的价值不

17　我在此处的观点与伯纳德·威廉姆斯一致，他认为道德体系必须考虑到人的个性，以及个性中蕴含的价值观。见 Bernard Williams, "A Critique of Utilitarianism", in John J. C. Smart/Bernard Williams (Hg.), *Utilitarianism. For and Against*, Cambridge 1973, S. 124—132; Williams, "Persons, Character and Morality", S. 1—19, 及其 "Utilitarianism and Moral Self-Indulgence", S. 40—53.

仅在于其使用价值，也在于其所代表的社会地位与小康状态。因此，在相对小康水平根本或几乎不下降的情况下，让主要的经济与政治机构不再以不惜一切代价的经济增长为目标，从而做到同时削弱集体财富导向是可行的。如此一来，也就有可能将明显更多的资源用于发展援助合作，并建立起主要惠及极端贫困国家的国际贸易协定。[18]

只有当富裕社会限制自身的财富导向，并同时保障其社会成员的相对小康状态时，富裕社会才能不辜负他们对绝对贫困人口的责任，因为只有这种结构转型才能既让他们做好准备，同时又赋予他们为贫穷国家建立有利的经济结构，以及为绝对贫困人口提供适当帮助的能力。有一类方法论就富裕国家与贫穷国家之间更公平的经济关系给出了不同的建议，但却系统地忽视了富裕国家的结构性财富导向，而这类方法论存在的问题，则充分体现出对社会整体财富导向进行根本改革的必要性。为了说明这个问题，我想简单举例介绍这类方法，也就是托马斯·波格（Thomas Pogge）对被他称作原材料特权和贷款特权的批判。[19]

波格的意思是，出售在本国境内发现的资源，以及以本国名义

18　比如约瑟夫·斯蒂格利茨（Joseph Stiglitz）认为，目标明确的保护主义有利于贫穷的国家，见 Joseph Stiglitz, *Die Chancen der Globalisierung*, München 2006, S. 124—137.

19　见 Pogge, *Weltarmut und Menschenrechte*, S. 194—210, 及其 "Allowing the Poor to Share the Earth", *Journal of Moral Philosophy* 8/3 (2011), S. 335—352. 这方面的批判详情，见 Bleisch, *Pflichten auf Distanz*, S. 68—74. 克里斯蒂安·贝里（Christian Barry）与桑杰·瑞迪（Sanjay Reddy）也提出了类似建议。他们认为，应当把与贫穷国家的优惠对外贸易关系和这些国家的体制发展联系起来，以促进这些国家在这方面的发展。见 Christian Barry/Sanjay G. Reddy, *International Trade and Labor Standards. A Proposal for Linkage*, New York 2008.

进行长期高额贷款，是国际认可的每个主权国家政府都拥有的权利。一小撮精英群体因这些资源和贷款变得富裕，而大多数人口依然处于绝对贫困中，是有可能发生的。波格提议，非法政府不应享有这种特权。[20] 不应容许非法的政府继续获得贷款，继续通过原材料获得报酬。反之，这些通过原材料获得的钱应被转化为基金，供合法政府未来提取，或者通过其他方式为贫困人口所用。

这条建议听上去相当不错，它似乎能承诺改善绝对贫困人口的处境。但很遗憾，这条建议由于不现实不可能成功。[21] 其不现实性有三点。第一，波格建议不与腐败的政府进行交易，但对该国的大部分人口来说，尤其是绝对贫困的人，这将造成巨大的损失，因为可想而知，经济损失首先以及主要是由他们来承担的。第二，世界上所有国家都遵照波格的建议行事的可能性极低。例如，中国十分看重主权与不干涉原则[22]——其中当然也包括中国政府不愿其自身合法性受到质疑的原因。

可是还有另一个问题，许多富有的民主国家也不见得会遵守波格建议的规则。由于历史原因，与腐败政府的贸易关系对不同国家

20　见 Pogge, *Weltarmut und Menschenrechte*, S. 245—268.

21　在这一点上，我赞同雷蒙德·古伊斯（Raymond Geuss）对当代政治哲学理想主义风格的根本批判，见 Raymond Geuss, *Kritik der politischen Philosophie. Eine Streitschrift*, Hamburg 2011. 这方面的精彩讨论见 Christoph Menke, "Neither Rawls Nor Adorno. Raymond Geuss' Programme for a 'Realist' Political Philosophy", in *European Journal of Philosophy* 18/1 (2010), S. 139—147. 新现实主义方法论概述，见 Enzo Rossi/Matt Sleat, "Realism in Normative Political Theory", in *Philosophy Compass* 9/10 (2014), S. 689—701.

22　对中国立场的介绍，可参考 Jacques, *When China Rules the World*, Kap.10. 以中国与巴希尔（Bashir）治下的苏丹关系为例的讨论，见 Leif Wenar, *Blood Oil. Tyrants, Violence, and the Rules that Run the World*, Oxford 2016, S. 128.

的影响程度不一。对与腐败政府贸易关系紧密的国家来说，放弃这一特权或将带来巨大的竞争劣势，并对国民经济造成严重的负面影响。因此，执政政府迈出这一步的意愿相应很低。这还需要社会与选民方面的巨大压力，但鉴于他们必须考虑到自己将承受的重大经济损失，他们估计不会施加这种压力。像波格这样的道德理论家当然可以在对此作出的回应中主张公民的义务，也就是由于他们也从全球不平等中获益，因此他们要承担其个人成本。[23]

但从道德角度看，这种要求的无效正是问题的关键所在。只要市场社会不共同放弃结构性的财富导向，这种要求就起不到任何作用。因为在普通人自己的理解中，他们一直追求的，不过是以他们对幸福生活的合理设想为依据的小康而已，要求并不高。此外，我们也说不清指责他们到底是否合理，或者他们是否有充分的理由要求他们的政府施行严苛的经济政策，因为在现有条件下，他们的自尊依然取决于不断增长的，或者至少是稳定的经济。所以放弃结构性财富导向，才是有效消除绝对贫困的前提。只要满足这一前提，甚至连比波格等人的建议更上一层楼的世界经济体系改革都是能够设想的。[24]

我想简单列举两种可行的改革。首先，富裕但并不执着于财富

---

23 见 Pogge, *Weltarmut und Menschenrechte*, S. 263—268.

24 类似的批评也适用于克里斯蒂安·贝里与桑杰·瑞迪的提议。他们认为，应将富裕国家与贫穷国家之间的优惠对外贸易关系，与贫穷国家进行社会与法制改革的意愿相挂钩，见 Barry/Reddy, *International Trade and Labor Standards*. 不过，这只有在所有富裕国家都参与的情况下才能见效，而这种可能性极低。在这方面，可行性明显更高的观点见 Rodrik, *The Globalization Paradox*.

越来越多的社会，将有能力对生产链施加巨大压力，并确保从事生产链前期工作的人的收入能得到明显提升。[25] 这需要相对轻微地提高终端产品的价格，但这一价格变化不会带来任何障碍，因为已被削弱的身份消费将对人们的消费行为产生巨大影响，经济地位竞争的作用届时将明显下降。其次，富裕国家有可能与贫穷国家签订完全不同的贸易合同，让后者能实实在在地借此实现经济发展。因为这些合同不再是为了通过许诺更高的经济增长在本国获得更多的选民支持，而利用不对称的权力关系剥削与欺骗贫穷的国家。

最后，可以肯定的是，以绝对贫困为例，我们能清楚地看到财富的道德问题无法通过个人伦理方案得到解决，而是只能通过政治手段。只有重塑基本的社会经济政治结构，才能消除像德国、奥地利和瑞士这些国家的结构性财富导向，并让它们在针对绝对贫困的全球斗争中成为强有力的参与者。

气候变化

在当今的全球重大问题中，气候变化与财富的道德联系也许是人们很快就能理解的，这也是为什么气候变化在前几章中，尤其是

25　例如，瓦伦汀·贝克（Valentin Beck）分析了以个人消费决定为基础的公平贸易的可能性与限度，见 Valentin Beck, "Theorizing Fairtrade From a Justice-Related Standpoint", in *Global Justice. Theory, Practice, Rhetoric (TPR)* 3 (2010), S. 1—21. 如果各国愿意通过立法向大企业施加高压，并借此为更公平的生产链做出自己的贡献，那么情况将会发生巨大的变化。

在概述性的第一章中，被频频提及的原因。现在，我将系统讨论这一问题。当今的气候变化主要源于人类的能源消耗，这一点早已没有什么疑问。[26] 此外，在相同条件下，财富增加毫无疑问导致能源消耗增加。被生产与消费的商品越来越多，也越来越奢侈。可持续研究中的普遍观点也相应指出，环境破坏的规模是人口数量、富裕水平以及科技因素的共同作用的结果。[27] 同样，只需考察不同国家迥异的消费水平就能很快发现，持续增长的能源消耗究竟造成了多么严重的气候变化。目前生活在所谓发达国家的人口仅有约 10 亿人，他们维持着对他们来说理所当然的极高消费标准。这部分世界人口因为他们的消费而对气候变化负有主要责任，因为生产他们消费的商品导致的二氧化碳排放量很高。而与此形成鲜明对照的，则是目前仍有 60 多亿人对这种消费水平望尘莫及。即使不采纳大多数预测的立场，也就是不假设世界人口在本世纪中叶会增至近 100 亿，我们似乎依然能够确定：如果目前所有活着的人在既定条件下都想达到富裕国家居民的那种消费水平，那么这只能通过巨大的世界经济增长实现。一切都表明，这种六倍甚至是十倍于当今规模的世界经济增长，将带来极端的能源消耗上涨，以及二氧化碳排放量增加。这样一来，气候变化将势不可挡，甚至没有机会得到缓和，而是大概率急剧加速。在这种条件下，我们将不再有可能适应气候

---

26 见 Bernward Gesang, *Klimaethik*, Berlin 2011, S. 18—46; Roser/Seidel, *Ethik des Klimawandels*, S. 20—24.

27 这就是所谓的"埃里希方程"（Ehrlich-Formel，又名 IPAT 模型——译者注），生物学家的这一讨论可追溯至 20 世纪 70 年代末。

变化，全球温度将普遍升高，我们已经被告诫过这对于极具威胁的不同情况意味着怎样的后果。

这些情况假设，当温度升高 2 至 4 摄氏度时，气候变化将出现自我增强的效果，地表温度的上升趋势将加剧。这将对人类与环境造成极其不利的影响。许多动植物种类将灭绝，像珊瑚礁这样的整体生态系统将受到威胁，龙卷风、洪水和干旱这样的极端天气将增加，以及海平面上涨和海洋酸化。这一切都将给人类带来严重的后果。更热的高温天将带来流行病，许多国家的产能也将严重下降。水资源与食物将出现短缺。目前人口密集的沿海区域将变得无法居住，这将造成大量的气候移民，甚至有可能是战争。气候变化对世界贫困人口的冲击将尤为严重。[28]

这些变化无疑将威胁许多人的尊严。这当然包括未来的人类，但也包括众多现在还活着的人。[29] 受此影响的人无法再在基本问题上实现自理，他们也无法再将自己视为与他人一样的平等之人。由于环境原因，人们现在就必须为了自己的生存，以及某种程度上还算完好无损的环境而斗争。在可预见的未来，他们必须离开自己的家乡，在世界其他地方寻找更安全的居所，并不得不在那里重新建

28　见 Stern, *The Economics of Climate Change*; Ottmar Edenhofer u.a. (Hg.), *Global, aber gerecht. Klimawandel bekämpfen, Entwicklung ermöglichen*, München 2010; IPCC, *Climate Change 2014. Synthesis Report. Contribution of Working Group I, II and III to the Fifth Assessment Report of the Intergovernmental Panel on Climate Change*, https://www.ipcc.ch/report/ar5/syr/，上次访问时间 2017 年 6 月 17 日。

29　气候伦理中通常会对代际间与跨代际的正义论题进行区分，可参见 John Broome, *Climate Matters. Ethics in a Warming World*, New York 2012.

立自己的生活。[30] 这些人的存在因此受到威胁，或者说，至少他们发展自己个性的机会严重受限。他们无法实现许多在我们看来合理，且完全理所当然的对幸福生活的设想，因为他们必须逃离气候问题，或者必须与功能失调的环境抗争。如果我们同多数气候研究人员一样，认为这些问题是人类造成的，且我们在知情的情况下默许这些发生，那么气候变化涉及的就不再只是什么我们必须抵御的不利形势，它也是对尊严的损害。

这又关系到我在第四章提出的自尊的两个层面。第一，如果与气候变化相关的贫困剥夺了人们在基本问题上实现自理的可能性，那么也就损害了尊严。对未来的人类来说，他们的尊严在普遍的意义上受损，因为他们自主塑造其生活环境的可能性被剥夺，而且他们是被迫在对人类而言日益危险的环境下保护自己。这个例子充分表明，不仅是人类个体，就连共同的群体行为能力也将受到极大的限制，以至于他们终将失去作为一个整体的自理能力，正是在这个意义上，他们将集体失去尊严。[31] 另外，尊严也在第二个层面上受损，因为当下有能力的行为者明显未将严重受到气候变化负面影响的人视为平等之人，气候变化对这些人的自尊构成了根本的侵犯，但当下的行为者却没有为保护这些处于危险中的人付出足够的

30　这方面讨论见 Sujatha Byravan/Sudhir Chella Rajan, "The Ethical Implication of Sea-Level Rise Due to Climate Change", in *Ethics and International Affairs* 24/3 (2010), S. 239—260.

31　我已论证过集体丧失尊严的可能性，见 Neuhäuser, "Humiliation. The Collective Domension", Berlin 2011, S. 21—36. 我认为，对这一点的重构可以建立在玛丽特·吉尔伯特颇具说服力的集体行为理论之上，见 Margaret Gilbert, "A Real Unity of Them All?", in *The Monist* 92 (2009), S. 268—285.

努力。

这一解释立竿见影地指明了，由人类导致的气候变化无疑就是对无数人尊严的根本侵犯。另外，在第二点中，自尊因平等地位被无视而受到的侵犯，也清楚体现了财富在其中的关联。对缓解气候变化和进行集体改革无动于衷的行为者越富有，其不作为所体现出的那种对他人平等地位的无视也就越强烈。因为行为者越富有，做这些事所必需的支出对他们来讲也就越无所谓，因此他们越不作为，就越体现出受气候变化负面影响的人的自尊对他们而言不重要。这种不作为给人的印象是，他们甚至不愿为了帮助他人实现有尊严的生活而放弃自己的那一点点舒适。[32] 不过，这并不是气候变化与财富的道德问题之间的核心关联。核心关联当然在于，发达世界人口的经济财富是直接导致气候变化的原因之一。

但反对这一观点的不同意见可能会认为，这笔财富同时也能为气候困境指明出路。现有的财富可被用于发展环保技术，让能源消耗与环境破坏脱钩。[33]（这种目前尚不存在的技术必须保证极低的二氧化碳排放量。）或者能将现有财富用于让人们以尊重所有人的方式适应已经变化了的气候。[34] 在我看来，这两种将财富用于应对气

---

32 越野车和跑车这种奢侈品就是这种成问题的舒适性的典型例证。见 Ludger Heidbrink/Imke Schmidt, "Das Prinzip der Konsumentenverantwortung. Grundlage, Bedingungen und Umsetzungen verantwortlichen Konsums", in Ludger Heindbrink u.a. (Hg.), *Die Verantwortung des Konsumenten. Über das Verhältnis von Markt, Markt und Konsum*, Frankfurt/M. /New York 2011, S. 25—56.

33 这就是近来拉尔夫·富克斯（Ralf Fücks）一直在激烈争辩的问题，见 Fücks, *Intelligent wachsen*.

34 见 Martina Linnenluecke/Andrew Griffths, "Beyond Adaptation. Resilience for Business in Light of Climate Change and Weather Extremes", in *Business and Society* 49/3 (2010), S. 477—511.

候变化的负面影响的方法都没有切中要害。脱钩论的问题在于，到目前为止没人能证明如何能实现这种让能源消耗与环境破坏脱钩的办法。[35] 技术一定能带来更高效的能源使用方法，这样的技术也值得追求，但这种技术至少到目前为止没能解决环境污染的问题。因为我们还必须时刻考虑到，现在或以后希望实现类似于富裕国家人口消费水平的人还有 60 亿至 80 亿。这就是适应论的根本问题所在，只有富人才能通过提升消费水平适应气候变化，而对气候变化毫无责任可言的穷人却不行，这种立场没有道理。[36] 而如果说要让所有人通过同时升高的消费水平适应气候，那由此产生的费用只有一直不断上升的全球经济才能负担。但这毫无疑问将导致环境破坏加剧和气候变化加速，除非有人能证明，适应的速度要明显快于破坏和风险增加的速度。但在目前情况下，我认为这种假设无法成立。这同样适用于试图通过环境工程遏制气候变化的尝试。

我们当然还是应该在技术上探寻改造和控制气候的可能性，并加以利用，但真正既能缓解又能让人适应气候变化的唯一可行方法，我认为只能是在探索技术的同时削减能源消耗。要做到这点，就必须改变富裕国家的消费行为。因为在巨大的全球不平等背景下，贫穷国家的人们显然有权要求改善自身的经济状况。在贫困人口有权继续（适度地）提升其消费水平的同时，富裕人口必须通过限制其消费，

35   见 Jackson, *Wohlstand ohne Wachstum*, S. 82—99; Anthony Giddens, *The Politics of Climate Change*, London 2009, S. 65—67.

36   Giddens, *The Politics of Climate Change*, S. 212—215.

保证这两个方向的趋势最终能达到与一个足够完整的环境协调一致的水平。[37] 适应策略以及能源消耗技术的提升绝对能提高这一交集的整体水准，但该水准极有可能仍远低于目前富裕国家人口的消费水平。这一全球背景再次清楚地显示出，在富裕国家只算得上小康的群体其实也是富人，而且他们的财富也不乏道德问题。既然就气候变化而言财富存在道德问题，那么从中能推导出怎样的结论？

首先，我们当然可以期望所有小康行为者在个人层面降低其消费水平。只要有足够多的人参与其中，气候变化就完全能够得到缓解。但显然没人能保证，是否会有足够多的人参与其中。这看上去更像是一个事关集体行动的典型问题。[38] 没有人，或者几乎没人愿意第一个吃螃蟹，因为没人清楚其他人是否也会加入。如果别人不加入，那么先行动的人将承担巨大的开销，而这又不能惠及任何人。因此，这种让数亿小康水平的消费者这样一个庞大又无组织的群体承担集体责任的呼吁，从结构上看显得要求过高。[39] 如果在个人放弃消费几乎起不到任何作用的情况下，仍要求个人消费者必须这样做，那么这完全就是道德教条。无论如何，小康群体还是以合

37　这种从两个方向彼此迎面而来的发展趋势不一定非得做到相对平等，甚至都没有必要无限度改善社会最弱势群体的状况，只要按照充分论的思路，让所有人都有能保证尊严生活的足够收入即可。见 Shields, "The Prospects for Sufficientariainism", S. 101—117. 但对于解决全球层面的相对贫困来说，这可能代表了一个相当宏大的目标。

38　见 Olson, *The Logic of Collective Action*.

39　"要求过高"在这里指的是，从规范性角度来看，我们无法合理地期待消费者能放弃他们的消费。卡尔·霍曼（Karl Homann）主张用"理应即能够"（Sollen impliziert Können）的原则来为此辩护。他认为，消费者是出于心理原因无法放弃消费。见 Karl Homann, "Die Bedeutung von Anreizen in der Ethik", in Homann, *Vorteile und Anreize*, Tübingen 2002, S. 94—106. 但此处的"能够"必须从规范性角度来理解。

理的方式实现了自己对幸福生活的设想，因此在放弃这种生活既艰难又几乎无效的情况下，他们有权继续追求这种生活。此外还要考虑的是，对于许多在全球语境下算得上富有的人来说，要求他们不再进行习以为常的消费行为，或将威胁他们的个人尊严，因为在市场社会中，他们作为平等社会成员而得到的尊敬将大打折扣。

因此，应对气候变化的集体行动能力，需要通过针对财富导向的结构性方案来实现。对未来人类和对目前受此影响极为严重的人而言，抛弃财富导向是富裕国家证明其政治政策正当性的重要能力前提。各国政府只有在主要机构不再追求财富的前提下，才能获得行动上的自由，以正确的方式将推动技术效率提升，促进科技和社会适应能力同削减增长结合在一起，并付诸实践。而个人行为者之所以能接受经济增长放缓，是因为他们无需担忧自己的尊严会因其可支配的金钱与商品减少而受到损害。他们的自理能力和以平等社会成员的身份互相尊重的事实没有改变，尽管集体财富有所减少，但对尊严来说至关重要的个体小康却得以在相对层面上被继续保留。

我认为，在气候变化的政治对策中，结构性的财富导向是亟待解决的核心挑战。2015 年巴黎的联合国气候大会上，各国政府以世界共同体的姿态，雄心勃勃地宣布要将地球温度升高控制在 2 摄氏度以内。[40] 若能做到这一点，我们就能避免最可怕的灾难；我们也

40　UN. FCCC, "Adoption of the Paris Agreement", http://unfccc.int/resource/docs/2015/cop21/eng/l09r01.pdf, 上次访问时间 2017 年 6 月 20 日。

能在顾及人类自尊的同时，适应已经变化了的气候。各国在巴黎展示的行动意愿具有重要的政治意义，即便美国目前退出了该协定。[41]但世界各国究竟要如何实现这一高要求的目标，到目前为止还没人清楚。有迹象表明，在这方面被寄予厚望的，是既能保证全球经济进一步增长，又能同时降低二氧化碳排放的环保技术未来的发展。但就最高政治层面而言，截至目前还从未有人提及富裕国家必须限制其财富一事。如果两全其美的环保技术未来无法实现这样的愿景——就目前情况而言，实现这一发展的可能性极低——那么要想达成上述野心勃勃的气候目标，削减财富就势在必行。

贫穷的国家不会愿意放弃追赶型经济的发展，而且他们比不愿放弃财富的富裕国家更有权实现这一目标。[42]贫穷国家的人的尊严取决于经济发展，只有脱贫才能让他们维持自己的人格尊严。而对富裕国家的人来说，受社会财富影响的，不是他们的人格尊严，他们的人格不会因为社会财富减少而受损，受到威胁的只有他们在自己生活的社会中作为值得尊重的平等成员而拥有的个性尊严。但支持追赶型经济发展的优先地位，要求的主要是富裕国家在结构上采纳削减财富的导向，而不是要求富裕国家的人放弃他们的生活标准。这样一来，富裕国家人口的个性尊严就不会受到损害，因为在这种情况下，没人需要放弃自己作为值得尊重的社会成员这一相对

41　本书写作时恰逢 2017 年，美国时任总统特朗普宣布美国退出《巴黎协定》之时。——译者注

42　见 Simon Caney, "Climate Change and the Duties of the Advantaged", in *Critical Review of International Social and Political Philosophy* 13/1 (2010), S. 203—228; Caney, "Just Emissions", in *Philosophy and Public Affair* 40/4 (2012), S. 255—300.

身份，因为没人会失去他们的相对社会经济地位。

因此，各国在巴黎达成的气候共识虽野心勃勃，却无法解决气候问题，它只是明确了一个紧迫的任务。而美国当前退出《巴黎气候协定》这件事，正引发了人们对该协定的根本怀疑。此外，单靠环保技术的发展就想解决所有问题的态度，在我看来也特别不妥，因为技术的发展很有可能不足以实现立下的目标。相反，削减富裕国家的财富，并以此为契机摒弃经济增长模式，才是既能向未来人类，又能向生活在当下的贫困人口公正地承诺解决气候问题的补救方法。但我还需要在第八章中说明，此方案的确能算得上是有望成功的替代办法。

脆弱的市场

大量资本涌向金融市场所蕴含的危险，在过去几年间愈加明显。自由流动的资本体量越大，经济系统整体就越脆弱，由此产生的社会后果也就越恶劣。在我看来，这主要是因为体量如此巨大的资本只能通过风险日益高涨的形式来进行投资，而快速流动的资本有增无减的数额对与之紧密相连的实体经济的影响也越来越大。美国的房地产市场泡沫彰显了这一点，过量资本短时间内迅速涌入房地产市场，直到所有参与其中的人突然反应过来这一投资领域的不确定性究竟有多高时，一切顷刻崩溃。[43] 欧债危机也清晰地表明了

---

43 对这一危机的分析，可参见 Skidelsky, *Keynes*; Paul Krugman, *The Return of Depression Economics and the Crisis of 2008*, New York 2009; Krugman, *End This Depression Now!*, New York 2012; Stiglitz; *The Great Divide*, S. 49—68.

这一点，个别久病成疾的国民经济体突然成了金融市场的焦点。评级机构下调信用评级的做法在交易所内引发各种猜测，并让受此影响的国家陷入了持续数年之久的危机之中——希腊首当其冲，但整个欧盟也受到这个面积不大的国家的牵连。[44] 出于各种原因，希腊的经济问题在这之前就尤为严重，这一点无可厚非。但资本的高流动性所导致的，是信用评级下调能在极短的时间内让资本供给飞速骤跌，这使与社会情况兼容的改革政策根本不具备可操作性。而且希腊的案例还表明，金融市场的效率逻辑竟有能力强迫整个国家接受会让许多人付出极高个人代价，且从根本上威胁他们尊严的极端改革政策。[45]

再者，我们必须考虑到金融市场的脆弱，特别是其财富导向对实体经济有着深远影响。下面这个被简化了的案例能帮助我们理解这一根本联系。假设一家企业，因新开发出能大幅减少电器能耗的环保技术而取得了巨大的成功。使用这一技术的客户不仅能因此省下大笔开支，还能从中获得保护环境的良好体验。这家企业飞速成长，于是不得不为企业扩张从银行贷款。但这家企业因此必须遵守银行的盈利导向。[46] 银行会利用自身的影响力确保该企业采纳有利可图的运营模式。为了确保这一点，银行用撤出资本相威胁，以防

44　见 Krugman, *End This Depression Now!*, S. 138—141. 皮克提对此给出了一组令人印象深刻的数据，希腊的国内生产总值约为 2000 亿美元，但希腊最大的十家银行可支配的资产总额却为 20000 亿美元。见 Piketty, *Die Schlacht um den Euro*, S. 68.

45　比如约瑟夫·斯蒂格利茨就明确地指出了这一点，见 Stiglitz, *The Great Divide*.

46　有关这一联系简明扼要的解释，见 Jürgen Kocka, *Geschichte des Kapitalismus*, München 2013, S. 92—99.

这家企业不接受这种盈利导向。若银行因为金融市场的波动而陷入困境，他们就会大幅提升对企业的施压力度。这家企业最初可能根本不想遵循这种逻辑，而是更看重好的薪水，民主的工作场所，以及切实、透明地履行社会责任。但这家企业现在必须屈服于银行的压力，将自身调整为财富导向，否则撤出资本的威胁将会危及许多业已存在的工作岗位。而银行本身除了这样做也别无他法，因为他们的核心业务就是通过投资获得盈利。这样就产生了一套单个行为者——无论是个人还是企业——无法掌控的系统性生态。[47]

金融市场的体积之大与灵活性之高，让单一国家的政治监管看上去完全就是蚍蜉撼树，而且这样的金融市场会给不计其数的人造成重大损失。不仅是金融市场，其他市场的脆弱性也足以令人感到担忧。例如，纺织业生产突然被迁至东亚，导致意大利的纺织业在极短的时间内崩溃。这不仅在抽象层面上使国民经济损失严重，还让无数人失去了工作。这当然与全球分工的理念有关，这一理念认为，单一国民经济体只应生产自身相较其他国家具备比较优势的产品。若一国像意大利这样失去了自己的比较优势，或者其生产的产品没人想要，比如未来的汽车业可能就是这种情况，那么该国的整个国民经济就会很快遭殃。全球分工制造的正是这种脆弱性。[48]

47　莱斯特·瑟罗（Lester Thurow）认为这就是全球化的主要危险所在，见 Lester Thurow, *Die Zukunft der Weltwirtschaft*, Frankfurt/M. 2004. 比瑟罗更早的类似分析与警告，见 Stiglitz, *Die Schatten der Globalisierung*, München 2004.

48　经济理论也对此表示认可。对自由贸易具有决定性意义的"卡尔多–希克斯–原则"（Kaldor-Hicks-Kriterium），只提出财富总量会上升，却不说明如何分配这些财富。自由贸易中也有输家。见 Stiglitz, *Die Chancen der Globalisierung*, S. 95—105，以及 Rodrik, *The Globalisation Paradox*.

除去以上种种问题，总的来说，我们还是应该对市场予以根本上的肯定。与其他控制机制相比，市场具备极佳的信息与分配能力，这对控制复杂经济系统来说是一项重大贡献。此外，市场经济还能防止过多的权力被集中在国家手中。市场竞争能有效利用资源，并通过创新促进增长，这也是常被援引的观点。[49]但正如我在上一部分论述过的那样，经济增长对已经相当富裕的国家来说，不一定是件好事。虽然有效利用资源无疑依然有益，但原则上对市场的积极评价不应掩盖市场也会出错，也能带来负面影响这一事实。[50]我在这部分开头提到的例子就很好地证明了这一点。绝对支持市场的立场可能还会提出反对意见，认为有问题的其实不是市场，而是糟糕的监管。这一立场主张，完全不受监管限制的市场相反不会带来任何不良后果。我们当然可以怀疑这一立场，但这并不是此处的关键问题。[51]

这里的关键问题是，人们抱有能够创造出完美市场这种不食人间烟火的理想主义观念。市场，永远都根植于人类社会，因此它也必须被监管，譬如通过财产权。[52]另外，监管如所有人类规则体

49　哈耶克与在他之前的冯·米塞斯（von Mises）均已强调过这一点，见 Hayek, *Die Verfassung der Freiheit*, Kap.21; Ludwig von Mises, *Liberalismus*, Sankt Augustin 2006，及其 *Vom Wert der besseren Ideen*, München 2012.

50　见 Jens Beckert, "Die sittliche Einbettung der Wirtschaft. Von der Effizienz- und Differenzierungstheorie zu einer Theorie wirtschaftlicher Felder", in Lisa Herzog/Axel Honneth (Hg.), *Der Wert des Marktes. Ein ökonomisch-philosophischer Diskurs vom 18. Jahrhundert bis zur Gegenwart*, Berlin 2014, S. 548—576.

51　比如阿玛蒂亚·森就对"帕累托最优"提出了强烈的反对意见，见 Sen, "Poor, Relatively Speaking", S. 153—169. 约翰·罗尔斯也对此持批判立场，见 Rawls, *Eine Theorie der Gerechtigkeit*, S. 87—92.

52　卡尔·波兰依对此的论述颇具说服力，见 Polanyi, *The Great Transformation*; 亦见 Frank Cunningham, "Marktet Economics and Market Societies", in *Journal of Social Philosophy* 36/2 (2005), S. 129—142; Jens Beckert, "The Moral Embeddedness of Markets", in Jane Clary u.a. (Hg.), *Ethics and the Market. Insights from Social Economics*, London 2006, S. 11—25.

系一样，一定会犯错。原因很简单，规则总是抽象的，一定会对现实有所简化，这是规则的部分功能。因此，规则即便是在规范性层面，也必然永远无法完全涵盖现实的复杂特征。这同样适用于被监管的市场。在这一背景下，我们的疑问不应聚焦于市场是否应被监管；是否应对市场这一纯粹机制与这一机制外的国家监管进行人为区分这样的问题，也没有切中要害。[53] 纯粹市场这一理念，是一种无论我们多么想要却根本无法实现的虚构。社会现实中的市场，永远都是在不完美的规则体系下，由会犯错的行为者参与的有缺陷的制度。这类真实存在的市场所带来的问题始终是，市场这种社会制度是否会对侵犯尊严的行为推波助澜。基于上文所述，真实的市场极其脆弱，因此我认为，正如下述问题一针见血所指出的那样，我们应该质问如何才能阻止这种对尊严的侵犯。

市场究竟如何侵犯尊严？监管不力的市场对人的尊严造成的侵犯，在自尊的第一层面上体现得相当明显。市场的脆弱能使人们突然失去自理能力，这里的问题不是出在人对市场的物质依赖上，只要人们有足够的途径能参与市场，且市场能提供足够的选择，那么人们就有能力自主自决。但正如第四章中讨论的那样，持续的自给自足并不是自尊的合理前提。对于尊严来说，人们失去参与市场的途径，或者市场无法再提供足够的选择才是问题所在。[54] 市场的脆

---

53 有关对市场不同理解的详细讨论，见 Herzog/Honneth(Hg.), *Der Wert des Markets*; 其中尤其值得一读的是 Beckert, "Die sittliche Einbettung der Wirtschaft", S. 548—576.

54 这点可以通过森和努斯鲍姆提出的可行能力理论来理解，即这些人缺乏通过市场活动实现自理的能力。见 Nussbaum, *Die Grenzen der Gerechtigkeit*, S.145; Sen, *Ökonomie für den Menschen*, S. 140—145.

弱性当然还有别的原因。例如，由于政治和文化的缘故，许多国家的女性无法参与劳动市场，[55] 这同样侵犯她们的自尊以及权利。但这种情况下，无法参与市场或在市场上不具备行动可能性，与相关市场的脆弱性之间并不存在直接的联系。而此处讨论的，是与财富关系特殊的市场脆弱性问题。

同样的事基本上总在发生：市场导致某些行为者被完全排除在外，或者这些行为者在市场上没有足够的行动可能性。如果这些人自理的能力取决于市场，那么他们的自尊就会因此受到侵犯。这里的首要问题，是被提供食品、住房与养老金等关键产品的市场与劳务市场排除在外。但这种危及尊严的排斥是如何产生的？迅速从市场撤走资本，会导致物资短缺与物价上涨。[56] 人们会因此丧失自理能力，其尊严也会在这种情况下受损。这就能说明为什么脆弱的市场是个严重的道德问题。[57] 比如，次贷危机让许多人失去了用来养老的所有积蓄，并由此致使他们失去了养老的能力。这些人只能依赖国家的救济系统或私立的慈善机构。[58] 欧债危机不仅使许多希腊人丧失了收入来源，还让他们丧失了获得住房的能力。次贷危机时，同样的事也发生在许多美国人身上。[59]

55　比如印度的情况依然如此，见 Drèze/Sen, *Indien*, S. 247—250.

56　见 Branko Milanović, *Global Inequality. A New Approach for the Age of Globalization*, Cambridge MA 2016, S. 113f.

57　见 Anat Admati/Martin Hellweig, *The Banker's New Clothes. What's Wrong with Banking and What to Do about It*, Princeton NJ 2013, S. 51—59.

58　见 Krugman, *End this Depression Now*!

59　见 Stiglitz, *The Great Divide*, S. 174—177.

因此，对依赖市场的人来说，脆弱的市场能导致他们失去在基本生活层面上自理的能力。但这与自尊的第二层面有怎样的联系？被排除在市场之外，是否也能让人无法再将自己视为平等的社会成员？间接的联系当然存在，比如人们可能因此失业或陷入贫困。但相比之下，更值得提出的疑问是，市场的脆弱性与作为社会平等成员的自尊之间是否存在直接关联？我不确定是否存在这样的直接关系，但有证据显示，当市场的脆弱性危及企业，尤其是银行的功能和存在时，会有大规模的资助项目拯救这些企业，而这类援助往往暗示，这样做是因为企业的系统相关性。[60]

对同样受市场脆弱性负面影响的个人来说，他们的平等地位可能因此受到了怎样的影响？这些人虽然也会得到经济援助，但援助的目的通常不是为了让他们能继续拥有以前的生活；相反，取决于福利国家的性质，他们得到的或多或少只是满足基本需求的援助。虽然将个人与企业相比乍看之下不是很合适，而我们所讨论的自尊涉及的也是个人的社会平等地位，不是个人与企业的社会平等地位，但是我们可以推测另一种联系。我们需要问的是，到底对谁来说，救助企业与银行竟重要到关乎系统？与此同时，另一个问题是，市场脆弱性对哪些人的负面影响会危及他们的社会生存？只要我们能证明，这两点涉及的其实不是同一群体，而可能是两个不同的社会阶层，那么这可能就是因为其中一个群体的富裕生活，要比

60　见 Admati/Hellwig, *The Banker's New Clothes*, S. 89, S. 142—145.

保证另一个群体的生存更重要。若这种区别对待关系到某种政治制度的基础，那么这就是一种服务于特定人群的权力政治，这种政治也就侵犯了生存受到威胁的人的自尊。

我对这一点没有把握，如果能有更多这方面的经济研究那就再好不过了。[61] 不过，仅就这里的根本论点而言，其实没有必要对这个问题做过多的澄清，因为要想说明市场的脆弱性中所蕴含的根本道德问题，前面提到的另一个自尊层面，也就是自理能力，就已经足够了。但现在的问题是，市场的脆弱与财富有什么关系。我认为这之间的联系再明显不过，数额庞大且能自由流动的资本，显然造成了金融市场的脆弱，并因此致使其他市场也变得脆弱。[62] 金融市场的奖励机制，是为了保证资本投资必须尽可能带来更高的收益。另外，资本转移的时间也越来越短。只要我们观察一番德国、奥地利和瑞士等国存在的众多外国直接投资，就能明白这其中的问题究竟有多严重。

根据美国中央情报局的《世界概况》(World Factbook)，2013年世界各经济体在其他经济体的直接投资达到了 16.36 万亿美元。[63] 德国这一年的外资投资为 13350 亿美元，奥地利为 2700 亿美元，

---

61 不过，这方面可以参考 Lisa Herzog, *Just Financial Markets? Finance in a Just Society*, Oxford 2017.

62 对这一系统性风险的精准描述，见 Jakob Arnoldi, *Alles Geld verdampft. Finanzkrise in der Weltrisikogesellschaft*, Frankfurt/M. 2009, S. 11—21. 我比较怀疑的一种对现行结构的改革建议，可以参见 Hélène Rey, "Dilemma not trilemma: the global financial cycle and monetary policy independence", in *National Bereau of Economic Research Working Paper No. 21162*.

63 见 https://www.cia.gov/library/publications/the-world-factbook/rankorder/2198rank.html，上次访问时间 2017 年 6 月 22 日。

瑞士为 9690 亿美元。我们可以用国内生产总值与此进行比较，也就是一国一年生产的商品总数的价值。世界银行的数据显示，德国 2013 年的国内生产总值为 36350 亿美元，奥地利为 4150 亿美元，瑞士为 6510 亿美元。[64] 我们可以看出，直接投资额与国内生产总值多么接近。这些数据清楚显示出，这些国家多么依赖直接投资。撤走 10%、20% 甚至是 50% 的直接投资能造成的经济影响是无法想象的，而金融投机则相应地放大了这一问题。[65] 如果我们将全球金融市场的规模与世界生产总值进行对比，就不难发现这个问题。2014 年的世界生产总值超过了 70 万亿美元；而国际货币基金组织的数据显示，当年的全球资本市场规模超过了 290 万亿美元。[66] 这说明自由资本的规模相当庞大。

如何才能降低这种脆弱性？如果金融资本不是这么不受约束，它也不可能如此迅速、如此大规模地来回流动。相同规模的直接投资依然可行，但其流动性会降低。各经济体因此受到的威胁也会更小，其规划性也能有所提高。如何通过用特定的监管方式为市场降速来稳定市场，并确保更高的规划性，这方面的思考并不少。[67] 但只要社会结构仍以财富为导向——而这正是核心问题——这种降速

64　World Bank, "Gross Domestic Product 2013", *World Development Indicators Database 28 April 2017*, http://databank.worldbank.org/data/download/GDP.pdf，上次访问时间 2017 年 6 月 22 日。

65　见 Kocka, *Geschichte des Kapitalismus*, S. 92—99. 比如，路德维西·冯·米塞斯也指出过这一点，见 Mises, *Vom Wert der besseren Ideen*, S. 101—118.

66　见 IMF, *Global Financial Stability Report, October 2015. Vulnerabilities, Legacies, and Policy Challenges—Risks Rotating to Emerging Markets*, Washington DC 2015.

67　见 Admati/Hellwig, *The Banker's New Clothes*, S. 192—207; Wollner, *Justice in Finance*.

就不可能实现，实施的所有方法也都不会奏效，因为这些都与金融系统的基本逻辑相悖。只要不受约束的自由资本进一步增加，只要这些资本的唯一目的还是为了更快、更大规模的增长，那么所有监管尝试终究都只会姗姗来迟。这些监管尝试或许能在某一处让市场摆脱脆弱的特征，但这或将导致市场其他环节变得脆弱。因为资本必须寻找出路，而且参与金融市场的行为者一定会在既有条件下，纯粹为了在最短时间内利益最大化的目的，继续开发新的投资手段。

资本的上述力量已经表明，通过大幅增加银行的自由资本等旨在改善金融市场风险防范的理性建议，在政治上根本不具备可行性。[68] 另一个应对方法应该是从更根本的财富导向入手。至少在理论层面上，削弱基于财富导向的利益最大化，并减少可被自由支配的资本规模，能降低金融系统中导致市场脆弱性的压力。我将在最后一章继续讨论这一替代方案。

但在此之前，重要的是先总结前两章的结论。到目前为止的论述已经表明，财富对于**尊严共存**来说是成问题的。那么究竟该怎样解决这一问题？其实有个很简单的方法：应该直接禁止在道德上成问题的财富。若行为者过于富有，那么他们必须将其财富限制在不构成道德问题的范围内，换句话说，他们的富有程度只应满足小康生活。对个人来说，这意味着其收入在超过某一限度后必须被

68　见 Admati/Hellwig, *The Banker's New Clothes*, S. 192—207.

100% 征税。此外，还应建立严格的遗产制度，以便从一开始就防止财富累积的规模过大，例如可以对一个人一生中能够继承的遗产设置上限。团体行为者的情况较为复杂，什么时候才算富足，在团体行为者身上较难界定，因为他们可以转移他们的盈利或用这笔钱进行再投资。从现在起就限制个人行为者的财富，可以间接地调控团体行为者转移财富的行为。而投资则需要别的监管方式，因为投资也可能带来问题，尤其是考虑到投资能被用作政治权力的手段，固化地位差距，并导致某些群体被排除在市场之外。

但禁止财富真的是条行得通的路吗？在下一章中，我将首先考察为财富进行辩护的反方观点能否削弱本章及上一章中所提出的财富构成道德问题的论点。

财 富 的

道 德 问 题 REICHTUM
ALS
MORALISCHES PROBLEM

第七章

为 财 富 辩 护

上一章提出的禁止财富这一观点 [1]，是在分析了财富的道德问题后得出的结论。如果某种社会制度会带来巨大的结构性弊端，那么废除或禁止这一制度看上去合情合理。不过，限制财富的观点似乎也很少见，根本就不切实际。难道没有捍卫财富的观点吗？本章中，我将考察三种与限制财富这一总体思路相左的基本观点。第一种反对观点坚决维护财产权，认为限制财富其实是对财产的不合理征收。第二种观点主张至少一部分富有行为者的财富是他们应得的，因此没收其财富不合理。第三种观点认为资本主义市场经济的功能有赖于社会的财富导向，没有这一导向，经济就垮了。

这三种观点在我看来都没有说服力，我将在接下来的几段讨论中进行反驳。还有一种反对观点的挑战更严峻，我在下一章才会着手讨论。这个观点认为限制财富根本不现实，虽然从完全理想的正义论角度来说限制财富绝对正确，但在现实中却根本没有可行性。

---

1 读过前六章的读者应该清楚，作者对财富的理解不同于日常中生活中习以为常的理解。对作者而言，只有超过一定限度的那部分钱才算得上财富。在此限度之内，是满足每个人有尊严的生活的对钱的合理需求——既然不算财富，就不属于作者所说的"应被禁止"的范畴。某种意义上，作者所说的财富其实是我们日常生活中理解的"有问题的财富"，但为了与本书中的概念保持一致，也为了最大限度忠于作者的原意，此处使用"禁止财富"，而非"禁止问题财富"这一译文。——译者注

我对这一严肃质疑的回答是，限制财富必须循序渐进，一点点地慢慢促成大规模的社会变革。我将通过对税收、遗产继承以及赠予规则进行重构来澄清这一点。但在此之前，我必须先对另外三种基本质疑进行合理的驳斥。

第四种反对观点我不会多加讨论，因为我认为该观点根本无法自圆其说，这一观点认为限制财富无法在重要层面实现预期目标，因为其他非金钱的地位差异也能侵犯尊严。说到这里，我们会想到外貌在社会生活中扮演的重要角色，或者说什么才算美能起到的重要作用，这在年轻人中尤为明显。虽说这对尊严而言有可能是个难题，比如超重或身材矮小的人可能因自己的外表而被排除在社交与社会实践外，并因此遭受尊严上的打击，但财富对尊严的侵犯当然不可能因为这种损害尊严的现象存在就变得合理。此外，一步一个脚印地解决有碍**尊严共存**的问题，并从其中或许是最紧迫的开始着手，在我看来也是合适的应对方式。[2]

财富与财产

第一种观点以财产权为基础，反对通过直接禁止财富保护尊严

2　前段时间的一场讨论围绕着分配正义是否应脱离认同政治，并优先得到解决这一问题，见 Taylor, *Multikulturalismus und die Politik der Anerkennung*. 南希·弗雷泽（Nancy Fraser）认为这一讨论涉及的其实是两个相互联系的正义问题，总体上她有力地论证了这一点，见 Nancy Fraser/Axel Honneth, *Umverteilung oder Anerkennung? Eine politische-philosophische Kontroverse*, Berlin 2003. 但在我看来，就连弗雷泽也低估了市场社会中经济问题的主导特征。

免受有道德问题的财富的侵犯。这一观点主张，富人的钱是属于他们的财产。因此，例如用极高的税收直接剥夺他们的财富的做法，应被视为偷盗。[3] 就这种以偷盗为依据的反对观点而言，一种简单的回应是指出尊严重要的规范性意义。若财富的产生确实伴随严重侵犯尊严的行为，且禁止财富能起到预防的作用，那么保护尊严的重要性明显高于保护财产。原则上我认为这一论断是正确的，但不论是在契约论思想史中，还是在许多人的意识里，财产都被赋予了极其重要的意义。[4] 因此，问题在于，保护财产的强烈意愿是否真能提出具备说服力的规范性理由。

主要有三个理由极力强调保护财产，并因此反对禁止财富。第一，保护财产是根植于法律，甚至是根植于德国宪法的"游戏规则"的基本组成部分，这一事实本身就从正义论角度说明了保护财产的重要性。第二，财产本身对尊严也有重要的意义，尤其是财产对保护个人人格与发展个人个性具备重要意义。第三，合理获得的财产具备自然权利，作为一项无条件的防御权，该权利凌驾于一切其他考量之上。虽然我认为第三点特别不合理，但这一点不论在理论还是在实践中都极受欢迎，因此也值得认真对待。不管怎么说，

3　见 Nozick, *Anarchie, Staat, Utopie*, S. 240—250; Richard A. Epstein, *Principles for a Free Society. Reconciling Individual Liberty with the Common Good*, New York 1998, S. 124—130. 为自由主义角度辩护的新观点，可参见 Jason Brennan, *Why not Capitalism?*, New York 2014; John Tomasi, *Free Market Fairness*, Princeton NJ 2013.

4　最重要的出处无疑是约翰·洛克（John Locke）对财产的论述，他将财产权理解为自然状态。见 John Locke, *Zweite Abhandlung über die Regierung*, Berlin 2008, Kap.6; 亦 见 Alexander/Penalver, *An Introduction to Property Theory*, S. 35—56.

这些理由在我看来反对的并不是禁止财富，而是为了避免财产被任意剥夺，以及为了保护还算不上财富的财产。我有必要对此进行说明。

保护财产的第一点理由所依据的，是财产在我们的社会和我们的生活中所起的核心作用。大多数人的经济活动，尤其是企业的经济活动，依赖于现在以及未来拥有可供自己支配的财产。甚至在大多人的生活计划中，拥有财产是一个前提条件。众多法律、社会机构，甚至是文化活动，都是在财产这一制度的基础上才得以建立的。如果没有财产，美好的居住环境或是如音乐领域内的某些亚文化，不可能以如今的形式得到广泛传播，因为这些有赖于人们能以财产的形式获得家具或稀有的唱片。财产一个尤为核心的价值在于签订合同与经济合作。许多合同都建立在合同签订方拥有可支配的财产之上，当签订方无法履行合同规定时，这些财产可提供担保。若没有财产的担保，许多人不会再参与现在这种由合同保障的合作。[5]

财产对我们共同生活中的基本游戏规则起着重要作用，这一理由在我看来是正确的；但这并不足以反驳禁止财富。原因在于，禁止财富不等于全面废除财产。禁止财富甚至都算不上任意侵犯财产制度。在有道德问题的财富被禁止的情况下，人们依然能自由支配低于这一财富界限的财产。人们能继续进行依赖于财产的文化活

5　见 Waldron, *The Right to Private Property*, S. 313—318; Alexander/Penalver, *An Introduction to Property Theory*, S. 91—96.

动，以财产为先决条件的社会机构照样能继续存在，只有通过抵押财产才能签订的合同依然可行。只要有清晰的法律规定能明确一个人的财产总数在什么情况下将成为有道德问题的财富，就不会出现对财产的任意剥夺，也就不会动摇财产制度。所有行为者都清楚在何种范围内拥有财产是被允许的，在该范围内，财产制度也能充分发挥其效用。这就像是交通限速，在限速规定下，人们照样能开车，其出行能力也没有受到任意限制；相反，限速规定能整顿交通，也能救人命。

以财产为基础的第二个理由反对禁止财富，或者至少是反对限制财富，依据的是财产本身对人的尊严的重要性。这可能是人格尊严，也可能是个性尊严。维护这一点不需要像德国唯心主义哲学家那样，强调财产是人之为人的必要条件。[6] 相反，只需认同拥有可支配的财产是人格自主的必要条件即可，因为只有这样才能保护基本权利不被任意干涉。这一理由认为，没有任何财产可支配的人或将被迫出卖自身，或部分出卖自身，才能确保自己能生存下去。但对这一理由的反驳意见可以指出，在民主国家内，不用拥有财产也能保护基本权利。因此，危及人格的不是没有财产，而是大规模的社会经济不平等以及法律保障的缺失。[7]

6　见 Andreas Eckl/Bern Ludwig (Hg.), *Was ist Eigentum? Philosophische Positionen von Platon bis Habermas*, München 2005; Waldron, *The Right to Private Property*, S. 343—360.

7　不过，围绕着"财产所有权民主制"的讨论以约翰·罗尔斯的理论为依据，指出只有在所有公民都拥有财产的情况下，才能克服社会和政治上的不平等，见 O'Neill/Williamson, *Property-Owning Democracy*. 但这一理论只是从纯工具的角度为财产提出辩护，在不涉及财富的情况也完全说得通。

就个性尊严的层面而言，这一理由同样认为个性自主取决于财产。此外，这一理由补充指出，同样以财产为基础的，还有一个人认为自己的个性值得同等尊重的自尊。第二个理由强调的危险似乎又回到了市场社会的社会经济不平等性上。在市场社会中，若一个人没有可支配的财产，或其财产极少，那么这可能导致他无法作为平等的社会成员得到尊重，而他的个性本应享有的平等尊重也会受到损害。但与之形成鲜明对照的是，我们其实完全能想象一个没有财产，但人人彼此互相肯定，平等尊重他人个性的社会。[8] 因此，财产对这种形式的尊重来说并不显得有多必要。

更有意思的是主张"财产是个性自主的必要条件"这一理由。这当然取决于个性本身以及与此相关的人生规划。生活中完全不需要财产的人，例如修女和僧侣，其个性发展也不会因财富被禁止而受限。但仍有许多人希望拥有财产，这对他们来说甚至意义重大。为了买房还贷而多年省吃俭用努力工作的人，这样做通常并不只是为了养老，拥有房产也是其个性中外在、物质的一面。[9] 他们应按照自己的愿望搭建这片天地并在此居住，这里将成为他们的庇护与成长之所，比如这就是为什么许多人难以卖掉承载着自己童年记忆的房产的原因之一。

因此，财产可以成为一个人个性的一部分，这方面的例子还有

8　例如以色列的基布兹社群体制（Kibbuzim），以及其他地方也存在无财产社群，见 Erich Fromm, *Haben oder Sein*, S. 320—325.

9　见 Margaret Radin, *Reinterpreting Property*, Chicago 1993.

心爱的衣物、婚戒、祖上传下来的家具或有特殊意义的汽车。[10] 直接没收这些财产因此会对人的个性及其尊严造成伤害。这就是为什么必须保护财产的原因。但这是否意味着限制或禁止财富就不妥呢？多数情况下并非如此，因为对绝大多数人的身份与个性来说有着重要意义的财产，远低于财富的临界值。不过，仍然有许多与自己的财富关系紧密的富人。我们不必非得用漫画形象来解释这一点，比如唐老鸭有钱的史高治叔叔在自己深爱的金币里游泳的样子。我们不难想象富人的个性发展离不开他们的财富，他们的着装经过精挑细选，他们的住所面积宽敞且装潢高档，他们喜欢开跑车。这些都是他们的身份、个性，以及他们对幸福生活的理解的一部分。[11]

我认为，我们必须从规范性的角度严肃对待限制或禁止财富将损害富人的个性尊严这一观点。[12] 我们可以从两方面对此作答。首先，禁止财富对富人来说涉及其个性尊严，但对其他人来说却事关其人格尊严得到的保护与支持。由于人格比个性更基本，因此优先被保护的应是人格，而非个性。我们还可以进一步指出，富人的财富本身也会加剧他人尊严受到的损害。在这种情况下，他们的个性尊严就建立在贬低他人尊严的基础之上。因此，保护此类个性的要求就无法成立，或者至少其合理性会被削弱。此外，还有第二点，

10　见 Margaret Radin, "Property and Personhood", in Radin, *Reinterpreting Property*, Chicago 1993, S. 35—71.

11　对超级富豪的生活方式感兴趣的读者，可以参考 Freeland, *Die Superreichen* 一书对此生动的描述。

12　这方面的英语讨论所围绕的关键概念是"昂贵的品位"，见 Gerald A. Cohen, "Expensive Taste Rides Again", in Ronald Dworkin/Justine Burley (Hg.), *Dworkin and His Critics. With Replies by Dworkin*, New Jersey 2004, S. 3—29.

即使以财富为基础的个性仍值得保护，废除财富的方式依然可以允许富人按照变化中的条件，逐步对其生活方式作出调整，这样就能保障他们的尊严。我将在下一章继续探讨这一问题。

现在，还需要讨论反对禁止财富的第三个理由。这一理由认为，富有行为者凭借自然权利在法律上享有无条件要求拥有自己财富的权利。禁止财富因此相当于大规模偷盗。罗伯特·诺齐克（Robert Nozick）从正义论角度出发，为这一理由辩护的立场在哲学讨论中非常受欢迎。[13] 对他来说，只存在三项正义原则。第一，取得财产的方式只有在符合接下来将被澄清的这些条件时才算公正。第二，财产能以公正的方式被转让，当且仅当财产转让是自愿的。第三，建立在不公正获取方式之上的财产关系必须得到纠正。只要是通过不公正占有，或由抢劫、压迫等非自愿，因此也是不公正转让所导致的财产关系，都是不公的。[14]

在诺齐克眼中怎样获取财产才算公正？诺齐克从关于自然权利的假设出发，强调处于国家成立之前的自然状态中的人拥有自己，并因此拥有其自身不被伤害的权利。诺齐克引用洛克的理论指出，正是由于人拥有自己，他也因此拥有他通过自己的劳动所创造出的一切。[15]

13　Nozick, *Anarchie, Staat, Utopia*, Kap.7; 亦见 Barbara Fried, "Does Nozick Have a Theory of Property Rights?", in Ralf Bader/John Meadowcroft (Hg.), *The Cambridge Companion to Nozick's Anarchy, State, and Utopia*, Cambridge 2011, S. 230—253, 及 Peter Vallentyne, "Nozick's Libertarian Theory of Justice", in Ralf Bader/John Meadowcroft (Hg.), *The Cambridge Companion to Nozick's Anarchy, State, and Utopia*, S. 145—167.

14　Nozick, *Anarchie, Staat, Utopia*, S. 219—222.

15　同上，S. 250—255; *Locke, Zweite Abhandlung über die Regierung*, Kap.5.

但这一点的前提是，他也拥有那些他使用的外在资源。诺齐克在这里同样也引述洛克称，将一部分世界占为己有是合法的，当且仅当获取这部分资源的同时也能给他人留下足够的资源。[16] 我们很快就能发现，诺齐克的正义论给巨大的不平等创造了空间。一个家庭可以在很久以前将一部分世界占为己有，对其进行成功的改造，并不断将收益传给后人。几百年后的今天，这份遗产就成了一笔做梦才能想象的财富。但许多其他人并没有这么幸运，相比之下他们很穷。

诺齐克的理论应该解释清楚，禁止财富为什么是偷盗。因为偷盗意味着用不公正的手段窃取通过公正途径取得的财富。可诺齐克的理论却问题多多，我想指出其中三个与偷盗谴责有直接关联的问题，这三个问题同样适用于主张财产权是一项不可分割的权利的类似理论。首先，作为自然状态下的人类，"人拥有自己"这一假设漏洞百出。其次，将资源占为己有的同时为他人留下足够的资源，对这一条件的理解因人而异。再者，诺齐克的理论与现实相距甚远，因为我们几乎永远无法判断财产最初的由来是否公正。这三个问题表明诺齐克的理论在现实中没有用武之地，而且从这一理论中，我们也无法得出禁止财富即偷盗的结论。[17] 我认为，此回答也适用于与之类似，同样因为财产和财富的获取途径貌似公正而强烈要求保护二者的理论。

16　诺齐克对该条件作出了进一步限制，因为对他来说，只要他人能得到补偿就够了。见 Nozick, *Anarchie, Staat, Utopia*, S. 255—261. 亦见 Jeremy Waldron, "Enough and as Good Left for Others", in *Philosophical Quarterly* 29 (1979), S. 319—328.

17　见 Waldron, *The Right to Private Property*, Kap.7.

质疑诺齐克的第一个原因，反驳的是自然状态下人拥有自己这一理念。该理念对诺齐克的正义论以及与之相关的理论来说都具有核心意义，因为该理念推导出的，正是一个人通过公正的交易所获得的一切都是这个人的合法财产这一结论。"人拥有自己"的假设有漏洞，主要是因为这一假设也允许人出售自己的财产。也就是说，人因此必须拥有出售自己或出售自己的一部分的权利，如自己的器官。只要有人直觉上拒绝这种可能性，就足以说明，并非所有人都相信自己的身体能被当成市场上交易的商品。[18] 而财产的概念所涉及的恰恰就是原则上能进行市场交易的商品。此外的所有其他事物则遵循其他规则。因此，自己拥有自己的理念更像是个圈套，将诺齐克极端的市场自由主义根本假设早早转嫁至自然状态，并借自然权利之名论证其合理性。[19] 但此圈套却在大多数人的道德直觉面前功亏一篑。

诺齐克理论的第二个问题在于，人们对将世界的一部分占为己有时，给他人留下足够资源的理解不尽相同。也就是说，判断给他人留下的资源到底够不够的出发点不明朗。大约 1000 年前，人类能在占有广袤土地时确信剩下的资源足够所有其他人。那时，他们还可以占有一切当时没人知道能用来做什么的原材料，例如钶钽铁矿和稀土金属。但这样的行为从今天的角度看却十分不妥，因为肥沃的土地和原材料已变得短缺。难不成 1000 年前的人做错了吗？

18　见 Debra Satz, *Why Some Things Should Not Be for Sale. The Moral Limits of Markets*, Oxford 2012, S. 199—202.

19　对这一理论中基本问题的讨论，见 Thomas Nagel, "Libetarianism Without Foundation. Anarchy, State, and Utopia by Robert Nozick", in *Yale Law Journals* 85 (1975), S. 136—149; Waldron, *The Right to Private Property*, Kap.7.

这要看我们是始终只关注目前活着的人，还是也将所有未来的人考虑在内。[20] 如果我们认为未来的人也拥有不可剥夺的人权，那我们就必须考虑他们。

但目前活着的人永远无法知道未来会是什么情况，什么对未来的人而言是重要的。因此他们也无法知道，他们占有土地后剩下的，对所有其他人来说到底够不够。因此，这种占有永远不可能是确定的；相反，对土地的分配必须根据改变了的条件进行调整。但诺齐克却无法说明这种调整应该遵循怎样的正义原则，因为在这一点上，他的理论毫无作为。而这是个非常普遍的问题。[21] 正如上述原因所指出的，若土地与原材料都无法被无限拥有，更何况始终多多少少依赖于这两样资源的其他形式的财产？这就非常清晰地证明了诺齐克的理论在实际中的操作性很低，因为他的理论让行为者无从判断占有多少才算公正。

实际可行性的问题也体现在诺齐克提出的第三个反驳理由上。当我们审视今天的财产关系是否公正时，我们必须首先确定哪些财产是通过自我劳动、首先占有或自愿转让等公正的方式获取的，又有哪些财产是通过诸如压迫、抢劫、偷盗或欺骗获得的。就连看上去是以自愿合同为基础的工作关系，也可能因为基于不公正的财

20　为后者辩护的有 Peter Singer, *One World. The Ethics of Globalisation*, New Haven2004, S. 28—32. 杰里米·沃尔德伦在讨论对历史非正义进行赔偿时也使用了同样的论点，见 Jeremy Waldron, "Suspending Historic Injustice", in *Ethics* 103/1 (1992), S. 4—28.

21　这就是约翰·罗尔斯之所以主张正义论必须只表达抽象原则的原因之一，见 Rawls, *Gerechtigkeit als Fairness*, S. 40.

产关系而被证明其实并不公正。[22] 但回顾这些时，根本没人能确认哪些财产在哪种程度上会跟不公正获取扯上关系。因此也就没人能说清楚什么必须被再分配，以及哪些财产能被特定的行为者继续持有。要说明这一点，我们只需想想英国女王，想一想按照诺齐克的理论，她得上交多少她名下的土地。因为很明显，她的全部财产都是通过这样或那样不公平的途径获得的。

以诺齐克的理论为例，我解释了为什么通过自然权利确保绝对财产权的理论经不起推敲。[23] 如果我说的没错，那么这类立场就无法削弱财富常伴随着对尊严的侵犯这一论点。以此论点为理由禁止财富也就不存在问题，因为这样做并不损害任何自然权利。而这一论点之所以成立，主要是因为禁止财富并不会损害财产制度。但如果说富人是通过自己的劳动挣得了他们的财富呢？在这种情况下剥夺他们的财产难道不正是盗窃，这样做不正是会损害他们的尊严吗？我将在下一节讨论这个反对意见。

财富与应得

第二种观点从一个受众甚广的理念出发，反对直接禁止有道德

22　比如杰拉德·科恩在这点上特别强调马克思主义立场，见 Gerald A. Cohen, *History, Labour, Freedom, Themes from Marx*, Oxford 1988.

23　这一结论也适用于譬如理查德·爱伯斯坦（Richard Epstein）和詹姆斯·布坎南（James Buchanan）。见 Richard Epstein, *Takings. Private Property and the Power of Eminent Domain*, Cambridge MA 1985, 及其 *Skepticism and Freedom. A Modern Case for Classical Liberalism*, Chicago 2003; James Buchanan, *Die Grenzen der Freiheit*, Tübingen 2009.

问题的财富形式，因为富人的财富是其应得的。[24] 例如，从洗碗工干起最终成为百万富翁的精明女商人，这一强大形象代表的就是上述理念。这样的女性所拥有的财富是其收入所得，因此没人能擅自剥夺她的财富，这就是第二种反对观点要表达的内容。这并不适用于所有富人，甚至可能不涉及大多数富人，但一定存在着数量众多的富人符合这一观点所说的情况，即他们的财富是其应得的，因为那是他们靠自己的实力赚来的。但为了弄清楚这一理由到底具备怎样的说服力，我们必须先澄清"应得"在这里到底是什么意思。因为要相对准确地说明什么是一个人应得的，什么不是，并非易事。这从不同形式的应得中可见一斑：赞赏或惩罚可以是一个人应得的，在体育赛事中获胜、在学识上领先以及在经济上有优势都可能是一个人应得的。但这些应得有何区别，又有何共性？[25]

"应得"通常与特定的表现有关。道德上获得的赞赏或惩罚的基础是与之对应的诮德表现。赢得的体育或经济成就基于的同样是相应的体育或经济表现。比如说，如果当事人根本没有犯任何道德错误，那么他受到的道德责难就毫无道理。如果一个人因一句根本不是出自他口的羞辱之语而遭到责备，那么这种责备就不是他应得的。同样的判断当然也适用于赞赏，一个人对不是源于自身行为的赞赏受之有愧。正面及负面的应得都取决于某一表现能否被归于

---

24 Michael Hartmann, *Der Mythos von den Leistungseliten. Spitzenkarrieren und soziale Herkunft in Wirtschaft, Politik Justitz, und Wissenschaft*, Frankfurt/M. 2002, S. 15—20; Hayes, *Twilight of the Elites*, S. 56f.

25 对"应得"理念的概述，可参见 Olsaretti, *Desert und Justice*. 另一个条理清晰且通俗易读的导论，见 Walter Pfannkuche, *Wer verdient schon, was er verdient? Fünf Gespräche über Gerechtigkeit und gutes Leben*, Stuttgart 2003.

某位确定的行为者。就这一理解而言，应得的立场看上去并没有什么问题。但很明显，许多财富形式并不满足这种意义上的应得。例如，有人继承了上百万上千万的欧元，并通过这种方式变得富有，但此人的财富很明显根本不符合上述应得的含义，因为这笔财富与那个人的表现无关。因此，以应得为依据的理由不能被用来反对禁止这种形式的财富，也是同样的道理。

相比之下，某些形式的财富至少乍看之下像是应得的，因为这些财富貌似源于当事人付出的劳动，也就是源于他们自己的表现。这里的基本思路是，人对自己的表现负有责任，因此也享有这一表现带来的果实。企业家、足球运动员、外科医生和歌手的财富都是他们的劳动所得，因为这些财富是他们的工作成果。但这种在应得与表现之间简单画等号的做法，至少有四个值得批评的基本点。第一，这些表现很大程度上取决于当事人的社会优势。一个人表现出的实力与其社会化程度、受教育机会以及其他社会因素息息相关。[26]只要与此相关的机会未能得到公平的分配，这些因素就会对一个人表现出的实力产生不公的影响，而且这些机会也不一定能被归到每个当事人自身的能力上。在此意义上，一个人的成就不完全是她应得的，因为她获得这一成就的实力不是她靠自己的能力得到的。例如，有人因自己优秀的学识成为收入优渥的教授，如果说他来自家

26　约翰·罗尔斯已经指出过这一点，见 Rawls, *Eine Theorie der Gerechtigkeit*, S. 86f. 阿玛蒂亚·森和玛莎·努斯鲍姆将此依赖关系系统地纳入其正义论的可行能力理论中，见 Sen, "Equality of What?", S. 195—220, 及 *Inequality Re-Examined*, S. 19—38; Nussbaum, *Creating Capabilities*, S. 229—235, 及 *Die Grenzen der Gerechtigkeit*, S. 20—23.

境富裕的书香门第，还在价格不菲的精英学校接受教育，那么这些因素显然对他的表现有巨大的影响。他具备特定的优势，例如他的性别，便于他接受教育的社会环境，以及他优秀的教育背景，这些优势都对他从事学术职业的能力有重大影响。[27] 因此，他的教授职位并不全是靠他自身努力得来的。

其次，表现深受才能的影响，而才能同样不是努力就能得来的。一位极具数学天赋的女性可能是名实力绝佳的数学家，并因此成为教授。但这份天赋是天生的才能，而不是她的努力所得。单靠这份天赋她当然无法成为数学教授，就好像仅凭天赋很少有人能够获得公认的成就一样。在天赋的基础上，人们还需多加练习，其他因素也可能发挥作用。此外，即使是在两个人的练习多寡与努力程度不相上下的情况下，天赋更高的那个人通常表现会更好。但这种表现上的优势并非其应得，因为他自己并没有为此付出努力。[28] 这就是我要提出的第三点批评，即应得应该更以努力而非表现为衡量标准，因为每个人事实上对自己的努力负有责任。[29] 但对努力而言必要的动机却取决于人的社会化过程；另外，我们很难判断一个人

27　皮埃尔·巴迪欧生动地描述了这一点，他还指出，在教育水平似乎不断提高的同时，学历头衔也在悄悄贬值。见 Pierre Bourdieu, *Die verborgenen Mechanismen der Macht*, Hamburg 1992，及 *Wie die Kultur zum Bauern kommt*; 亦见 Hartmann, *Der Mythos von den Leistungseliten*.

28　运气均等主义者因此对原生运气（brute luck）和选项运气（option luck）进行区分，见 Ronald Dworkin, *Sovereign Virtue. The Theory and Practice of Equality*, Cambridge MA 2000. 这一派认为必须保证原生运气的均等，而出现在职业等情形下的选项运气则没有必要，因为这种运气与行为者自身的决定有关，见 Richard J. Arneson, "Luck and Equality", S. 73—90; Carl Knight/Zofia Stemplowska, *Responsibility and Distribution Justice*; Tan, *Justice, Institution, and Luck*, S. 76f.

29　Cohen, *Rescuing Justice and Equality*, S. 97—107，及 *History, Labour, Freedom*.

具体的表现有多少应归功于其努力，又有多少归功于其才能。

表现与应得之间的紧密联系还有第四个值得批评的地方，尤其是当这一联系与收入挂钩时。现实中对表现的评价以及为此支付的酬劳，往往与当事人本身无关，而是与市场情况等外在社会因素有关。比如，在外科医生众多，但几乎没有牙医的国家，市场规则将导致牙医的劳动价格远超外科医生的劳动价格。企业顾问的收费也远高于养老院护理员的收入，但收入高的原因根本不是企业顾问比护理员做得更多，而是因为她所处的市场定位明显优于护理员。[30] 这些事例表明，收入——即可能是对工作表现最重要的评估方式——在很大程度上是由市场供需规则决定的。而这与一个人的努力，或是一个人相对于其才能和社会技能而言的表现好坏关系不大。

综合考虑这四点后就能发现，表面上通过表现与收入被合理化的财富，其实问题多多。因为在现实中，我们几乎无法在才能、不同形式的社会优势、结构因素以及个人努力间划清界限。表面上仅凭表现和收入获取的财富，事实上并非如此，因为酬劳无法将非劳动获得的天生才能与社会因素所造成的相应影响排除在外。[31] 然而，视财富为应得的理念虽有其可指摘之处，但仍会有人强调称，我们的确在许多场合将相关行为者的成就视为其凭实力所得，即使外在因素、从社会上习得的能力以及才能在其中也起到了重要作用。例

---

30 就连像弗里德里希·奥古斯特·冯·哈耶克这样的大自由派也承认这一点，见 Hayek, *Der Weg zur Knechtschaft*, Kap.4, 及 *Die Verfassung der Freiheit*, Kap.18.

31 见 Alperovitz/Daly, *Unjust Desert*.

如，一名网球选手赢得了一项重大赛事，那么这就是她的成就，她也应当得到这份奖金，这是人们的印象。她的才能，以及她所接受的出色教育当然发挥了作用；此外，决赛中的天气条件可能也更有利于她，而不是她的对手。但这一切似乎都不重要。她能获胜是因为她表现优秀，这才是最重要的。[32]

虽然体育赛事中也经常说其实输掉比赛的人才应该赢得胜利，因为他的表现更好，但这样说的意思并不是指输掉比赛的人应该赢得奖杯或奖金，而是承认体育比赛并非总能满足程序正义，因为赢得比赛的并不总是表现更好的那个选手。[33] 尽管如此，我们在评判表现时仍然还是会接受才能与社会因素方面的差异。没有人认为表现更差的赛跑运动员应该获得奖杯，是因为她才能不济或训练条件较差。同样，在艺术或娱乐行业等其他社会领域，我们也会在评判表现时忽略这些背景条件。不过，就算这种对表现和应得的评判在某些社会情境下是正确的，这当然也无法代表同样的标准就适用于与工作及财富有关的情况。

因为尤其是在体育、艺术与文化领域内，取得的成就被视为应得，且全然不考虑才能、社会化程度与总体条件对具体表现的影

32　David Miller, "Deserving Jobs", S. 161—181, 及 "Distributive Justice. What the People Think", in *Ethics* 102/3 (1992), S. 555—593, 及 "Two Cheers for Meritocracy", S. 277—301, 及 "Comparative and Noncomparative Desert", in Serena Olsaretti (Hg.), *Desert and Justice*, Oxford 2003, S. 25—44, 及 "Liberalism, Dersert and Special Responsibilities", in *Philosophical Books* 44/2 (2003), S. 111—117.

33　约翰·罗尔斯认为赌博里的买彩票代表了完美的程序正义，见 Rawls, *Eine Theorie der Gerechtigkeit*, S. 106f. 而在几乎所有其他情况下，程序正义并不完善，例如在法庭审理中，因为并非所有肇事人都受到审判，而且受到审判也不总只是肇事人本身。

响，并非偶然出现的看法。因为这些领域全都具备一种游戏特征，这与严肃的生活本身完全不同。这影响了这些社会领域对个性尊严的重要性。人们在体育或艺术活动中表现出的游戏个性，不是人们在日常生活中所表现出的个性。一个人的个性尊严几乎不依赖于这种游戏角色。[34] 至少可以说，这符合当人们的确以游戏心态参与这些领域时的情况。因此一旦超过游戏的界限，当一切都开始变得严肃时，就往往会出现问题。就文化活动的比赛及其他特征而言，宽松看待表现与应得之间的关系没有问题，但这一看法不适用于日常生活。而专业体育运动面对的，则是游戏与严肃的日常生活相冲突的情况，足球运动就明确体现了这一点。表现更好的球队理应获胜，有时表现较差的球队虽然不配但也会获胜。这看上去没毛病。但男性顶尖运动员的收入百倍于女性顶尖运动员的收入，显然跟应得没关系，而是与其表现的经济可利用性有关，这明显是个正义问题。

但与此同时，即使是在工作等较严肃的生活领域，应得的概念仍在许多人的理解中发挥着重要作用，而游戏的意味也不是荡然无存。表面上，许多人接受才能更多或受教育程度更高的人应该赚得更多。[35] 同时，对投入与努力予以奖励似乎也很重要。谈到酬劳时，需求似乎通常也影响着人们心中对收入的认知。这种广泛存在的想

---

34 用哈利·法兰克福的话来说，这种游戏角色并不是一个人发自内心所肯定的身份的一部分，见 Frankfurt, *Sich selbst ernst nehmen*, S. 59—64。顺便值得一提的是，在这一背景下，经济主流理性理论被称为"游戏理论"倒很有趣，就像是在说经济是个大型游戏。

35 见 Miller, "Deserving Jobs", S. 161—181; Alperovitz, "The Pluralist Commonwealth and Property-Owning Democracy", S. 266—286.

法有个问题，即才能、努力与需求彼此之间的关系十分模糊，这些因素在一个人的应得中的占比可以有各种各样的解释。[36] 而对此处本来的关键问题，也就是财富能否被视为应得而言，这其中不清楚的地方造成的问题倒不是特别严重，原因有二。首先，财富的道德问题比财富是否是某行为者应得的更重要。财富侵犯尊严的特征，相比于其明显模棱两可、说服力又不高的应得特征而言，在规范性上具备优先地位。其次，只要能澄清尊严的问题，那么在此之外以游戏的心态界定才能、努力与需求等因素间的关系就没什么不妥。[37]

总而言之：如前几章所述，只要财富具备侵犯或危及他人自尊的效果，那这就是禁止财富强有力的理由。但与此相对的是，有些行为者的财富似乎至少部分是其通过自己的表现获得的。虽然在具体情况中，这种说法总让人生疑，因为外在的社会条件往往发挥着重要作用；另外，才能和社会化程度同样也始终对此有重要影响。不过，就算我们不考虑这些理由，以自身表现为基础的财富也不可能被视为应得。原因很简单，因为根本没人理应获得这种侵犯或危及他人自尊的可能性。而正是因为考虑到财富具备这种效果，所以

36　阿玛蒂亚·森在他著名的笛子难题中讨论的就是这一点。三个孩子为笛子该属于谁争论不休，他们的理由各不相同，每个人都认为自己比其他孩子更有资格获得笛子（见 Sen, *Die Idee der Gerechtigkeit*, S. 43f.）。第一个孩子指出，与其他二人相比，他是唯一会吹笛子的。第二个孩子认为，他比另外两个孩子更穷，与他们不同的是，除了这把笛子他根本不可能得到其他玩具。第三个孩子则强调，这把笛子是他自己通过艰辛的琐碎工作做出来的。森举这个例子不是为了支持其中某一个孩子，反对另两个孩子，也不是为了给这场争论寻找一个多少较和谐的解决方式。相反，他希望说明虽然这三个孩子的原因各不相同，但他们的立场却同时都有道理。

37　并不是说这个问题不再重要，而是说它不再牵涉人的尊严，这样就为合理的多元主义开辟了空间，见 Rawls, *Politischer Liberalismus*, S. 138, S. 228. 亦见 Jeremy Waldron, *Law and Disagreement*, Oxford 1999, S. 266—270.

无论财富是否源于某个行为者自身的表现，它都不该是应得的。

财富是经济发动机

第三种反对限制或完全禁止有道德问题的财富的基本观点认为，这种财富在某种程度上是必要的恶，因为财富对市场和经济系统的功能而言十分重要。[38] 此观点至少可以从三个不同的角度进行解读。第一，有望获得财富，是激发人们完成足够高的经济产出的必要条件。第二，若一个国家的公民无法再通过贸易获得财富，这个国家会因此失去其基于创新的竞争力。第三，财富能带来投资，就经济功能而言，这应该是重中之重。我认为，上述三种方式在将财富解读为维持经济系统的必要条件时，都出现了错误，我将对此一一作答。其中第三个角度的挑战性应该是最大的。

第一个角度假设，人只有在有望获得财富时才能有好的表现。根据这一观点，只有当人们能看到自己有机会变富时，他们才会努力接受教育或上大学，并在之后努力工作，力争取得最好的成绩。只有在这种情况下，才会有人愿意承担自主创业的风险，并咬牙忍受这种创业初期的艰苦常态。[39] 但一个社会中不是所有人都能变富，甚至都不会很多。因此，主张多数人无论变富的几率多么微乎其微

---

38 见 Hayek, *Der Weg zur Knechtschaft*, Kap.3，及 *Die Verfassung der Freiheit*, Kap.21.

39 这种观点是卡尔·霍曼主张的经济伦理的基础，见 Homann, "Die Bedeutung von Anreizen in der Ethik", S. 187—210，及 "Moralität und Vorteil", in Homann, *Vorteile und Anreize*, Tübingen 2002, S. 176—186.

都依然受此激励的观点，至少并不能让人信服。另外，还有许多人对财富根本没有想法，但依然表现优秀。因此，明显也有诸如责任感、对职业的爱好或者干脆就是想把自己的事做好的愿望这样完全不同的原因存在，[40] 而这些均与财富无关。所以，能激励人们力争做到最好的看来还有其他因素。

但将财富理解为表现动力的想法不是毫无道理。因为其实不需要所有人都有获得财富的机会，只要部分人有这个机会就够了。当财富的机遇能激励这些人，让他们表现得更好，这就会带来两种值得我们在这里关注的总体效果。一种是财富与动机之间将产生一种象征性的联系，另一种是这些人将从根本上巩固社会中的基本财富导向。他们能用自己的财富进行象征性消费，并借此表现出自己高人一等。其他人则会试图赚更多的钱，以便能更好地展示自己的地位，这样一来即使他们自己根本无望获得财富，但他们还是会竭尽全力表现出富有的样子。[41] 我在第四章中描述的财富导向就是这样形成的——随之而来的还有总体上的业绩导向。

这样一来，财富的诱惑力能全面推动业绩提升，而这只需要一小部分人真正有在现实中变富的机会。但这一论断最终还是经不起推敲，因为它只说明财富导向作为一种工具，能被视为促成总体上人们愿意有所作为的充分条件，但却无法证明财富导向同时也是必

40　理查德·森内特生动描述了他称之为"匠人精神"（craftsmanship）的质量导向，见 Richard Sennett, *Handwert*, Berlin 2008，及 *Zusammenarbeit. Was unsere Gesellschaft zusammenhält*, München 2014，及 *Respekt im Zeitalter der Ungleichheit*, S. 244，和 *Die Kultur des neuen Kapitalismus*, S. 153.

41　见 Williamson, "Is Property-Owning Democracy a Politically Viable Aspiration", S. 287—306.

要条件。如果要驳斥财富的必要性，我们可以进一步假设，对社会整体来说，多数人积极性高是好事，因为这有助于全社会的富足。但这并不一定需要财富导向，正如上述讨论已经说明的那样，除财富外还有一连串其他动机，在其共同作用下，人们一样能对有所作为抱有坚定的决心，这包括责任感、对工作的热爱以及想把事情做好的需求。如果财富在道德层面的确问题多多，而且存在其他能推动人们积极性的方法，那么明显应优先选择第二条途径。

也有一些迹象表明，由于金钱取向似乎在整体上取代了其他取向，因此财富作为推动积极性的动机，取代了责任感、合作意愿等其他动机。但正如一项著名的实验表明的，当酬劳相对较高时，人们的献血量不升反降。[42] 之前几章提到的金钱与身份间的关联，能为此提供间接解释。至少在市场社会里，金钱与身份等级和竞争逻辑相挂钩。这与献血的利他主义思维不相符。而当一个社会将自己的财富导向转变为福利导向时，金钱对身份等级的意义也会降低。通过这种方式，具备合作属性的动机将更有可能发挥效用。

第一个角度的立场无法为在道德上成问题的财富提供合理的存在理由，因为它不能证明只有金钱和财富才能激励人们的积极性，并从而提高福利水平。那么第二个角度呢？该立场认为，如果一个

42　理查德·提特姆斯（Richard Titmuss）1970 年时就指出了这一联系，见 Richard Titmuss, *The Gift Relationship. From Human Blood to Social Policy*, New York 1997. 但目前看来，与大金额奖励相比，金额较小的奖励不会打消利他主义取向，这方面可参见 Lorenz Götte u.a., "Prosocial Motivation and Blood Donation. A Survey of the Empirical Literature", in *Transformation Medicine and Hemotherapy* 37/3 (2010), S. 149—154，以及 Lorenz Götte u.a., "Active Decisions and Prosocial Behavior, A Field Experiment in Blood Donation", in *Economic Journal* 121/556 (2011), S. 476—493.

国家的人口不再追求财富，而且企业也被禁止拥有多余的财富，那么该国就会失去其创新能力。这里涉及的不再是多数从业人口的普遍积极性，而是指企业以及企业所有者。富有的企业有能力将较多的钱投入研发，虽然没人清楚到底最终能否制造出可被投入市场的产品。如果存在许多能将所有钱都投入研发的富有企业，那么就有可能产生几项带来极大竞争优势的创新，这些创新甚至还有可能颠覆整个行业及其市场。[43] 比如富有的互联网巨头及其创新科研项目就是这样的例子，像谷歌研发自动驾驶汽车的实验。

首先，对企业家个人来说，有望获得财富推动着他们追求某些风险极高的创新发明。若不是因为有可能获得财富，他们或许不会愿意承担这样的风险，那么相关的创新以及企业的创建也就没有着落。[44] 而已经很富有的企业家正是因为其手中的财富，才能从事那些因不保险而无人问津的项目。这两种情形都意在说明，国民经济能从创业和创新中获益，因为创业与创新能带来经济增长与更多的工作岗位。根据这一立场，创新者的财富对所有社会成员都有好的影响。但这样的想法未必正确，因为此种创新是否真的需要财富并没有得到澄清。而且就算我们假设该想法无误，创新的积极影响也肯定无法成为创新依赖财富的合理理由。

---

43 比如约瑟夫·熊彼特（Joseph Schumpeter）的"创造性破坏"（schöpferische Zerstörung）概念说的就是这一现象，见 Joseph Schumpeter, *Kapitalismus, Sozialismus und Demokratie*, Stuttgart 2005, Kap.7，及 *Theorie der wirtschaftlichen Entwicklung*, Berlin 2006, S. 157.

44 这一点的重要性从例如增长目标在创业理论和文化中的核心作用中就能看出，见 Christine Volkmann/Kim O. Tokarski, *Entrepreneurship. Gründung und Wachstum von jungen Unternehmen*, Stuttgart 2006, Kap.7.

企业或企业家必须富有或有望获得财富才能实现重要的创新，这种假设还是建立在金钱才是经济活动的核心动机这一前提之上。但为什么就不能是另一番情景，也就是在没有财富的社会中，完全不同的动机一样能推动人们创业并从事创新？另外，可能还存在许多已经不再强求利益最大化，而是为创造力和创新开辟空间的企业。[45] 金钱激励已经成为经济系统的主要调节因素这一事实，甚至可能不仅抑制了利他主义，也压抑了创造力。根据这一思路，企业的财富导向带来的譬如工作伦理与管理体系，不仅不会促进，反而会压抑创造力。[46] 而不以财富为导向的社会的创新能力可能甚至更高，因为更多人觉得他们可以开发自己的能力。另外，我们还将有空间来创造更好的教育体系，而这又能进一步促进创新，我将在下一章对此进行说明。这一切无论在理论上还是在现实中都绝非无法想象，所以排除这种可能性并不能为财富提供令人信服的理由。

而且就算我们假设财富有助于某种特定的创新，也只有财富才能实现这种创新，我们也无法以此为财富提供合理的理由。因为我们不清楚这种创新是否真的有利于所有人，尤其是社会弱势群体整体的福祉。推动这种创新能力形式需要的整个财富成本，可能高到远超其积极效果。[47] 虽然这或许能带来增长，但巨大的收入不平等同时也会大幅推高价格，经济增长因此对那些从中获益最少的群体

45　见 Sukhdev, *Corporation 2020*, S. 219f.

46　见 Luc Boltanski/Ève Chiapello, *Der neue Geist des Kapitalismus*, Konstanz 2003, S. 129—142.

47　见 Atkinson, *Inequality*, S. 281—299.

来说，没有任何积极效果可言。甚至他们在某些基本商品上的购买力也可能下降。[48] 但最关键的还不是金钱上的成本效益账，而是在道德上成问题的财富给人带来的尊严成本。从规范性角度看，上两章已经讨论过的这一尊严问题，要比财富带来的额外创新及增长潜能更重要。

为财富辩护的第三种角度提到财富在投资中扮演的角色。如果一个国家禁止大规模的财富，那么这将对投资产生负面影响，尤其是来自外国企业和银行的投资。根据这一合理的假设，投资人只在自己能获得相对较保险的高收益时才会进行投资。[49] 对团体行为者来说一定如此，因为他们的专业目标就是利益最大化。[50] 与其他潜在投资地点相比，某地只有在能提供明显更高或更保险的收益时才能获得投资。而一个禁止财富的国家对投资的吸引力则显得特别低，因为那里的利润一定会非常低。也许这笔收益的保险系数非常高，但即便如此，仅这一点吸引力对投资来说还是不够。

要是没有外国投资，一个经济体因此受到的影响将格外明显。我们只需回想一下上一章中提到过的德国、奥地利和瑞士等国获得的直接外国投资数据，就很容易明白这种影响。根据美国中央情报局的《世界概况》，德国 2013 年的外国直接投资约为 13350 亿美

48　因为票面上的收入增长不一定就是真实的收入增长，也更不一定与相对收入保持一致。这一重要的认识源于 Fred Hirsch, *Die sozialen Grenzen des Wachstums. Eine ökonomische Analyse der Wachstumskrise*, Reinbeck 1980.

49　经济学家称之为"风险回报"。

50　Homann/Suchanek, *Ökonomie*, S. 53—59.

元，奥地利为 2700 亿美元，瑞士为 9690 亿美元。[51] 这些投资总规模究竟有多大，从这些国家的国内生产总值中就能看出：世界银行的数据显示，德国 2013 年的国内生产总值为 36350 亿美元，奥地利为 4150 亿美元，瑞士为 6510 亿美元。[52] 若大部分直接投资因为这些国家无利可图而被撤走，不难想象这将带来怎样的后果。[53]

禁止财富带来的劣势将导致投资流失，这无法通过勤奋与简朴得到弥补，因为流失的投资总额过高。另外，我们需要注意上述数据涉及的还只是外国直接投资，而国内投资也可能因此出走。在这一背景下，只强调禁止财富是为了尊严，却不提资本出走导致人们失去小康的生活水平也会有损尊严，显得并不恰当。规模可观的资本流失危险之大，或将导致严重的经济崩溃，这同样会让人失去尊严。但禁止财富是否真的一定会造成大规模资本流失，还是一个有待回答的问题。但我们至少可以想象存在能够避免这种流失的措施。我将简短介绍三种措施来说明禁止财富不一定会带来致命的资本流失。

第一，禁止财富的改革要逐步推进，只要没有过激的决裂，就不会出现资本大规模流失的千钧一发之刻。第二，为根除财富对尊严的根本负面影响，尤其应当被禁止的是个人财富，而非企业财富。只要这一禁令不包括企业行为者，就能维持该国对投资的吸引

51　见本书第六章脚注 63。

52　见本书第六章脚注 64。

53　见 Mises, *Vom Wert der besseren Ideen*, S. 101—118.

力，因为企业行为者以及企业背后的外国投资方依然能够获益。第三，经济系统改革要能一方面在没有大规模资本流动的前提下保持稳定与高效，另一方面能借助优秀的基础设施向外保证高度的稳定性，这样即使收益预期较低，也能使投资具备吸引力。

我将在下一章详细论述这三点，因为财富是否是必要的经济驱动力这一问题的讨论结果还不够清晰。以成果为导向的动机以及在经济上可衡量的创新能力，是可以在没有财富参与的情况下实现的。此外，与经济效益相比，保护人们不因财富和财富导向而失去尊严在原则上具备优先性。不过，鉴于资本和投资均与收益预期挂钩，禁止财富导致预期降低，从而使资本外流与重要投资出走的情况是可能发生的。经济效益因此受到的影响程度之高，或将给**尊严共存**带来严重的问题。以防经济崩溃，我们必须找到这个问题的解决办法。在我看来，这是废除有道德问题的财富的过程中真正棘手的要点所在。

财 富 的

道 德 问 题 REICHTUM

ALS

MORALISCHES PROBLEM

第八章

摆 脱 有 害 的 财 富

只要一国的经济情况不受严重影响，直接禁止有道德问题的财富在原则上没什么好反对的。[1] 我已经在上一章论证了这一点。禁止财富在原则上不是难以想象的事。但在现有的政治条件下，想要实现相应的法律规定却显得根本不现实。除此之外，从规范性角度看，还有另一个重要的间接反对理由，也就是禁止财富直接忽视了许多人以合理的方式对幸福生活形成的设想，而这本身又意味着人的个性尊严没能得到尊重。那么是否能由此得出我们对有道德问题的财富束手无策的结论？当然不是。恰恰相反，频繁的小幅改革步伐累积在一起，就能逐渐引导社会朝着废除有道德问题的财富的方向发展，并开创建立无财富的人道主义小康之路。

在最后一章中，我将分三步讨论长期改革的可能性。第一步聚焦这种对方向进行改革的规范性基础。这一方面意味着要顾及富有行为者的合理诉求，另一方面意味着要恰当地将现实情况考虑在内，也就是说不执着于毫无意义的道德至高点，而是将实际的利益

1　詹姆斯·斯科特（James Scott）将这一观点总结如下："一个由小农场主和店主主导的社会，比任何一种迄今为止设计出来的经济体系都更接近平等，更接近生产工具由民众持有的状态。"见 James Scott, *Two Cheers for Anarchism*, Princeton NJ 2012, S. 100.

与权力关系考虑在内，这当然也不代表着因此变得过于保守，从而低估改革的潜力。[2] 第二步，我将论述三种可能的改革方法：第一种是对极高的工资设置上限，第二种是对遗产税和赠与税进行改革，第三种涉及对企业盈利与资产征税。第三步，我将说明何种情况以及何种实施规模才能确保这些改革方法有望成功。

与更具哲学抽象特质的前几章相比，本章最后一节的政治性更强。我在最后的部分将本书带入一个政治方向，是因为我确信如果实践哲学不想被贴上不切实际、不食人间烟火的标签，就必须将在政治上付诸实践的条件考虑在内。这显然与学术的价值自由理念相悖，但却合乎学术性的要求。从事实践哲学研究的哲学家们总专注于规范性假设，并从中得出他们认为有充分理由支持的规范性结论。因此，只要这些假设与结论真实且有理有据，它们就能被视为学识。但至于它们到底是否真实且有理有据，当然充满争议，这就是学术性问题的常态。倘若实践哲学家认为他们从事的是规范性学问研究，那么只有当他们也对其结论的规范性后果以及实践可能性进行反思时，才合乎情理。

合理利益与政治改革力

直接禁止财富会给许多富人带来极其负面的影响。他们的财富

2　罗尔斯在谈及这一点时提到现实乌托邦，见 John Rawls, *Das Recht der Völker*, Berlin 2002, S. 13—25.

将大幅缩水，他们的收入也将明显下降。对团体行为者来说，该禁令还会产生深远的影响。比如企业——在某些情况下教会和基金会也属于这一行列——必须放弃自己的一部分资产。但正如我们已经在第四章看到的，对团体行为者而言，很难界定其财富什么时候从功能角度看是合理的，什么时候不是。这方面还需要进一步的专门研究。尽管如此，由于团体行为者非个人，因此也谈不上拥有自己的人格和个性尊严，也不直接拥有权利，所以它们的合理利益已被自动考虑在内。[3] 团体行为者的利益只能从纯粹的功能角度来理解。

考虑到团体行为者的这些特点，我的讨论将只关注个人的合理利益。我们不难设想富人不仅拥有奢华的生活方式，而且这种生活方式还成了他们个性的重要组成部分。他们可能是汽车发烧友，可能在世界各地都有朋友，可能酷爱打高尔夫，或者是位葡萄酒行家。剥夺他们的财富，就相当于侵犯他们的个性。因为连同财富一起被带走的，是他们在未来继续做自己，继续如已所愿维持他们过去的样子的可能性。[4] 这对他们的个性来说绝对是个问题，因为这种行为就是在向他们宣告，他们基于财富发展出来的个性不值得特别的尊敬。

对财富持批评立场的人当然对此表示赞同，而且他们也真的认为如果变富对一个人来说具备根本的重要性，那么此人的个性就

3　见 Neuhäuser, *Unternehmen als moralische Akteure*, S. 119—132. 与此不同的观点见 French, "The Corporation as a Moral Person", S. 207—215. 及其 *Corporate Ethics*.

4　见 Amartya Sen, *Die Identitätsfalle. Warum es keinen Krieg der Kulturen gibt*, München 2007, S. 46—53.

不值得被尊敬。偏激的宗教信徒与傲慢的知识分子不值得他人尊敬他们的个性，因为这些人的个性完全有赖于他们不对他人的个性表现出同等的尊敬。问题不是他们信教或者他们知识渊博，而是他们对生活方式与他们不一样的人缺乏尊敬，他们没能认识到其他人的个性与他们自己的个性一样宝贵，即使其他人不信教或宗教信仰不同，或者对脑力工作没有兴趣。[5]

也就是说，偏激的宗教信徒与傲慢的知识分子所代表的那群人，其个性自尊建立在不尊敬其他人个性的基础之上。同样的批评应该也适用于富人。他们尊敬自己以及与他们一样的人，是因为他们富有，而他们不尊敬其他人是因为他们穷。肯定有许多富人是这样，但也有许多富人不是这样，而这正是关键所在。宗教人士与知识分子中也有对别的生活方式与个性表现出同等尊敬的人。因此，上述不尊敬他人的批评只适用于偏激与傲慢之人。富人跟知识分子一样，他们中间也可能有人不一定很傲慢。如果一个人在享受其财富的同时，并不否认他人的个性也值得同等的尊敬，那么此人的个性从根本上来看就不算不尊敬他人，所以其个性本身首先也值得尊敬。

但我在前几章也论证了财富存在严重的道德问题，因为它会或直接或间接地导致侵犯尊严的行为。那么怎么可能一方面断言财富能导致侵犯尊严的行为，但另一方面却说富人的个性不一定具备

5　见 Neuhäuser, "Selbstachtung und persönliche Identität", S. 448—471.

侵犯他人尊严的特征？有人可能会指出，这意味着富人必须认清他们对自己财富的使用方式。但答案没有这么简单。富人之所以相对无辜，是因为其财富对尊严造成的侵犯通常并不是多数富人有意为之，甚至他们往往根本没有意识到这一点。[6]

许多富人在自己财富的巨大作用下形成了独特的个性，但他们并没有过错，他们只是习惯了财富以及财富带来的便利。或许他们真的就是享受财富，而在习惯的作用下，他们终有一天无法再设想不同的生活方式。他们逐渐围绕着财富建立起自己对幸福生活的理解；但他们也接受并且尊重其他人同样能拥有美好的生活。也许他们有时甚至会暗中钦佩这些人的简朴与游刃有余，而他们则因社会约束无法感受到这些。由于富裕的生活已经成了他们的现实，所以富人的个性尊严与财富的道德问题之间确实存在冲突。一方面，鉴于财富能导致严重的道德问题，废除财富因而显得恰如其分。但另一方面，反对观点认为禁止财富将侵犯富人的个性尊严。

不过，这一冲突可能也不算什么真正的困境。[7]我们最终肯定能解决财富带来的道德问题，毕竟还存在诸如贫困、气候变化、维系民主以及市场功能这样的重大议题。然而，提到富人的个性尊严就必然涉及规范性意义，有几种不同的可选方案能逐步消除存在道

---

6 所以与此相关的妥协不是玛格利特所说的"烂妥协"，见 Margalit, *Über Kompromisse—und faule Kompromisse*, Berlin 2011，而是能展现出这种姿态与明确的种族主义和性别主义姿态之间的差别。

7 如果说我们对困境的理解是两种行动方案都是错的，都应被禁止的话，见 Thomas E. Hill, "Moral Dilemma, Gaps, and Residues. A Kantian Perspective", in H. E. Mason (Hg.), *Moral Dilemma and Moral Theory*, New York 1996, S. 167—198.

德问题的财富。我们既可以立竿见影地禁止财富，也可以通过一系列改革措施逐步废除财富。而尊重富人的个性尊严要求我们采取第二条途径。这能让他们有机会从容地改变自己的生活方式和个人认同，适应变化了的局势，但同时又不至于在某种程度上丢失颜面。

选择改革途径，而不是采取革命性的废除方案，还有另外的原因。也就是突然禁止财富的成功几率极低。如今，就连像税法这样道德正确的小改革似乎都无法被实现。这样的形势带来了两个难以回答的问题。第一，没人清楚为什么均等主义改革这么难以贯彻，按理说，这种改革能为保护人的尊严与自尊带来相当多的有利条件。第二，我们不清楚执行的可能性会对规范性考量产生多大的影响。[8] 不过，如果在斟酌哲学上合理的正义观点对政治有何影响的同时，把在正义观上站不住脚，甚至可能是不道德的立场系统考虑在内，难道不会导致我们在这样的立场中涉足过深吗？

为什么旨在禁止财富的改革显得那么不切实际？像在德国、奥地利与瑞士这样的国家，多数选民不支持在例如收入、财产或遗产税方面实施高税率，看上去令人感到诧异。[9] 尤其是想到其实存在只对收入极高、财产极多的名副其实的富人征税的可能性，而这可

8　杰拉德·科恩采用了极端立场，对他而言，这些考虑都不重要。见 Cohen, *Rescuing Justice and Equality*. 另一方面，伯尔纳德·威廉姆斯、雷蒙德·古伊斯等学者则持不同观点，他们认为与道德相比，政治因素具备优先地位，见 Bernard Williams, *In the Beginning was the Deed. Realism and Moralism in Political Argument*, Princeton NJ 2007; Geuss, *Kritik der politischen Philosophie*.

9　赫尔穆特·盖斯堡尔（Helmut Gaisbauer）对奥地利的相关情况进行了分析，见 Helmut P. Gaisbauer, "'Option für Vermögenden'. Analyse und Kritik österreichischer Steuerpolitik zur Vermögensübertragung", in Gaisbauer (Hg.), *Erbschaftssteuer im Kontext*, Wiesbaden 2013, S. 165—184.

大概只牵涉 5%，甚至是 1% 的人口。[10] 从自私的角度看，其余人口能从中获益颇丰，因为征税能重新分配收入，国家也能借此推进众多惠及绝大多数人的公共项目，比如在教育领域。但为什么多数选民不愿支持这种税收制度？这个疑问或许有很多答案。也许人们没有正确理解他们自身的处境，他们以为他们不会从中获益。也许他们深信的意识形态让他们对高税收持怀疑态度，让他们将之视为偷盗。也许他们觉得他们无法在政治上实现自己的立场，因为在政治体系中拥有权力的确实是富人。

但我想，有一种解释应该能说明其实多数人的社会理论问题意识一点儿也不差。在已经全球化却仍广泛缺乏监管的经济秩序下，每一个国民经济体都承受着巨大的竞争压力。[11] 若富有的行为者被征税过高，他们很快就会将自己的财富转移至国外。就连金融市场也不会再在这个国家投资，因为这里的高税收显然意味着其收益预期比其他国家低。所以当地经济保证未来正常运转所需的资本会渐渐流失。而资本流失又会导致工作岗位减少，以致普遍小康的生活水平一去不复返。我想，多数人明白其中的问题所在，因此他们才愿意接受其实他们认为并不公正的经济政治措施。[12]

10　Piketty, *Die Schlacht um den Euro*; Stiglitz, *The Great Divide*.

11　Ulrich, *Integrative Wirtschaftsethik*，及 "Ist die Weltwirtschaft gnadenlos?"，S. 130—154，和 *Zivilisierte Marktwirtschaft*, S. 146f., S. 162f.

12　例如对《跨大西洋贸易及伙伴投资协议》的讨论就是很好的例子。批评观点主要集中在反对降低消费者标准和环境标准，以及反对私人仲裁机构，但讨论鲜少提及此协议也能成为由下至上的再分配工具。见 Valentin Beck (Hg.), "Schwerpunkt 'Gefährdungen der Menschenrechte und Demokratie am Beispiel von TTIP'", in *MenschenRechtsMagazin* 21/2 (2016), S. 95—128.

出于这个原因，想立刻直接禁止财富根本不现实。至少在短期内，这对一个经济体极具毁灭性，一国国民当然不愿承受这种后果。但这是否意味着小步推进的长期改革本身也不现实？我在前面几章已经间接否认了这一担忧。我的理由是，即使没有少数富有之人，来自众多小康行为者的投资资本也能保障一个经济体系的稳定与高效。而其中的挑战在于，少数富有行为者的资本必须被逐步重新分配给众多富足的行为者，而这种再分配的过程不能让富有行为者有机会将大笔资本以合法的手段转移至国外，否则再分配将失败。[13] 所以关键问题是，这一改革计划能否成功，以及如何成功。因为上述问题的答案在我看来，取决于如何在现实中传达，以及如何在政治上贯彻改革。

三点原则上的建议也许有助于回答这一系列难题。首先，富有行为者在转移资本时仍要面临相当高的交易成本。他们必须寻找其他更适合的投资地，即便他们可能并不熟悉这些地方，其可预测性对他们而言也相对较低。如果他们必须移居国外，比如为了在别处工作，或为了规避自己国内的财政部门，他们还得考虑常常随之而来的文化及社会成本。一个国家当然也能提高这方面的交易成本，例如通过有针对性的行政费用或税收。我不认为有任何理由能反对一国政府为保证在其领土内获得的资本收益不外流，而采取相应

13　见 Streeck, "A Crisis of Democratic Capitalism", S. 1—25, 及 *Gekaufte Zeit*, S. 94, S. 102, S. 133.

措施。

再者，除科技外，创造价值的核心因素依然不是钱，而是工作。[14] 一般提及大笔资本突然离开某国时，我们多半说的是钱，而不是劳动力。当然，对某些高度专业化的从业人员来说，如果他们无法在某国致富，他们就会离开那里。但对大多数受过良好教育的人来说，他们想要的可能只是过上小康生活，而不是赚取财富。当社会与国家导向从财富逐步移至小康时，这部分劳动力还在。不过，钱对于维持经济循环来说当然还是必需的，因为钱在这里具备典型的信息沟通以及激励作用。[15]

最后，第三种完全可行的做法就是降低生产对大规模资本的依赖。尽管钱对于传达哪些领域值得投资、哪些商品有市场这些信息来说依然必要，[16] 但这不一定意味着大量资本必须被掌握在少数富人手中。相比之下，众多只算小康的行为者能进行联合投资，而他们的消费甚至能更好地体现哪些商品才是被许多人需要的，这样一

14　这不是马克思主义者独有的观点，也不以创造剩余价值的只有（体力）劳动这一看法为前提，重要的是要看到，最终与金融经济相关联的，是由商品生产和服务行业构成的实体经济，这就够了。可参见 Piketty, *Die Schlacht um den Euro*, S. 31f.

15　见 Christoph Deutschmann, "Geld und kapitalistische Dynamik", in Sylke Nissen/Georg Vobruba (Hg.), *Die Ökonomie der Gesellschaft*, Wiesbaden 2009, S. 57—71; Christoph Deutschmann, "Geld als universales Inklusionsmedium moderner Gesellschaften", in Rudolf Stichweh/Paul Windolf (Hg.), *Inklusion und Exklusion. Analysen zur Sozialstruktur und sozialen Ungleichheit*, Wiesbaden 2009, S. 223—239.

16　约瑟夫·凯伦斯（Joseph Carens）曾给出建议称，要使信息供给与高低不同的收入水平脱钩，雇主可以为工作提供一笔数额一定的钱，但员工却不以净收入的形式得到这笔钱，见 Joseph Carens, *Equality, Moral Incentives, and the Market. An Essay in Utopian Politico-Economic Theory*, Chicago 1981，及 "Rights and Duties in an Egalitarian Society", S. 31—49. 但这个建议的缺陷在于，它低估了现实中贬值的货币将对雇员造成怎样扭曲的严重影响。

来，市场对利益的考量就能变得更加平等。[17]而且与富有行为者相比，小康行为者将其资本、住处及生活重心转移至国外的几率较低，因为针对财富的税收制度几乎不会对他们造成任何影响。

尽管我提出了这些建议，但如果没有配套的国际规则调整来确保资本快速外流将付出极高的代价，那么从财富社会向小康社会转变的成本很有可能极高。[18]也就是说，要想逐步废除有道德问题的财富，降低全球经济和金融体系对单个国家束缚程度的国际合作是改革的前提。只有这样，我们才能营造出合适的环境，让足够多的选民投票支持这一影响深远的税收改革，从而真正有效地遏制道德上有问题的财富。但这是否意味着，在这种国际甚至是全球改革实现之前，根本不存在任何回旋余地？或者说，是否存在某种小步伐的改革政策能够应对这一挑战？我将在下节讨论这个问题。

通过税收与经济改革废除财富

上一段说明了在废除道德上有问题的财富时，要顾及富有行为

17　购买行为揭露的喜好（"显示性偏好"，revealed preferences），在经济理论中发挥着重要作用，该理论的提出者是保罗·萨默尔森（Paul Samulson），见 Paul A. Samuelson, "A Note on the Pure Theory of Consumers' Behavior", in *Economica* 5 (1938), S. 61—71；对此的批评观点见 Amartya Sen, "Choice Function and Revealed Preference", in *Review of Economic Studies* 38/3 (1971), S. 307—317, 及 "Behaviour and the Concept of Preference", in *Economics* 40 (1973), S. 241—259.

18　研究正义论的学者正是出于这个原因呼吁征收各种各样的全球税。见 Gillian Brock, "Taxation and Global Justice. Closing the Gap Between Theory and Practice", in *Journal of Social Philosophy* 39/2 (2008), S. 161—184; Paula Casal, "Global Taxes on Natural Resources", in *Journal of Moral Philosophy* 8/3 (2011), S. 307—327; Wollner, "Justice in Finance", S. 458—485. 但这些要求是否切实可行是另一个问题，且并不在这些学者的考虑范围内。

者的合理利益。他们通过合理的方式实现了自己对幸福生活的想象，而一夜之间剥夺他们这种可能性不是妥当的做法，缺乏对其个性尊严的尊敬。此外，上节讨论还指出，富有行为者的经济实力强大，他们因此具备相应的威胁潜力。如果税收法规不能给他们带来一丁点好处，他们可以将自己的资本转移至国外，并利用这种威胁对一国经济施加巨大的压力。考虑到这种潜在的威胁，以及出于对失去整体小康水平的担忧，许多国民不会赞成相应的税收法规。但我们并未因此陷入不可避免的困境之中，小步伐的改革仍然可行。我将在此节讨论中说明这一点。我的基本思路是，税收立法的小步改革可以逐渐使获取财富变得越来越不具吸引力。[19] 在此过程中，单个改革步伐必须小到不论何时都不超过向国外转移资本的开销以及与此相关的成本。

也许还会有人对此提出异议，认为对许多高收入者和企业来说，改革总有一天会进行到在直接比较下，明显不如将其经济活动尤其是其资金转移到国外的程度。这点异议一方面有道理；但另一方面，我们当然希望到那时，社会已经通过先行改革变得不再那么严重依赖少数行为者手中的大笔资本。也就是说，为逐步废除道德上有问题的财富而进行的税收改革，必须与特定的经济体系改革并驾齐驱，而经济改革的目的是要让相对静止且对金融资本依赖性较

19　像约翰·斯图尔特·密尔和卡尔·波普尔（Karl Popper）这样的社会自由主义派学者，已经提出过这种改革方法。见 Mill, *Principles of Political Economy*; Karl Popper, *Die offene Gesellschaft und ihre Feinde. Band II. Falsche Prophet. Hegel, Marx und die Folgen*, Tübingen 2003, S. 316—328.

低的经济模式具备稳定性、生产力和国际竞争力。[20] 我想在此处就这种政策可能是什么样的略谈一二。我感兴趣的不是给出涵盖所有经济政治边界条件与偶然性的具体建议，而是想澄清不被财富支配且具备竞争力的经济体系不是不切实际的乌托邦，而是现实的乌托邦。[21] 之所以现实，是因为只要具备政治上的意愿，这种体系长期来看的确具备可行性。此外，这种小步伐改革政策也能做到尊重富人的尊严，因为它能提供足够的自由空间，让富人能根据改变了的且整体上明显更公正的条件慢慢调整自身对幸福生活的理解，而不强求他们一夜之间放弃自己的个性。[22]

我认为，四种税收形式能为废除问题财富作出重要贡献。首先是所得税。所得税目前的税率多少呈线性上升趋势，直至达到最高税率。[23] 所得税改革的第一步可以将税率缓慢抬高至高于目前最高税率的水平。这样做的长远目标是为了实现指数级增长的税率，以便从某一收入节点开始征收几乎 100% 的所得税。但对于小步伐的改革政策来说，这一目标必须通过缓慢的税率曲线达成，这可能要持续几代人的时间。这样一来，极高的收入就会因缴税负担重而变

20　约翰·斯图尔特·密尔曾论证过，与增长型经济相比，相对静止的经济体系的可能性以及可取性，见 Mill, *Principles of Political Economy*, S. 124—130.

21　见 Rawls, *Das Recht der Völker*, S. 13—25.

22　人的个性当然还是会变，但我们也可以接受哈利·法兰克福的观点，即一个人有其特定的内在核心，有其特别在意的事。见 Frankfurt, "Identifikation und freier Wille", S. 116—137; *Sich selbst ernst nehmen*, S. 15—43, 以及 Christman, *The Politics of Persons*.

23　正因此，低收入的人才不得不支付相对于其工资来说份额较高的税收。可参见 Donald Nichols/William Wempe, "Regressive Tax Rates and the Unethical Taxation of Salaried Income", in *Journal of Business Ethics* 91/4 (2010), S, 553—566.

得越来越失去吸引力，这就能削弱财富导向。相比之下，甚至可以稍微减少中等收入的税收负担，比如最高不超过平均收入三倍这一财富界限的收入水平，这样不仅能提升中等收入的吸引力，也能巩固小康生活的导向。

如果这类所得税能得以实施，那么第二个问题就是，是否需要与之配套的资产税。[24] 反对意见认为，通过资产获得的收入也会因所得税而被相应征收重税。虽然将金钱资产转化为收入将因此不再具备吸引力，但相比之下，投资或捐助等方式的吸引力则明显增加。而支持资产税的原因在于，即使资产不被转化为收入，规模庞大的资产也意味着成问题的财富形式。大笔资产可在政治谈判中被当作威胁手段，这会使政治平等面临威胁。比如，为力求增加财富，富有的行为者将继续不惜以环境为代价，或者干脆直接利用他们的政治势力，试图为富人降低所得税。[25] 引入资产税的步伐同样必须做到极其缓慢，这样才能逐渐小步提高税率，直到资产税曲线也达到与所得税曲线类似的指数级形态。在这种情况下，积累过于庞大的资产对单个行为者来说就毫无吸引力。新产生的价值就能由此被分摊到更多规模更小的资产上。

第三，对遗产和赠与征税的方法与所得税和资产税有相似之

---

24 见 Peter Koller, "Plädoyer für progressive Erbschaftssteuern", in Helmut P. Gaisbauer (Hg.), *Erbschaftssteuer im Kontext*, Wiesbaden 2013, S. 59—79.

25 见 Alan Tohmas, "Property-Owning Democracy, Liberal Republicanism, and the Idea of an Egalitarian Ethos", in Martin O'Neil/Thad Williamson (Hg.), *Property-Owning Democracy. Rawls and Beyond*, New Jersey 2014, S. 101—128.

处。[26] 即逐步提高税率，直到税收形成指数级结构，并从某一节点开始，实施几乎 100% 的税率。同样，在不高于某一额度的情况下，遗产和赠与税的增长趋势可比迄今为止更平缓。这表明，只要能有效打击有害的财富，就连一个社会公正的国家也无需像目前一样高的开支水平，其机构也能得到精简。事实上，可以预见的是，社会下层的收入将增加，因为废除财富将会在总体上带来再分配的效果。此外还可以预料的是，创造机会更平等的教育体系将具备可行性，因为到目前为止一心想为自己的孩子确保教育优势的中产阶层，将不会对此表示反对。这点一旦成真，甚至能减轻中产的税务负担。税收曲线将在很长一段保持平缓趋势，从某一节点开始才会陡增。

与前述两种其他税收形式相比，遗产和赠与税税率曲线的对比甚至可能更鲜明。在某一相当高的额度以下，税收保持在极低的水平，这样就能保证比如父母可以继续给自己的孩子留下一笔像样的遗产。约翰·斯图尔特·密尔就已经强调过，遗产应当被允许多到可以让继承它的人一生都能凭此拥有一份安逸的收入，但遗产也不应超出这一限度。[27] 要想在德国拥有这样一份相当不错的收入，也就是年收入在 8 万欧元左右，一个人需要继承大约 300 万至 400 万

26　对遗产的社会经济重要性的另一种解读，见 Beckert, *Erben in der Leistungsgesellschaft*. 简要概述，见 Jens Beckert, "Besteuert die Erben!", in Steffen Mau/Nadine M. Schöneck (Hg.), *(Un-)Gerechte (Un-)Gleichheiten*, Berlin 2015, S. 145—153. 与此相左的意见，可参见 Thomas Straubhaar, "Hände weg vom Erbe!", in Steffen Mau/Nadine M. Schöneck (Hg.), *(Un-)Gerechte (Un-)Gleichheiten*, Berlin 2015, S. 154—164.

27　见 Mill, *Principles of Political Economy*, S. 35f.

欧元。此外，密尔认为，继承这笔钱后，一个人一生中不许再继承任何资产，这样就能防止过量的财富。也就是说，一个人的遗产账户在某种程度上已经满额。另外，密尔同时还想阻止国家通过不公正的途径靠遗产致富。因此一个人应该保有将自己的资产划分成若干份遗产，且每份遗产都不超过 300 万至 400 万欧元这一限额的可能性。

密尔之所以会提出这个建议，是因为他一方面不希望一国的社会经济差距过大，另一方面也不希望出现依靠庞大的税收收入而变得过于强大的国家机器。[28] 这对民主来说也是一个危险，因为这样的国家机器以及与之相关的政治阶层和公民的距离将越来越远。[29] 另一个与密尔无关的理由，是以企业继承为依据反对限制遗产的理由。该理由认为，如果人们再也不能继承企业，或者必须为这笔遗产缴纳高额税款，中小型家族企业将因此不复存在，而这又将破坏整个经济。[30] 但并不是没有可能应对这个问题。例如，可以通过无息或无限制贷款的形式，继承超出可继承额度的那部分企业价值，但继承人必须用超过某个额度的那部分企业盈利偿还贷款。

这就是我要讨论的第四种税收形式，即企业税。[31] 正如我在前

28　Eucken, *Grundsätze der Wirtschaftspolitik*, S. 155—179.

29　Streeck, *Gekaufte Zeit*, S. 88, S. 112; Offe, *Europa in der Falle*, S, 113—125.

30　见 Beckert, *Erben in der Leistungsgesellschaft*, S. 166—169; Hans-Jürgen Bieling (Hg.), *Steuerpolitik, Analysen, Konzeptionen, Herausforderungen*, Schwalbach 2015.

31　见 Thomas Rixen, "Internationale Steuerflucht und schädlicher Steuerwettbewerb", in Hans-Jürgen Bieling (Hg.), *Steuerpolitik, Analysen, Konzeptionen, Herausforderungen*, Schwalbach 2015, S. 38—64.

面几章反复说明的那样，如果像企业这种团体行为者过于富有，也会产生问题。他们能对政治施加不利的影响，能不顾环境问题，还能妨碍公正的收入分配。这种成问题的财富也可以通过高税收来调控。但事实上并没有这么简单，原因有二。首先，这种税收一般只针对盈利，否则就会不利于再投资和创新。但企业有能力在产生盈利之前，就用其经济手段影响政治。第二，就企业选址而言，高企业税将使一国不再具备吸引力，由于盈利预期降低，国际投资人不会再对那里进行投资。

两个原因都表明通过税收打击成问题的企业财富不是上策。但只要企业不能再以财富的形式顺利地将其盈利转移给一小部分人，或者这些人无法再滥用自己在企业里的权力中饱私囊时，税收是不是上策也就不再显得有多重要。[32] 但前提是，高管和财产所有者实际上生活在对财富明令禁止的国家，而跨国企业在这方面的情况不言自明。这些企业的相关人士及其所有者，均生活在没有相应税收的国家，因此他们能变得越来越富有。在这种情况下，企业会将总部迁至外国，这样才能继续保证高管阶层的超高薪酬。这就说明，单凭改变税收立法其实不能解决财富问题，因为由此而来的负面后果让人无法承受。

此外，社会制度，尤其是经济制度，可能还需要其他的根本性

32　有证据表明，企业管理层与某些股东团体会形成联盟，以便为自己创造尽可能多的收入。这种形式的利益最大化无法促进共同繁荣，这一点目前已经取得广泛共识。见 Joseph Heath, *Morality, Competition, and the Firm. The Market Failures Approach to Business Ethics*, Oxford 2014.

调整，才能使从财富社会向小康社会的转型成为可能。我认为有五项措施十分值得借鉴。第一，巩固中小型企业；第二，大型银行以外的金融经济；第三，注重实力的教育体系，且要能提供公正的机会均等；第四，有条件的基本收入；第五，优秀的基础设施。我在这里至少想简单解释一下，为什么这些措施能降低一个经济体对财富的依赖程度。我的目的不是要给出具体的政策建议，而是要明确应该选择怎样的方向制定这些政策，才能有利于从财富导向到小康导向的转型。

巩固中小型企业能提高经济体系整体的独立程度，使其不再依赖目前已经几乎完全全球化的超大型企业的盈利需求。[33] 这些在多国运作的企业追随利益最大化的逻辑，当在某国生产的盈利预期降低，他们能迅速准备好终止企业在那里的业务。而相比之下，中小型企业通常与当地经济结构的结合度更高。这不仅体现在社会与文化层面，而且往往还有一个优势，即匹配的企业文化能提高企业员工的工作意愿。最重要的是，因其规模较小，中小型企业在流动资金方面对全球金融市场和大银行的依赖度很低，而这些机构追求的恰恰是纯粹的利益最大化。

这就说到了第二点，大银行以外的金融经济。这种经济结构可以通过严格监管的储蓄银行、人民银行与合作银行来实现。[34] 这些银行的组织与管理方式，可以让它们向不完全以利益最大化为目标

33　见 Bourdieu, "Principles of an Economic Anthropology", S. 75—89; Streeck, *Gekaufte Zeit*, S. 133, S. 166f.

34　见 Admati/Hellwig, *The Bankers' New Clothes*, S. 169—191.

的企业贷款。原因就在于，这些小银行本身的正常运转也不必非得以利益最大化为目标。面对大笔投资时，多家小银行可以联合供资。不过有一个问题，那就是这些地区性银行可能无法维持自己的竞争力，至少在面对大型投资业务时大概会出现这种情况。是否真的如此，取决于有多少人、多少企业愿意与这类银行合作。毕竟，次贷危机证明，这些银行在危机中能比大银行表现出更高的稳定性，这是这类银行的重要品质特征，但还需得到政策法规的支持。

第三点，也是我认为特别重要的一点，就是要巩固维护公正的机会均等的教育体系。公正的机会均等与一般形式上的机会均等不同，前者是要通过教育体系弥补社会劣势。[35] 这种教育体系当然对人的个性予以同等的尊重，但除此之外，该体系还具备削弱社会对财富的依赖这一战略意义。虽然公正的机会均等要求对教育体系进行高投入，但这不仅能在总体上缩小民众间的教育水平差异，还能提高民众的整体教育水平。对企业来说，一国教育水平极高当然是一个重要的投资理由，因为大多数全球企业的核心资本不是产品、网络或机器，而是员工。这从企业如何费力聘请优秀员工中就可见一斑。一个不以财富而以小康为导向的社会所创造出的教育系统，打造的赚钱高手不多，但却能为注重实力、层级平等的企业输送众多受过良好教育的人才，而企业也会对有这种教育体系的社会进行

35　最早提出公正与形式的机会均等之别的是约翰·罗尔斯，见 Rawls, *Gerechtigkeit als Fairness*, S. 79f. 皮埃尔·巴迪欧分析了社会背景对机会不平等的规模具有怎样的意义，并指出了不易察觉的习俗与惯例在其中发挥的作用，见 Bourdieu, *Wie die Kultur zum Bauern kommt*.

投资。

接下来的一项旨在确保投资并促进从财富向小康转型的措施，是引入基本收入，但这不是无条件的。[36] 更确切地说，人们有权拥有报酬足够高的工作依然还是主导思路，但这也伴随着相应的责任。首先，如果一个人工作的要求无法被满足，那么就要有基本收入作为替代。但基本收入不能被理解为典型的失业金，因为基本收入的本质不是慈善照料服务，而是一种损失赔偿。此外，这种有条件的基本收入，还应达到能使人免于相对贫困的程度。这样规定，当然是因为人的尊严要求一个人首先要有能够通过自己的工作实现自理的可能性。如果有人因为结构性原因而无法实现自理，那么当事人有权获得同样能维护其尊严的补偿。不过，如果当事人在合理条件下不愿工作和履行与此相关的合作要求，那么此人也将失去获得基本收入的资格。[37]

由此可见，将基本收入作为损失赔偿的想法，明显不同于所谓的无条件基本收入，后者每个人都能拿，而且在很多草拟方案中远低于相对贫困线。而将基本收入作为损失赔偿的目的是要保护人的尊严，不是为了用社会契约的形式管理劳动社会中所谓的底层群体。不过，作为损失赔偿的基本收入也可以采纳负所得税的形

36　这方面的进一步讨论，可参见 Christian Neuhäuser, "Das bedingunglose Grundeinkommen aus sozialliberaler Sicht", in Thomas Meyer Udo Vorholt (Hg.), *Bedingungloses Grundeinkommen in Deutschland und Europa*, Bochum 2016, S. 41—61.

37　见 Zofia Stemplowska, "Responsibility and Respects", in Carl Knight/Zofia Stemplowska (Hg.), *Responsibility and Distributive Justice*, Oxford/New York 2011, S. 115—135.

式。[38] 如果工作岗位一直减少，人们的收入一直降低，那么就应该有越来越多的人不仅不用交税，反而还要因为自己每月的低收入，从财政部那里得到额外的国家福利。这种方法还能提供区域优势，因为这样就能降低企业在劳动因素上的开支。由于这类负所得税是为社会团结提供的资金，因此我们需要随时权衡，怎样的条件才能让民众愿意用这样的方式共同资助企业，鼓励其不要迁往国外。

许多其他基础设施同样能为企业提供优势，这是最后第五点。这些设施包括优良的道路和港口、高质量的公共能源与医疗服务等。一个以小康生活为导向的社会能够负担这些，因为被非生产性的身份消费消耗掉的资金将越来越少。拥有优秀基础设施的社会，还能在没有财富保证的情况下吸引企业与从业人员。所有上述辅助措施都能产生这样的效果，并从而有助于社会在不冒经济体系崩盘的危险下，通过改变税收立法，完成从财富到小康的导向转型。

小康社会：现实的乌托邦

逐步废除有道德问题的财富能被理解为"现实的乌托邦"，是因为对开启这一进程来说必不可少的重要税法与经济体系改革措施看上去都是能被落实的。但人们是否会参与其中，依然是个未知数。约 150 年前，约翰·斯图尔特·密尔还曾相信，大多数人会单

---

38 比如米尔顿·弗里德曼就是这样建议的，但他的最低限度可能过低，见 Friedman, *Kapitalismus und Freiheit*, S. 227—231.

纯出于自身利益赞同这样的税法。[39] 他能给出这样的结论，是因为他考虑的主要是工人阶级，以及防止财富继承的遗产税符合他们的利益。一个人继承的遗产不应超过其合理生活所需。[40] 但事实上，密尔设想的那种遗产税过于极端，根本不可能实现。超过一定额度的遗产干脆无法被继承的情况从未发生过。出于某种原因，欧洲国家的选民没有选择密尔预言的道路。这同样适用于上节中讨论过的其他改革，无论在哪儿，这些改革都没能实现必要的贯彻规模。[41]

这种保守背后有各种各样的理由，我想讨论其中三种最具说服力的解释。[42]（在此基础上，人本主义的欧洲需要全新的社会自由主义理念，我将在本书最后说明这一点。[43]）1. 多数选民从未对此类发展有过兴趣。2. 迥异的利害关系将选民过快地分化成不同的社会阶层。3. 尽管有民主参与制度，但人们在政治上依然无能为力。

第一种解释可以理解为，即使是在深思熟虑后，人们仍对废除财富没有任何兴趣。也可以理解为，人们之所以会错误地认为他们对此没有兴趣，是因为他们没有考虑清楚，或者是因为他们难以看透他们面对的意识形态。前几章应该已经能清楚表明，第一种理

39　见 Mill, *Principles of Political Economy*, S. 69f,. S. 138f.

40　同上，S. 35f., S. 127.

41　见 Beckert, *Erben in der Leistungsgesellschaft*, S. 217—227.

42　肯尼斯·加尔布雷斯指出，当有人批评富人的财富时，总会被认为是"恶趣味"，见 Galbraith, *The Affluent Society*, S. 71. 但问题是为什么会有这样的说法。第一章中提到的嫉妒肯定发挥了作用。不过，我们仍要问，为什么这种对财富批评的解读会具备如此之大的影响力。

43　可同样参见 Claus Offe, *Europa in der Falle*, Berlin 2016, S. 166—180.

解是错的。因为无论如何，这都事关保护被特定财富形式威胁的尊严，而保护自己以及他人的尊严就在于对人类利益进行反思。不过，也有可能是因为人们没能正确认识到自己的真正利益。如果真是如此，那么这就是旨在克服系统性错觉的意识形态批判的职责所在。例如，我们可以用"适应性偏好"来解释这种错觉：[44] 由于对真实情况的认知有限，以及行动的可能性有限，行为者根据其眼中客观的环境来调整其偏好，以便能尽量在其所处的世界中过上好的生活。因为他们永远不可能变富，而且他们也不愿意在嫉妒中度过自己的一生，他们干脆不承认财富中存在的问题。[45]

第二种解释认为，迥异的利害关系将选民分化成不同的社会阶层。对密尔来说，国民中的大部分是工人阶级，而工人阶级又是一个在政治根本立场上足够一致的统一群体，这保证了政治上的多数。在这一点上，密尔与马克思的看法没什么太大差别。[46] 工人阶级在政治上的团结，是密尔对遗产权改革充满乐观情绪的基础。但也有可能工人阶级从来都不曾是国民多数，或者说，在他们拥有足够的行动能力前，他们就已经随着政治权力的增长而分化成不同的

---

44 见 Jon Elster, *Sour Grapes. Studies in the Subversion of Rationality*, Cambridge 1985, S. 109—140，以及 Sen, *Commodities and Capabilities* 和 *Inequality Re-Examined*.

45 总体而言，嫉妒不算美德。但玛格丽特·拉·卡泽认为，如果嫉妒指向不公，那么它完全能被视为一种美德，见 La Caze, "Envy and Resentment", S. 31—45；亦见 Krista K. Thomason, "The Moral Value of Envy", in *Southern Journal of Philosophy* 53/1 (2015), S. 36—53. 我会对嫉妒和被伤害的正义感进行区分，后者同样常被草率地当作嫉妒，并因此受到谴责。

46 这也是据我所知唯一一个对马克思和密尔进行全面比较的研究后得出的结论，见 Graeme Duncan, *Marx and Mill. Two Views of Social Conflict and Social Harmony*, Cambridge 1973.

利益团体，从而失去了多数地位。这种解释看上去是有可能的，因为如德国、奥地利和瑞士等国的中产阶层，其利益所在也许就与传统意义上的工人阶级不太一样。

这正是托马斯·皮克提暗中主张的论证思路。他将一国人口分为上中下三层，在他看来，欧洲 2010 年的情况如下：下层约占半数欧洲人口，但他们的工作收入与资本收入只占欧洲收入的 25%；中层占欧洲 40% 的人口和 40% 的收入；相比之下，上层只占欧洲人口的 10%，但其收入却占到了 35%。（欧洲收入最高的那 1% 人口的收入占欧洲收入的 10%，而美国收入最高的那 1% 人口的收入甚至占到美国收入的 20%。[47]）

但这些数字并不能说明，下层与中层间的利害关系是否存在差异。因为如果再分配增加，那么中间阶层应该不会蒙受损失。至少，如果上述税收结构能将上层群体的收入直接分配给下层群体，那么中层应该就不会有什么损失。这完全能通过根据收入情况提高相应税率的方法来实现。当然，也有可能中间阶层单纯在主观上害怕自己会失去什么，这也能说得通。还有一种可能是，中间阶层认为自己与下层群体间的距离比平等分配更重要，因为这让他们拥有相对较高的社会地位。若真是如此，那么炫耀性消费的重要性实际上就意味着不会再出现同质化的利益。

改革未能成功的第三种解释认为，尽管有民主参与制度，但多数

---

47 Piketty, *Das Kapital im 21. Jahrhundert*, S. 249.

公民在政治上依然无能为力。即使低收入者和中间阶层能够共同构成政治多数，且他们一直都清楚自身在税收系统改革上的利益所在，但他们不具备能够贯彻这一利益的政治力量。虽然总有一些政党将相应的税法作为自己竞选纲领的一部分，但这些法律能否得以长期执行还要画上一个问号。或者如之前讨论过的，人们会担忧这样做将给国家经济带来巨大的劣势，这又会连带影响工人阶级的生活状况。如果对税改的预期过于负面，那么选民也不会投票支持相关政党。[48]

赞成这种解释的人还指出，对复杂的政治结构进行根本的改变通常需要三分之二的多数群体。但税改措施足够进步的政党与政治多数的距离如此之远，很难说他们究竟有没有能力实现他们的方案。不管是在过去还是当下，造成这种状况的主要原因，可能一直都是资本所有人会将其财产尽快转移至国外的威胁，以及被反复煽动的本国经济将因此失去国际竞争力的担忧。[49] 高税收能直接给员工带来更高的收入，并降低相应的资本利润。劳动力被剥削的情况将得到改善，投资利润将降低。无论在企业经济还是国民经济层面，这显然影响了吸引资本方面的国际竞争力。

对选民来说，假设税法变动至少会在中期内导致经济大幅萎缩，

48 见 Crouch, *Postdemokratie* 与 *Das befremdliche Überleben des Neoliberalismus*. 类似的还有如 Gar Alperovitz, *What then Must We Do? Straight Talk About the Next American Revolution*, Chelsea 2013; Reich, *Beyond Outrage*; Jürgen Habermas, "Eurodskepsis, Markteuropa oder Europa der (Welt-) bürger", in Habermas, *Zeit der Übergänge*, Frankfurt/M. 2001, S. 87. 哈贝马斯主张欧洲在政治上进行融合，以对抗金融市场的力量，见 Jürgen Habermas, *Zur Verfassung Europas. Ein Essay*, Berlin 2011, S. 51.

49 Ulrich, *Zivilisierte Marktwirtschaft*, S. 162f.

并因此对国家预算、工作岗位、收入情况及生活质量造成影响，也是合理的。因此我们可以假设，对这种变化的恐惧也将决定工人阶级和进步的中产阶层的政治行为。但我已经在上一节中讨论过这一问题的可能答案。我们能清楚地看到，遏制问题财富的税收改革，必须与社会自由主义意义上的经济结构综合改革方案同时进行，而且必须是长期有效的。但事实上，具备相应方案的政党几乎不存在。[50] 日常政治事务导致各政党对此缺乏远见。但为了能着手解决问题财富对自尊造成的威胁，为了给*尊严共存*创造契机，我们需要一种完全不同、真真正正为了实现更多正义而存在的税收制度，以及一种与之兼容的经济制度。只有这样，人们才敢参与上述实验。

这种基于小康而非财富的社会自由主义经济制度理念越能得到巩固，各政党就越有可能将其纳入自己的党纲。另一方面，这类党纲还有赖于足够多的选民支持。最后，我想说明的是，我认为这种社会自由主义经济方案无法在单个国家或全球层面得以实现，而必须是在欧洲层面。全球层面根本不现实，而单个国家主动发起的这类改革则会在富有行为者的权力面前败下阵来，因为后者始终能以将其资本转移至国外相要挟。而且这种改革到时只有在欧洲一体化倒退为代价的情况下才有可能被实现。[51] 相反，在欧洲层面，这

50　见 Offe, *Europa in der Falle*, S. 71—80.

51　沃尔夫冈·施特莱克（Wolfgang Streeck）看到了这一点，也准备好了承担代价，见 Streeck. *Gekaufte Zeit*, S. 240—256. 但他完全没有讨论所有其他坚持欧洲理念的重要原因，例如自主的财政政策并不可行。见 Piketty, *Die Schlacht um den Euro*, S. 108; Offe, *Europa in der Falle*, S. 87—112. 对施特莱克的观点明确持批评态度的讨论，见 Jürgen Habermas, "Demokratie oder Kapitalismus?", in Habermas, *Im Sog der Technokratie*, Berlin 2013, S. 138—157.

种社会自由主义理念具备成为"现实的乌托邦"的潜力。原因很简单：欧洲足够大，也足够富裕，足以牵制资本。将资本转移至国外的威胁将落空。[52]

问题是，欧洲能否制定并实施这类社会自由主义方案。[53]欧盟的成员国决策基础是全体一致，再加上不同国家利益迥异，这都是不利因素。这样看来，关键似乎在于，只有成员国首先对此表示赞同，才能取得欧洲层面的一致同意。只要有一个国家不同意，此方案可能就已经失败了。因此，在这种条件下到底是否会有单个国家力挺此类社会自由主义立场，还是个问题。这听上去又像是在说，没有问题财富的小康导向这一社会自由主义立场，在欧洲也毫不现实。不过，多变的欧洲事件史也造就出了一部思想史。其中，所有人拥有平等的尊严和价值这一理念不仅越来越重要，其释义的影响范围也越来越广。[54]在我看来，这就是欧洲有可能摒弃问题财富而朝着小康导向发展的核心原因所在。[55]

在这一进步思想史的背景之下，在欧洲层面实现社会自由主义

52　见 Habermas, *Zur Verfassung Europas*, S. 77—82，及 "Im Sog der Technokratie. Ein Plädoyer für europäische Solidarität", in Habermas, *Im Sog der Technokratie*, Berlin 2013, S. 100—104.

53　大约十年前，大卫·赫尔德（David Held）曾乐观地认为，此类方案在全球层面是可行的，见 Held, *Models of Democracy*, S. 147—259。但我们距此明显很远。即使在欧洲层面上，也很难说这一方案能否在相关国家的内政中得到多数支持。但如果说存在能实现此方案的较大政治空间，那就是欧洲。见 Piketty, *Die Schlacht um den Euro*, S. 167, S. 175.

54　Neuhäuser/Stoecker, "Human Dignity as Universal Nobility", S. 298—310; 更详尽的讨论见 Axel Honneth, *Die Idee des Sozialismus. Versuch einer Aktualisierung*, Berlin 2015.

55　见 Jürgen Habermas, "Braucht Europa eine Verfassung?", in Habermas, *Zeit der Übergänge*, Frankfurt/M. 2001, S. 118, 及其 "Im Sog der Technokratie", S. 91.

经济制度，从表面上看是完全可以料想的。但要使这一理念真的成为现实乌托邦，还必须强化两个运动。一是必须进一步巩固所有人都拥有平等的尊严与价值这一理念在全欧洲思想史中的地位，并将其树立为当代欧洲哲学讨论中的共同指导性理念。为此，我们需要一批认同社会自由主义与欧洲身份的思想家，来为这一理想共同努力。[56] 其次，社会自由主义经济制度的概念必须得到进一步深化，其可操作性也有待提高，以便能为政治方案所使用。因此，欧洲尊严哲学和欧洲社会自由主义经济制度理论，必须变得比在当代学术哲学和政治理论中的常见形式更政治化，甚至是更党派化。

56　尤尔根·哈贝马斯在这点上的建议走得还不够远，见 Habermas, "Ist die Herausbildung einer europäischen Identität nötig, und ist sie möglich?", in Habermas, *Der gespaltene Westen*, Frakfurt/M. 2004, S. 80—82，及其 "Europapolitik in der Sackgasse. Plädoyer für eine Politik der abgestuften Integration", in Habermas, *Ach, Europa*, Frankfurt/M. 2008, S. 98f.

参考书目

Acemoglu, Daron, James Robinson, *Warum Nationen scheitern. Die Ursprünge von Macht, Wohlstand und Armut*, Frankfurt/M. 2013.

Admati, Anat, Martin Hellwig, *The Bankers' New Clothes. What's Wrong with Banking and What to Do about It*, Princeton NJ 2013.

Alexander, Gregory S., Eduardo M. Penalver, *An Introduction to Property Theory*, Cambridge 2012.

Alkire, Sabina, Paola Ballon, James Foster, José Manuel Roche, Maria Emma Santos, Suman Seth, *Multidimensional Poverty Measurement and Analysis*, Oxford 2015.

Allmendinger, Jutta, »Mehr Bildung, größere Gleichheit. Bildung ist mehr als eine Magd der Wirtschaft«, in: Steffen Mau, Nadine M. Schöneck (Hg.), *(Un-)Gerechte (Un-)Gleichheiten*, Berlin 2015, S. 74—82.

Alperovitz, Gar, Lew Daly, *Unjust Desert. How the Rich Are Taking Our Common Heritage*, New York 2008.

Alperovitz, Gar, *What Then Must We Do? Straight Talk About the Next American Revolution*, Chelsea 2013.

Alperovitz, Gar, »The Pluralist Commonwealth and Property-Owning Democracy«, in: Martin O'Neill, Thad Williamson (Hg.), *Property-Owning Democracy. Rawls and Beyond*, New Jersey 2014, S. 266—286.

Amt für Statistik Berlin-Brandenburg, »Regionaler Sozialbericht Berlin-Brandenburg 2013«, in: ⟨https://www.statistik-berlin-brandenburg.de/produkte/pdf/SP_Sozialbericht-000-000_DE_2013_BBB.pdf⟩, letzter Zugriff 20. 5. 2017.

Anderson, Elisabeth, *Value in Ethics and Economics*, Cambridge MA 1993.

Anderson, Elisabeth, »Warum eigentlich Gleichheit?«, in: Angelika Krebs (Hg.), *Gleichheit oder Gerechtigkeit. Texte der neuen Egalitarismuskritik*, Frankfurt/M. 2000, S. 117—171.

Annas, Julia, *The Morality of Happiness*, Oxford 1993.

Anter, Andreas, *Theorien der Macht. Zur Einführung*, Hamburg 2012.

Appiah, Kwame Anthony, *The Honor Code. How Moral Revolutions Happen*, New York 2010.

Arendt, Hannah, *Macht und Gewalt*, München 2013.

Arneson, Richard, »Luck Egalitarianism and Prioritarianism«, in: *Ethics* 110/2 (2000), S. 339—349.

Arneson, Richard J., »Luck and Equality«, in: *Aristotelian Society Supplementary Volume* 75/1 (2001), S. 73—79.

Arnoldi, Jakob, *Alles Geld verdampft. Finanzkrise in der Weltrisikogesellschaft*, Frankfurt/M. 2009, S. 11—21.

Arvan, Marcus, »First Steps Toward a Nonideal Theory of Justice«, in: *Ethics and Global Politics* 7/3 (2014), S. 95—117.

Atkinson, Anthony, *Inequality. What Can be Done?*, Cambridge MA 2015.

Barber, Benjamin R., *Consumed! Wie der Markt Kinder verführt, Erwachsene infantilisiert und die Demokratie untergräbt*, München 2008.

Barry, Christian, Sanjay G. Reddy, *International Trade and Labor Standards. A Proposal for Linkage*, New York 2008.

Baughn, Christopher, Nancy L. Bodie, Mark A. Buchanan, Michael B. Bixby, »Bribery in International Business Transactions«, in: *Journal of Business Ethics* 92/1 (2010), S. 15—32.

Baumann, Zygmunt, *Flüchtige Zeiten. Leben in der Ungewissheit*, Hamburg 2008.

Beck, Valentin, »Theorizing Fairtrade From a Justice-Related Standpoint«, in: *Global Justice. Theory,*

Practice, Rhetoric 3 (2010), S. 1—21.

Beck, Valentin, *Eine Theorie der globalen Verantwortung. Was wir Menschen in extremer Armut schulden*, Berlin 2016.

Beck, Valentin (Hg.), »Schwerpunkt ›Gefährdungen der Menschenrechte und Demokratie am Beispiel von TTIP‹«, in: *MenschenRechtsMagazin* 21/2 (2016), S. 95—128.

Beckert, Jens, »The Moral Embeddedness of Markets«, in: Jane Clary, Wilfred Dolfsma, Deborah M. Figart (Hg.), *Ethics and the Market. Insights from Social Economics*, London 2006, S. 11—25.

Beckert, Jens, *Erben in der Leistungsgesellschaft*, Frankfurt/M. 2013.

Beckert, Jens, »Die sittliche Einbettung der Wirtschaft. Von der Effizienz- und Differenzierungstheorie zu einer Theorie wirtschaftlicher Felder«, in: Lisa Herzog, Axel Honneth (Hg.), *Der Wert des Marktes. Ein ökonomisch-philosophischer Diskurs vom 18. Jahrhundert bis zur Gegenwart*, Berlin 2014, S. 548—576.

Beckert, Jens, »Besteuert die Erben!«, in: Steffen Mau, Nadine M. Schöneck (Hg.), *(Un-)Gerechte (Un-) Gleichheiten*, Berlin 2015, S. 145—153.

Bieling, Hans-Jürgen (Hg.), *Steuerpolitik: Analysen, Konzeptionen, Herausforderungen*, Schwalbach 2015.

Bird, Colin, »Self-respect and the Respect of Others, in: *European Journal of Philosophy* 18/1, S. 17—40.

Birnbacher, Dieter, »Kann die Menschenwürde die Menschenrechte begründen?«, in: Bernward Gesang, Julius Schälike (Hg.), *Die großen Kontroversen der Rechtsphilosophie*, Paderborn 2011, S. 77—98.

Bleisch, Barbara, Peter Schaber (Hg.), *Weltarmut und Ethik*, Paderborn 2007.

Bleisch, Barbara, *Pflichten auf Distanz. Weltarmut und individuelle Verantwortung*, Berlin 2010.

Bluhm, Harald, Skadi Krause (Hg.), *Robert Michels' Soziologie des Parteiwesens. Oligarchien und Eliten. Die Kehrseiten Moderner Demokratie*, Berlin 2012.

Böhnke, Petra, »Ungleiche Verteilung politischer Partizipation«, in: *Aus Politik und Zeitgeschichte* 1—2/2011, S. 18—25.

Bourdieu, Pierre, *Die feinen Unterschiede. Kritik der gesellschaftlichen Urteilskraft*, Frankfurt/M. 1987.

Bourdieu, Pierre, *Die verborgenen Mechanismen der Macht*, Hamburg 1992.

Bourdieu, Pierre, *Sozialer Sinn. Kritik der theoretischen Vernunft*, Frankfurt/M. 1993.

Bourdieu, Pierre, *Praktische Vernunft. Zur Theorie des Handelns*, Frankfurt/M. 1998.

Bourdieu, Pierre, *Meditationen. Zur Kritik der scholastischen Vernunft*, Frankfurt/M. 2001.

Bourdieu, Pierre, *Wie die Kultur zum Bauern kommt. Über Bildung, Klassen und Erziehung*, Hamburg 2001.

Bourdieu, Pierre, »Principles of an Economic Anthropology«, in: Neil J. Smelser, Richard Swedberg (Hg.), *The Handbook of Economic Sociology*, New Jersey 2005, S. 75—89.

Bourdieu, Pierre, *Das Elend der Welt*, München 2009.

Bovens, Luc, »The Ethics of Nudge«, in: Till Grüne-Yanoff, Sven Ove Hansson (Hg.), *Preference Change. Approaches from Philosophy, Economics and Psychology*, Luxemburg 2009, S. 207—219.

Brennan, Jason, *Why not Capitalism?*, New York 2014.

Brock, Gillian, »Taxation and Global Justice. Closing the Gap Between Theory and Practice«, in: *Journal of Social Philosophy* 39/2 (2008), S. 161—184.

Broome, John, *Climate Matters. Ethics in a Warming World*, New York 2012.

Buchanan, James, *Die Grenzen der Freiheit*, Tübingen 2009.

Boltanski, Luc, Ève Chiapello, *Der neue Geist des Kapitalismus*, Konstanz 2003,

Bundesagentur für Arbeit (BA), »Arbeitslosigkeit im Zeitverlauf«, in: *Amtliche Nachrichten der Bundesagentur für Arbeit* 64/1 (2016), in: ⟨ https://statistik.arbeitsagentur.de/Statistikdaten/ Detail/201601/anba/anba/anba-d-0-201601-pdf.pdf ⟩ , letzter Zugriff 30. 5. 2017.

Bürgerliches Gesetzbuch (BGB), » § 903 Befugnisse des Eigentümers«, *BGB III Sachenrecht*, in: ⟨ http:// www.buergerliches-gesetzbuch.info/bgb/903.html ⟩ , letzter Zugriff 28. 6. 2017.

Butterwegge, Christoph, *Armut in einem reichen Land. Wie das Problem verharmlost und verdrängt wird*, Frankfurt/M. 2012.

Byravan, Sujatha, Sudhir Chella Rajan, »The Ethical Implications of Sea-Level Rise Due to Climate Change«, *Ethics and International Affairs* 24/3 (2010), S. 239—260.

Calhoun, Craig, »The Class Consciousness of Frequent Travelers: Toward a Critique of Actually Existing Cosmopolitanism«, in: *The South Atlantic Quarterly* 101/4 (2002), S. 869—897.

Caney, Simon, *Justice Beyond Borders. A Global Political Theory*, Oxford 2005.

Caney, Simon, »Climate Change and the Duties of the Advantaged«, in: *Critical Review of International Social and Political Philosophy* 13/1 (2010), S. 203—228.

Caney, Simon, »Just Emissions«, in: *Philosophy and Public Affairs* 40/4 (2012), S. 255—300.

Carens, Joseph, *Equality, Moral Incentives, and the Market. An Essay in Utopian Politico-Economic Theory*, Chicago 1981.

Carens, Joseph, »Rights and Duties in an Egalitarian Society«, in: *Political Theory* 14 (1986), S. 31—49.

Casal, Paula, »Global Taxes on Natural Resources«, in: *Journal of Moral Philosophy* 8/3 (2011), S. 307—327.

Christman, John, *The Politics of Persons: Individual Autonomy and Socio-historical Selves*, Cambridge 2011.

Celikates, Robin, *Kritik als soziale Praxis*, Frankfurt/M. 2009.

Celikates, Robin, Stefan Gosepath, *Grundkurs Philosophie. Band 6: Politische Philosophie*, Ditzingen 2013.

Chen, Shaohua, Martin Ravaillon, »The Developing World Is Poorer Than We Thought, But No Less Successful in the Fight Against Poverty«, in: *Quarterly Journal of Economics* 125/4 (2010), S. 1577—1625.

Central Intelligence Agency (CIA), *The World Factbook 2012—2016. Country Comparison. Stock of Direct Foreign Investment—at home*, in: 〈 https://www.cia.gov/library/publications/the-world-factbook/rankorder/2198rank.html 〉 , letzter Zugriff 22. 6. 2017.

Cohen, Gerald A., »Capitalism, Freedom and the Proletariat«, in: Alan Ryan (Hg.), *The Idea of Freedom.*

Essays in Honor of Isaiah Berlin, Oxford 1979, S. 9—25.

Cohen, Gerald A., *History, Labour, Freedom. Themes from Marx*, Oxford 1988.

Cohen, Gerald A., »Where the Action Is«, in: *Philosophy and Public Affairs* 26/1 (1997), S. 3—30.

Cohen, Gerald A., *If You're an Egalitarian, How Come You're So Rich?* Cambridge MA 2000.

Cohen, Gerald A., »Facts and Principles«, in: *Philosophy and Public Affairs* 31/3 (2003), S. 211—245.

Cohen, Gerald A., »Expensive Taste Rides Again«, in: Ronald Dworkin and Justine Burley (Hg.), *Dworkin and His Critics. With Replies by Dworkin*, New Jersey 2004, S. 3—29.

Cohen, Gerald A., *Rescuing Justice and Equality*, Cambridge MA 2008.

Cohen, Gerald A., »Freedom and Money«, in ders., *On the Currency of egalitarian Justice—and Other Essays in Political Philosophy*, Princeton NJ 2011, S. 166—192.

Crane, Andrew, Dirk Matten, *Business Ethics*, Oxford 2007.

Creighton, Adam, »Greece's Debt Crisis. The Price of Cheap Loans«, in: *A Journal of Public Policy and Ideas* 27/3 (2011), S. 10—14.

Crocker, David A., *Ethics of Global Development. Agency, Capability, and Deliberative Democracy*, Cambridge 2008.

Crouch, Colin, *Postdemokratie*, Frankfurt/M. 2008.

Crouch, Colin, *Das befremdliche Überleben des Neoliberalismus*, Berlin 2011.

Cunningham, Frank, »Market Economies and Market Societies«, *Journal of Social Philosophy*, 36/2 (2005), S. 129—142.

Dahl, Robert A., *A Preface to Economic Democracy*, Berkeley 1985.

Dahl, Robert A., *On Democracy*, New Haven 2000.

Daniels, Norman, »Merit and Meritocracy«, in: *Philosophy and Public Affairs* 7/3 (1978), S. 206—223.

Dennett, Daniel, »Can Machines Think?«, in: ders. (Hg.), *Brainchildren*, Cambridge MA 1998, S. 3—30.

Deranty, Jean-Philippe, Craug MacMillan, »The ILO's Decent Work Initiative: Suggestions for an Extension of the Notion of ›Decent Work‹ «, in: *Journal of Social Philosophy* 43/4 (2012), S. 386—405.

Deutscher Bundestag, »Fakten. Der Bundestag auf einen Blick«, Berlin 2015, in: 〈 https://www.btg-bestellservice.de/pdf/40410000.pdf 〉, letzter Zugriff 9. 6. 2017.

Deutscher Bundestag, *Grundgesetz für die Bundesrepublik Deutschland* vom 23. Mai 1949 (BGBl. S. 1), zuletzt geändert durch Artikel 1 des Gesetzes vom 23. 12. 2014 (BGBl. I S. 2438), in: 〈 https://www.bundestag.de/gg 〉, letzter Zugriff 29. 5. 2017.

Deutschmann, Christoph, »Geld als universales Inklusionsmedium moderner Gesellschaften«, in: Rudolf Stichweh, Paul Windolf (Hg.), *Inklusion und Exklusion. Analysen zur Sozialstruktur und sozialen Ungleichheit*, Wiesbaden 2009, S. 223—239.

Deutschmann, Christoph, »Geld und kapitalistische Dynamik«, in: Sylke Nissen, Georg Vobruba (Hg.), *Die Ökonomie der Gesellschaft*, Wiesbaden 2009, S. 57—71.

Dodd, Nigel, *The Social Life of Money*, New Jersey 2014.

Douglas, Mary, *Ritual, Tabu und Körpersymbolik. Sozialanthropologische Studien in Industriegesellschaft und Stammeskultur*, Frankfurt/M. 1986.

Drèze, Jean, Amartya Sen, *Hunger and Public Action*, Oxford 1989.

Drèze, Jean, Amartya Sen, *India. Development and Participation*, Oxford 1996.

Drèze, Jean, Amartya Sen, *Indien. Ein Land und seine Widersprüche*, München 2014.

Druyen, Thomas, *Goldkinder. Die Welt des Vermögens*, Hamburg 2007.

Druyen, Thomas, Matthias Grundmann, Wolfgang Lauterbach (Hg.), *Reichtum und Vermögen. Zur gesellschaftlichen Bedeutung der Reichtums- und Vermögensforschung*, Wiesbaden 2009.

Duncan, Graeme, *Marx and Mill. Two Views of Social Conflict and Social Harmony*, Cambridge 1973.

Dworkin, Ronald, »What Is Equality? Part 1: Equality of Welfare«, in: *Philosophy and Public Affairs* 10/3 (1981), S. 185—246.

Dworkin, Ronald: »What Is Equality? Part 2: Equality of Resources«, in: *Philosophy and Public Affairs* 10/4 (1981), S. 283—345.

Dworkin, Ronald, *Sovereign Virtue. The Theory and Practice of Equality*, Cambridge MA, London 2002.

Dworkin, Ronald, *Is Democracy Possible Here? Principles for a New Political Debate*, New Jersey 2008.

Easterly, William, *The White Man's Burden. Why the West's Efforts to Aid the Rest Have Done So Much Ill and So Little Good*, London 2007.

Easterly, William, *The Tyranny of Experts. Economists, Dictators, and the Forgotten Rights of the Poor*, New York 2015.

Eckl, Andreas, Bernd Ludwig (Hg.), *Was ist Eigentum? Philosophische Positionen von Platon bis Habermas*, München 2005.

Edenhofer, Ottmar, Johannes Wallacher, Michael Reder, Hermann Lotze-Campen (Hg.), *Global, aber gerecht. Klimawandel bekämpfen, Entwicklung ermöglichen*, München 2010.

Elster, Jon, *Sour Grapes. Studies in the Subversion of Rationality*, Cambridge 1985.

Epstein, Richard A., *Takings. Private Property and the Power of Eminent Domain*, Cambridge MA 1985.

Epstein, Richard A., *Principles for a Free Society. Reconciling Individual Liberty with the Common Good*, New York 1998.

Epstein, Richard A., *Skepticism and Freedom. A Modern Case for Classical Liberalism*, Chicago 2003.

Eribon, Didier, *Rückkehr nach Reims*, Berlin 2016.

Eucken, Walter, *Grundsätze der Wirtschaftspolitik*, Tübingen 2004.

Felbermayr, Gabriel, Mario Larch, »Das Transatlantische Freihandelsabkommen. Zehn Beobachtungen aus der Sicht der Außenhandelslehre«, in: *Wirtschaftspolitische Blätter* 2 (2013), S. 353—366.

Felbermayr, Gabriel, Wilhelm Kohler, Rahel Aichele, Günther Klee, Erdal Yalcin, *Mögliche Auswirkungen der Transatlantischen Handels- und Inves261titionspartnerschaft (TTIP) auf Entwicklungs- und Schwellenländer*, ifo- Forschungsberichte 67, München 2015.

Fenner, Dagmar, *Das gute Leben*, Berlin 2007.

Festinger, Leon, *A Theory of Cognitive Dissonance*, Redwood City 1957.

Foucault, Michel, »Subjekt und Macht«, in: ders., *Analytik der Macht*, Berlin 2013, S. 240—263.

Fourie, Carina, »What Is Social Equality? An Analysis of Status Equality as a Strongly Egalitarian Ideal«, in: *Res Publica* 18/2 (2012), S. 107—126.

Fourie, Carina, Fabian Schuppert, Ivo Wallimann-Helmer (Hg.), *Social Equality. On What It Means to Be Equals*, Oxford 2015.

Frankfurt, Harry G., »Gleichheit und Achtung«, in: Angelika Krebs (Hg.), *Gleichheit oder Gerechtigkeit. Texte der neuen Egalitarismuskritik*, Frankfurt/M. 2000, S. 38—49.

Frankfurt, Harry G., »Identifikation und freier Wille«, in: ders., *Freiheit und Selbstbestimmung*, hg. von Monika Betzler und Barbara Guckes, Berlin 2001, S. 116—137.

Frankfurt, Harry G., »Über die Bedeutsamkeit des Sich-Sorgens«, in: ders., *Freiheit und Selbstbestimmung*, hg. von Monika Betzler und Barbara Guckes, Berlin 2001, S. 98—115.

Frankfurt, Harry G., *Sich selbst ernst nehmen*, Berlin 2007.

Frankfurt, Harry G., *Ungleichheit. Warum wir nicht alle gleich viel haben müssen*, Berlin 2016.

Fraser, Nancy, Axel Honneth, *Umverteilung oder Anerkennung? Eine politisch-philosophische Kontroverse*, Berlin 2003.

Freeland, Chrystia, *Die Superreichen. Aufstieg und Herrschaft einer neuen globalen Geldelite*, Frankfurt/M. 2013.

French, Peter, »The Corporation as a Moral Person«, in: *American Philosophical Quarterly* 16 (1979), S. 207—215.

French, Peter, *Corporate Ethics*, San Diego CA 1995.

Freud, Sigmund, *Totem und Tabu. Einige Übereinstimmungen im Seelenleben der Wilden und der*

Neurotiker, Studienausgabe Bd. IX, Frankfurt/M. 2000, S. 287—444.

Frey, Bruno S., Alois Stutzer, »Happiness, Economy and Institutions«, in: *The Economic Journal* 110/466 (2000), S. 918—938.

Fried, Barbara, »Does Nozick Have a Theory of Property Rights?«, in: Ralf Bader, John Meadowcroft (Hg.), *The Cambridge Companion to Nozick's Anarchy, State, and Utopia*, Cambridge 2011, S. 230—253.

Friedman, Milton, »The Social Responsibility of Business Is to Increase Its Profits«, in: *New York Times Magazine*, September 13, 1970, S. SM17.

Friedman, Milton, Rose Friedman, *Chancen, die ich meine. Ein persönliches Bekenntnis*, Berlin 1985.

Friedman, Milton, *Kapitalismus und Freiheit*, München 2004.

Fromm, Erich, »Haben oder Sein«, in: ders. (Hg.), *Analytische Charaktertheorie*. Gesamtausgabe Bd. 2, München 1980, S. 269—414.

Fücks, Ralf, *Intelligent wachsen. Die grüne Revolution*, München 2013.

Fülleborn, Ulrich, *Besitzen, als besäße man nicht*, Frankfurt/M. 1995.

Gabriel, Gottfried, »Explikation«, in: Jürgen Mittelstraß (Hg.), *Enzyklopädie Philosophie und Wissenschaftstheorie*, Stuttgart 2005, S. 459.

Gaisbauer, Helmut P., »›Option für die Vermögenden‹. Analyse und Kritik österreichischer Steuerpolitik zur Vermögensübertragung«, in: Helmut P. Gaisbauer u. a. (Hg.), *Erbschaftssteuer im Kontext*, Wiesbaden 2013, S. 165—184.

Galbraith, John Kenneth, *The Affluent Society*, New York 1998.

Gesang, Bernward, *Klimaethik*, Berlin 2011.

Geuss, Raymond, *Kritik der politischen Philosophie. Eine Streitschrift*, Hamburg 2011.

Giddens, Anthony, *Die Konstitution der Gesellschaft*, Frankfurt/M. 1997.

Giddens, Anthony, *The Politics of Climate Change*, London 2009.

Gilabert, Pablo, »Comparative Assessments of Justice, Political Feasibility, and Ideal Theory«, in: *Ethical Theory and Moral Practice* 15/1 (2012), S. 39—56.

Gilbert, Margaret, »A Real Unity of Them All?«, in: *The Monist* 92 (2009), S. 268—285.

Gilbert, Margaret, *Joint Commitment. How We Make the Social World*, Oxford 2014.

Gilens, Martin, Benjamin I. Page, »Testing Theories of American Politics. Elites, Interest Groups, and Average Citizens«, in: American Political Science Association (Hg.), *Perspectives on Politics*, 12/3 (2014), S. 564—581.

Goffmann, Erving, *Stigma. Über Techniken der Bewältigung beschädigter Identität*, Frankfurt/M. 1975.

Goffmann, Erving, *Interaktionsrituale. Über Verhalten in direkter Kommunikation*, Frankfurt/M. 1986.

Goffmann, Erving, *Wir alle spielen Theater. Die Selbstdarstellung im Alltag*, München 2000.

Gorz, André, *Wege ins Paradies. Thesen zur Krise, Automation und Zukunft der Arbeit*, Berlin 1983.

Gorz, André, *Arbeit zwischen Misere und Utopie*, Frankfurt/M. 2000.

Gosepath, Stefan, *Gleiche Gerechtigkeit. Grundlagen eines liberalen Egalitarismus*, Frankfurt/M. 2004.

Götte, Lorenz, Alois Stutzer, Michael Zehnder, »Active Decisions and Prosocial Behaviour. A Field Experiment in Blood Donation«, in: *Economic Journal* 121/556 (2011), S. 476—493.

Götte, Lorenz, Beat Frey, Alois Stutzer, »Prosocial Motivation and Blood 263Donations. A Survey of the Empirical Literature«, in: *Transfusion Medicine and Hemotherapy* 37/3 (2010), S. 149—154.

Graeber, David, *Schulden. Die ersten 5000 Jahre*, Stuttgart 2012.

Habermas, Jürgen, *Strukturwandel der Öffentlichkeit*, Frankfurt/M. 1990.

Habermas, Jürgen, »Euroskepsis, Markteuropa oder Europa der (Welt-)bürger«, in: ders., *Zeit der Übergänge*, Frankfurt/M. 2001, S. 85—103.

Habermas, Jürgen, »Braucht Europa eine Verfassung?«, in: ders., *Zeit der Übergänge*, Frankfurt/M. 2001, S. 104—129.

Habermas, Jürgen, »Ist die Herausbildung einer europäischen Identität nötig, und ist sie möglich?«, in ders., *Der gespaltene Westen*, Frankfurt/M. 2004, S. 68—82.

Habermas, Jürgen, »Europapolitik in der Sackgasse. Plädoyer für eine Politik der abgestuften Integration«, in: ders., *Ach, Europa*, Frankfurt/M. 2008, S. 96—127.

Habermas, Jürgen, »Das Konzept der Menschenwürde und realistische Utopie der Menschenrechte«, in: *Deutsche Zeitschrift für Philosophie* 58 (2010), S. 343—357.

Habermas, Jürgen, *Zur Verfassung Europas*. Ein Essay, Berlin 2011.

Habermas, Jürgen, »Im Sog der Technokratie. Ein Plädoyer für europäische Solidarität«, in: ders., *Im Sog der Technokratie*, Berlin 2013, S. 82—111.

Habermas, Jürgen, »Demokratie oder Kapitalismus?«, in: ders., *Im Sog der Technokratie*, Berlin 2013, S. 138—157.

Häring, Norbert, Niall Douglas, *Economists and the Powerful. Convenient Theories, Distorted Facts, Ample Rewards*, London 2012.

Hahn, Henning, *Moralische Selbstachtung. Zur Grundfigur einer sozialliberalen Gerechtigkeitstheorie*, Berlin 2008.

Hartmann, Michael, *Der Mythos von den Leistungseliten. Spitzenkarrieren und soziale Herkunft in Wirtschaft, Politik, Justiz, und Wissenschaft*, Frankfurt/M. 2002.

Hartmann, Michael, »Eliten in Deutschland. Rekrutierungswege und Karrierepfade«, in: *Aus Politik und Zeitgeschichte* 10 (2004), S. 17—21.

Hartmann, Michael, *Eliten und Macht in Europa. Ein internationaler Vergleich*, Frankfurt/M. 2007.

Hartmut Böhme, *Fetischismus und Kultur. Eine andere Theorie der Moderne*, Reinbek 2006.

Hassoun, Nicole, »Free Trade, Poverty, and Inequality«, in: *Journal of Moral Philosophy* 8/1 (2011), S. 5—44.

Hausman, Daniel, *Preferences, Value, Choice, and Welfare*, Cambridge 2012.

Hausman, Daniel, Michael McPherson (Hg.), *Economic Analysis, Moral Philosophy, and Public Policy*, Cambridge 2006.

Hayek, Friedrich A. von, *Der Weg zur Knechtschaft*, hg. von Manfred E. Streit u. übers. von Eva Röpke, Tübingen 2004.

Hayek, Friedrich A. von, *Die Verfassung der Freiheit*, Tübingen 2005.

Hayes, Christopher, *Twilight of the Elites. America After Meritocracy*, New York 2012.

Heath, Joseph, »Liberal Autonomy and Consumer Sovereignty«, in: John Christman, Joel Anderson (Hg.), *Autonomy and the Challenges to Liberalism. New Essays*, New York 2005, S. 204—225.

Heath, Joseph, *Morality, Competition, and the Firm. The Market Failures Approach to Business Ethics*, Oxford 2014.

Heidbrink, Ludger, Imke Schmidt, »Das Prinzip der Konsumentenverantwortung. Grundlagen, Bedingungen und Umsetzungen verantwortlichen Konsums«, in: Ludger Heidbrink, Imke Schmidt, Björn Ahaus (Hg.), *Die Verantwortung des Konsumenten. Über das Verhältnis von Markt, Moral und Konsum*, Frankfurt/M. 2011, S. 25—56.

Held, David, *Models of Democracy*, Redwood City 2006.

Henning, Christoph, »Gibt es eine Pflicht zur Übernahme der geteilten Verantwortung? Über Komplikationen im Anschluss an Iris Marion Young«, in: *Zeitschrift für Praktische Philosophie* 2/2 (2015), S. 61—86.

Herzog, Lisa, Axel Honneth, *Der Wert des Marktes. Ein ökonomisch-philosophischer Diskurs vom 18. Jahrhundert bis zur Gegenwart*, Berlin 2014.

Herzog, Lisa, *Just Financial Markets? Finance in a Just Society*, Oxford 2017.

Hill, Thomas E., »Moral Dilemmas, Gaps, and Residues. A Kantian Perspective«, in: H. E. Mason, H. (Hg.), *Moral Dilemmas and Moral Theory*, New York 1996, S. 167—198.

Hillebrandt, Frank, *Soziologische Praxistheorien. Eine Einführung*, Berlin 2014.

Hirsch, Fred, *Die sozialen Grenzen des Wachstums. Eine ökonomische Analyse der Wachstumskrise*, Reinbek 1980.

Hirschman, Albert O., »The Changing Tolerance for Income Inequality in the Course of Economic Development«, in: *The Quarterly Journal of Economics* 87/4 (1973), S. 544—566.

Hobbes, Thomas, *Leviathan. Oder Stoff, Form und Gewalt eines kirchlichen und bürgerlichen Staates*, hg. und eingeleitet von Iring Fetscher, Berlin 1966.

Homann, Karl, »Die Bedeutung von Anreizen in der Ethik«, in: ders., *Vorteile und Anreize*, hg. von Christoph Lütge, Tübingen 2002, S. 187—210.

Homann, Karl, »Moralität und Vorteil«, in: ders., *Vorteile und Anreize*, hg. von Christoph Lütge, Tübingen 2002, S. 176—186.

Homann, Karl, »Die Bedeutung von Dilemmastrukturen für die Ethik«, in: ders., *Vorteile und Anreize*, hg. von Christoph Lütge, Tübingen 2002, S. 94—106.

Homann, Karl, »Ökonomik. Fortsetzung der Ethik mit anderen Mitteln«, in: ders., *Vorteile und Anreize*, hg. von Christoph Lütge, Tübingen 2002, S. 243—266.

Homann, Karl, »Ordnungsethik«, in: ders., *Anreize und Moral*, hg. von Christoph Lütge, Münster, Berlin u. a. 2003, S. 137—165.

Homann, Karl, »Was kann Gerechtigkeit für die Beziehungen zur Dritten Welt heißen?«, in: ders. (Hg.), *Anreize und Moral*, Münster, Berlin u. a. 2003, S. 217—231.

Homann, Karl, Andreas Suchanek, *Ökonomik. Eine Einführung*, Tübingen 2005.

Honneth, Axel, *Verdinglichung. Eine anerkennungstheoretische Studie*, Berlin 2015.

Honneth, Axel, *Die Idee des Sozialismus: Versuch einer Aktualisierung*, Berlin 2015.

Horkheimer, Max, Theodor W. Adorno, *Dialektik der Aufklärung. Philosophische Fragmente*, Frankfurt/ M. 1988.

Hradil, Stefan, *Soziale Ungleichheit in Deutschland*, Wiesbaden 2005.

Huster, Ernst-Ulrich, »Reiche und Superreiche in Deutschland. Begriffe und soziale Bewertung«, in: Thomas Duyen, Wolfgang Lauterbach, Matthias Grundmann (Hg.), *Reichtum und Vermögen. Zur gesellschaftlichen Bedeutung der Reichtums- und Vermögensforschung*, Wiesbaden 2009, S. 45—53.

Huster, Stefan, *Soziale Gesundheitsgerechtigkeit. Sparen, umverteilen, vorsorgen?*, Berlin 2011.

Huster, Stefan, »Selbstbestimmung, Gerechtigkeit und Gesundheit. Normative Aspekte von Public Health«, in: *Würzburger Vorträge zur Rechtsphilosophie, Rechtstheorie und Rechtssoziologie Heft 49*, Baden-Baden 2015.

Ikäheimo, Heikki, *Anerkennung*, Berlin 2014.

Illouz, Eva, »Emotions, Consumption, Imagination. A New Research Agenda«, in: *Journal of Consumer Culture* 9/3 (2009), S. 377—413.

Ingham, Geoffrey, *The Nature of Money*, Cambridge 2004.

Ingham, Geoffrey, *Capitalism. With a New Postscript on the Financial Crisis and Its Aftermath*, Cambridge 2008.

Institut der deutschen Wirtschaft Köln (IW Köln), »Einkommensranking. Hohe Wirtschaftskraft reicht nicht immer«, in: ⟨ https://www.iwkoeln.de/presse/iw-nachrichten/beitrag/einkommensranking-hohe-wirtschaftskraft-reicht-nicht-immer-123518 ⟩ , letzter Zugriff 28. 6. 2017.

International Labour Office (ILO), »World of Work Report 2014. Developing with Jobs«, in: ⟨ http://ilo.org/global/research/global-reports/world-of-work/2014/lang--en/index.htm ⟩ , letzter Zugriff 8. 6. 2017.

International Labour Office (ILO), »Global unemployment projected to rise in both 2016 and 2017«, in: ⟨ http://www.ilo.org/global/about-the-ilo/newsroom/news/WCMS_443500/lang--en/index.htm ⟩ , letzter Zugriff 8. 6. 2017.

Intergovernmental Penal on Climate Change (IPCC), *Climate Change 2014. Synthesis Report. Contribution of Working Groups I, II and III to the Fifth Assessment Report of the Intergovernmental Panel on Climate Change* [Core Writing Team, R. K. Pachauri and L.A. Meyer (Hg.)], Genf 2014, in: ⟨ https://www.ipcc.ch/report/ar5/syr/ ⟩ , letzter Zugriff 17. 6. 2017.

Jackson, Tim, *Wohlstand ohne Wachstum. Leben und Wirtschaften in einer endlichen Welt*, München 2013.

Jacques, Martin, *When China Rules the World*, London 2009.

Jaeggi, Rahel, »Was (wenn überhaupt etwas) ist falsch am Kapitalismus? Drei Wege der Kapitalismuskritik«, in: *Working Paper der DFG-KollegforscherInnengruppe Postwachstumsgesellschaften* 01/2013, S. 1—20.

Jaeggi, Rahel, *Kritik von Lebensformen*, Berlin 2014.

Jänicke, Martin, »Wir brauchen radikale Lösungen«, in: *Ökologisches Wirtschaften* 4 (2012), S. 20—23.

Joas, Hans, *Praktische Intersubjektivität. Die Entwicklung des Werkes von G. H. Mead*, Frankfurt/M. 1989.

Joas, Hans, *Die Kreativität des Handelns*, Frankfurt/M. 1996.

Joas, Hans, Wolfgang Knöbl, *Sozialtheorie. Zwanzig einführende Vorlesungen*, Frankfurt/M. 2004.

Jörke, Dirk, »Auf dem Weg in die Postdemokratie«, in: *Leviathan* 33/4 (2005), S. 482—491.

Jörke, Dirk, »Bürgerbeteiligung in der Postdemokratie«, in: *Aus Politik und Zeitgeschichte* 1—2/2011, S. 13—18.

Kallis, Giorgos, »In Defence of Degrowth«, in: *Ecological Economics* 70/5 (2011), S. 873—880.

Kazez, Jean, *The Weight of Things. Philosophy and the Good Life*, New Jersey 2007.

Keller, Simon, »Expensive Tastes and Distributive Justice«, in: *Social Theory and Practice* 28/4 (2002), S. 529—552.

Kersting, Wolfgang, »Transzendentalphilosophische Eigentumsbegründungen«, in: ders., *Recht, Gerechtigkeit und demokratische Tugend. Abhandlungen zur praktischen Philosophie der Gegenwart*, Berlin 1991.

Klingholz, Rainer, *Sklaven des Wachstums. Die Geschichte einer Befreiung*, Frankfurt/M. 2014.

Knight, Carl, Zofia Stemplowska, *Responsibility and Distributive Justice*, Oxford 2011.

Knight, Carl, »Responsibility, Desert and Justice«, in: Carl Knight, Zofia Stemplowska (Hg.), *Responsibility and Distributive Justice*, Oxford 2011, S. 152—173.

Kocka, Jürgen, *Geschichte des Kapitalismus*, München 2013.

Koller, Peter, »Plädoyer für progressive Erbschaftssteuern«, in: Helmut P. Gaisbauer u. a. (Hg.), *Erbschaftssteuer im Kontext*, Wiesbaden 2013, S. 59—79.

Kolnai, Aurel, »Dignity«, in: Robin S. Dillon (Hg.), *Dignity, Character, and Self-Respect*, New York, London 1995, S. 53—75.

Korsgaard, Christine, *Creating the Kingdom of Ends*, Cambridge 1996.

Korsgaard, Christine, *Self-Constitution. Agency, Identity, and Integrity*, Oxford 2009.

Krugman, Paul, Maurice Obstfeld, *Internationale Wirtschaft. Theorie und Politik der Außenwirtschaft*, Hallbergmoos 2006.

Krugman, Paul, *The Return of Depression Economics and the Crisis of 2008*, New York 2009.

Krugman, Paul, *End This Depression Now!*, New York 2012.

Kuper, Andrew, »Global Poverty Relief. More Than Charity«, in: ders. (Hg.), *Global Responsibility. Who Must Deliver on Human Rights?* New York, London 2005, S. 155—172.

La Caze, Marguerite, »Envy and Resentment«, in: *Philosophical Explorations* 4/1 (2001), S. 31—45.

Laborde, Cécile, John Maynor, »The Republican Contribution to Contemporary Political Theory«, in: Cécile Laborde, John Maynor (Hg.), *Republicanism and Political Theory*, Hoboken, New Jersey 2008, S. 1—28.

Landes, David, *Die Macht der Familie. Wirtschaftsdynastien in der Weltgeschichte*, München 2008.

Landes, David, *Wohlstand und Armut der Nationen: Warum die einen reich und die anderen arm sind*, München 2009.

Latouche, Serge, *Es reicht! Abrechnung mit dem Wachstumswahn*, München 2015.

Lau, D. C., *Confucius. The Analects*, Hongkong 1992.

Lawry, Edward, »In Praise of Moral Saints«, in: *Southwest Philosophy Review* 18/1 (2002), S. 1—11.

Lea, Stephen E. G., Paul Webley, »Money as Tool, Money as Drug. The Biological Psychology of a

Strong Incentive«, in: *Behavioral and Brain Sciences* 29/2 (2006), S. 161—209.

Lenger, Alexander, »Ökonomie der Praxis, ökonomische Anthropologie und ökonomisches Feld. Bedeutung und Potenziale des Habituskonzepts in den Wirtschaftswissenschaften«, in: Alexander Lenger, Christian Schneickert, Florian Schumacher (Hg.), *Pierre Bourdieus Konzeption des Habitus. Grundlagen, Zugänge, Forschungsperspektiven*, Berlin 2013, S. 221—246.

Lessenich, Stephan, *Neben uns die Sintflut*, Berlin 2016.

Lichtenberg, Judith, »What is Charity?«, in: *Philosophy & Public Policy Quarterly* 29/3 (2009), S. 16—20.

Lichtenberg, Judith, »Negative Duties, Positive Duties, and the New Harms«, in: *Ethics* 120 (2010), S. 557—578.

Linnenluecke, Martina, Andrew Griffiths, »Beyond Adaptation. Resilience for Business in Light of Climate Change and Weather Extremes«, in: *Business and Society* 49/3 (2010), S. 477—511.

List, Christian, Philip Pettit, *Group Agency. The Possibility, Design, and Status of Corporate Agents*, Oxford 2011.

Lister, Ruth, *Poverty*, Cambridge 2004.

Locke, John, *Zweite Abhandlung über die Regierung*, Kommentar von Ludwig Siep, Berlin 2008.

Lomborg, Bjørn, *Cool it! Warum wir trotz Klimawandels einen kühlen Kopf bewahren sollten*, München 2008.

Lucas, Robert E. Jr., »The History and Future of Economic Growth«, in: Brendan Miniter (Hg.), *The 4 % Solution. Unleashing the Economic Growth America Needs*, New York 2012, S. 27—41.

Lukes, Steven, *Power. A Radical View*, Basingstoke 2005.

MacAskill, William, *Gutes besser tun. Wie wir mit effektivem Altruismus die Welt verändern können*, Berlin 2016.

MacIntyre, Alasdair C., *Der Verlust der Tugend. Zur moralischen Krise der Gegenwart*, Frankfurt/M. 1995.

Macpherson, C. B., *Die politische Theorie des Besitzindividualismus*, Frankfurt/M. 1973.

Malthus, Thomas, *An Essay on the Principle of Population*, Oxford 1999.

Mandeville, Bernard, *Die Bienenfabel oder Private Laster, öffentliche Vorteile*, Berlin 1980.

Marcuse, Herbert, *Der eindimensionale Mensch. Studien zur Ideologie der fortgeschrittenen Industriegesellschaft*, München 2008.

Margalit, Avishai, *The Ethics of Memory*, Cambridge MA 2004.

Margalit, Avishai, *Über Kompromisse—und faule Kompromisse*, Berlin 2011.

Margalit, Avishai, *Politik der Würde. Über Achtung und Verachtung*, Berlin 2012.

Margaronis, Maria, »Greece in Debt, Eurozone in Crisis«, in: *The Nation*, July 18/25 (2011), S. 11—15.

Marx, Karl, *Ökonomisch-philosophische Manuskripte*, in: *Marx-Engels-Werke (MEW)* Bd. 40, Berlin 2009.

Marx, Karl, »Das Kapital I. Band I. Kritik der politischen Ökonomie«, in: *Marx-Engels-Werke (MEW)* Bd. 23, Berlin 1962.

Mason, Michelle, »Contempt as a Moral Attitude«, in: *Ethics* 113/2 (2003), S. 234—272.

Mason, Paul, *Postkapitalismus*, Berlin 2016.

Mayer, Jane, *Dark Money. The Hidden History of the Billionaires Behind the Rise of the Radical Right*, New York 2016.

Mead, Lawrence, »From Welfare to Work«, in: Alan Deacon (Hg.), *From Welfare to Work. Lessons from America*, London 1997, S. 1—55.

Menke, Christoph, »Neither Rawls Nor Adorno. Raymond Geuss' Programme for a ›Realist‹ Political Philosophy«, in: *European Journal of Philosophy* 18/1 (2010), S. 139—147.

Merkel, Wolfgang, »Ungleichheit als Krankheit der Demokratie«, in: Steffen Mau, Nadine M. Schöneck (Hg.), *(Un-)Gerechte (Un-)Gleichheiten*, Berlin 2015, S. 185—194.

Meyer, Kirsten, *Bildung*, Berlin 2011.

Michels, Robert, *Zur Soziologie des Parteiwesens in der Demokratie*, Stuttgart 1989.

Mieth, Corinna, »World Poverty as a Problem of Justice? A Critical Comparison of Three Approaches«, in: *Ethical Theory and Moral Practice* 11 (2008), S. 15—36.

Mieth, Corinna, *Positive Pflichten*, Berlin 2012.

Mieth, Corinna, »Hard Cases Make Bad Law. Über tickende Bomben und das Menschenrecht, nicht gefoltert zu werden«, in: Michael Reder, Maria-Daria Cojocaru (Hg.), *Zur Praxis der Menschenrechte. Formen, Potenziale und Widersprüche*, Stuttgart 2015, S. 85—104.

Milanović, Branko, *Global Inequality. A New Approach for the Age of Globalization*, Cambridge MA 2016.

Mill, John Stuart, *Principles of Political Economy. And Chapters on Socialism*, Oxford 1998.

Mill, John Stuart, *On Liberty. Über die Freiheit*, Ditzingen 2009.

Miller, David, »Deserving Jobs«, in: *Philosophical Quarterly* 42/167 (1992), S. 161—181.

Miller, David, »Distributive Justice. What the People Think«, in: *Ethics* 102/3 (1992), S. 555—593.

Miller, David, »Two Cheers for Meritocracy«, in: *Journal of Political Philosophy* 4/4 (1996), S. 277—301.

Miller, David, »Comparative and Noncomparative Desert«, in: Serena Olsaretti (Hg.), *Desert und Justice*, Oxford 2003, S. 25—44.

Miller, David, »Liberalism, Desert and Special Responsibilities«, in: *Philosophical Books* 44/2 (2003), S. 111—117.

Mises, Ludwig, von, *Liberalismus*, Sankt Augustin 2006.

Mises, Ludwig von, *Vom Wert der besseren Ideen*, München 2012.

Münch, Richard, *Globale Eliten, lokale Autoritäten. Bildung und Wissenschaft unter dem Regime von PISA, McKinsey & Co.*, Frankfurt/M. 2009.

Münch, Richard, *Akademischer Kapitalismus. Über die politische Ökonomie der Hochschulreform*, Berlin 2011.

Monbiot, George, *Heat. How We Can Stop the Planet Burning*, London 2007.

Nagel, Thomas, »Libertarianism Without Foundations. Anarchy, State, and Utopia by Robert Nozick«, in: *Yale Law Journal* 85 (1975), S. 136—149.

Neckel, Sighard, *Flucht nach vorn. Die Erfolgskultur in der Marktgesellschaft*, Frankfurt/M. 2008.

Neuenhaus-Luciano, Petra, »Amorphe Macht und Herrschaftsgehäuse. Max Weber«, in: Peter Imbusch (Hg.), *Macht und Herrschaft. Sozialwissenschaftliche Theorien und Konzeptionen*, Berlin 2012, S. 97—114.

Neuhäuser, Christian, »Zwei Formen der Entwürdigung. Relative und absolute Armut«, in: *Archiv für Rechts- und Sozialphilosophie* 4 (2010), S. 542—556.

Neuhäuser, Christian, »Das narrative Konzept der Menschenwürde und seine Relevanz für die Medizinethik«, in: Jan C. Joerden, Eric Hilgendorf (Hg.), *Menschenwürde und Medizinethik*, Baden-Baden 2011, S. 223—248.

Neuhäuser, Christian, »Humiliation. The Collective Dimension«, in: Paulus Kaufmann, Hannes Kuch, Christian Neuhäuser, Elaine Webster (Hg.), *Humiliation, Degradation, Dehumanization. Human Dignity Violated*, Berlin 2011, S. 21—36.

Neuhäuser, Christian, *Unternehmen als moralische Akteure*, Berlin 2011.

Neuhäuser, Christian, »In Verteidigung der anständigen Gesellschaft«, in: Eric Hilgendorf, Tatjana Hörnle (Hg.), *Menschenwürde und Demütigung. Die Menschenwürdekonzeption Avishai Margalits*, Baden-Baden 2013, S. 109—126.

Neuhäuser, Christian, Ralf Stoecker, »Human Dignity as Universal Nobility«, in: Marcus Düwell, Jens Braarvig, Roger Brownsword, Dietmar Mieth (Hg.), *The Cambridge Handbook on Human Dignity*, Cambridge 2014, S. 298—310.

Neuhäuser, Christian, »Selbstachtung und persönliche Identität«, in: *Deutsche Zeitschrift für Philosophie* 63/3 (2015), S. 448—471.

Neuhäuser, Christian, »Das bedingungslose Grundeinkommen aus sozialliberaler Sicht«, in: Thomas Meyer, Udo Vorholt (Hg.), *Bedingungsloses Grundeinkommen in Deutschland und Europa*, Bochum 2016, S. 41—61.

Neuhouser, Frederick, *Rousseau's Theodicy of Self-Love: Evil, Rationality, and the Drive for Recognition*, Oxford 2008.

Nichols, Donald, William Wempe,»Regressive Tax Rates and the Unethical Taxation of Salaried Income«, in: *Journal of Business Ethics* 91/4 (2010), S. 553—566.

Nordhaus, William D., Paul A. Samuelson, *Volkswirtschaftslehre. Das internationale Standardwerk der Makro- und Mikroökonomie*, München 2010.

Nozick, Robert, *Anarchie, Staat, Utopia*, München 2011.

Nussbaum, Martha, *Women and Development. The Capabilities Approach*, Chicago 2000.

Nussbaum, Martha, *Die Grenzen der Gerechtigkeit. Behinderung, Nationalität und Spezieszugehörigkeit*, Frankfurt/M. 2010.

Nussbaum, Martha (Hg.), *Creating Capabilities. The Human Development Approach*, Cambridge MA, London 2011.

Offe, Claus, *Europa in der Falle*, Berlin 2016.

Olsaretti, Serena (Hg.), *Desert and Justice*, Oxford 2003.

Olson, Mancur, *The Logic of Collective Action. Public Goods and the Theory of Groups*, Cambridge MA 1971.

O'Neill, Martin, Thad Williamson, *Property-Owning Democracy. Rawls and Beyond*, New Jersey 2014.

Paech, Nico, *Befreiung vom Überfluss. Auf dem Weg in die Postwachstumsökonomie*, München 2012.

Paqué, Karl-Heinz, *Wachstum! Die Zukunft des globalen Kapitalismus*, München 2010.

Parfit, Derek,»Equality and Priority«, in: *Ratio* 10/3 (1997), S. 202—221.

Parfit, Derek,»Gleichheit und Vorrangigkeit«, in: Angelika Krebs (Hg.), *Gleichheit oder Gerechtigkeit. Texte der neuen Egalitarismuskritik*, Frankfurt/M. 2000, S. 81—106.

Parfit, Derek, »Another Defence of the Priority View«, in: *Utilitas* 24/03 (2012), S. 399—440.

Pen, Jan, *Income Distribution. Facts, Theories, Policies*, New York 1971.

Peters, Bernhard, *Der Sinn von Öffentlichkeit*, Frankfurt/M. 2007.

Pettit, Philip, »Groups with Minds of Their Own«, in: Frederick F. Schmitt (Hg.), *Socializing Metaphysics. The Nature of Social Reality*, Lanham 2003, S. 167—193.

Pfannkuche, Walter, *Wer verdient schon, was er verdient? Fünf Gespräche über Gerechtigkeit und gutes Leben*, Stuttgart 2003.

Pies, Ingo, »Karl Homanns Programm einer ökonomischen Ethik. ›A View from Inside‹ in zehn Thesen«, in: *Zeitschrift für Wirtschafts- und Unternehmensethik* 11/3 (2010), S. 249—261.

Pies, Ingo, »Die zwei Pathologien der Moderne. Eine ordonomische Argumentationsskizze«, in: *Diskussionspapier* Nr. 2011—14, Lehrstuhl für Wirtschaftsethik an der Martin-Luther-Universität Halle-Wittenberg, Halle 2011, 〈 http://wcms.itz.uni-halle.de/download.php?down=22171&elem=2528330 〉, letzter Zugriff 9. 6. 2017.

Pies, Ingo, »Wie kommt die Normativität ins Spiel? Eine ordonomische Argumentationsskizze«, in: Ingo Pies (Hg.), *Regelkonsens statt Wertekonsens. Ordonomische Schriften zum politischen Liberalismus*, Berlin 2012, S. 3—53.

Piketty, Thomas, Emmanuel Saez, Stefanie Stantcheva, »Optimal Taxation 272 of Top Labor Incomes. A Tale of Three Elasticities«, in: The National Bureau of Economic Research, *Working Paper* No. 17 616, November 2011, 〈 http://www.nber.org/papers/w17616 〉, letzter Zugriff 11. 5. 2017.

Piketty, Thomas, *Das Kapital im 21. Jahrhundert*, München 2014.

Piketty, Thomas, *Die Schlacht um den Euro. Interventionen*, München 2015.

Piketty, Thomas, Emmanuel Saez, Gabriel Zucman, ».Distributional National Accounts. Methods and Estimates for the United States«, *NBER Working Paper* No. 22 945 (2016), S. 1—55.

Pinzler, Petra, *Der Unfreihandel. Die heimliche Herrschaft von Konzernen und Kanzleien*, Reinbek 2015.

Pogge, Thomas, *John Rawls. His Life and Theory of Justice*, Oxford 2009.

Pogge, Thomas, »Allowing the Poor to Share the Earth«, in: *Journal of Moral Philosophy* 8/3 (2011), S. 335—352.

Pogge, Thomas, *Weltarmut und Menschenrechte. Kosmopolitische Verantwortung und Reformen*, Berlin 2011.

Polanyi, Karl, *The Great Transformation. Politische und ökonomische Ursprünge von Gesellschaften und Wirtschaftssystemen*, Frankfurt/M. 1978.

Pollmann, Arnd, »Würde nach Maß«, in: *Deutsche Zeitschrift für Philosophie* 53 (2005), S. 611—619.

Popitz, Heinrich, *Phänomene der Macht*, Tübingen 1992.

Popper, Karl, *Die offene Gesellschaft und ihre Feinde. Band II. Falsche Propheten. Hegel, Marx und die Folgen*, Tübingen 2003.

Putnam, Hillary, *The Collapse of the Fact/Value Dichotomy and Other Essays*, Cambridge MA 2002.

Radin, Margaret, »Property and Personhood«, in: dies., *Reinterpreting Property*, Chicago 1993, S. 35—71.

Radin, Margaret, *Reinterpreting Property*, University of Chicago Press: Chicago 1993.

Randers, Jorgen, *2052. Der neue Bericht an den Club of Rome. Eine globale Prognose für die nächsten 40 Jahre*, München 2012.

Ravallion, Martin, *The Economics of Poverty. History, Measurement and Policy*, Oxford 2016, S. 191—218.

Rawls, John, *Eine Theorie der Gerechtigkeit*, Berlin 1979.

Rawls, John, *Das Recht der Völker*, Berlin 2002.

Rawls, John, *Politischer Liberalismus*, Berlin 2003.

Rawls, John, *Gerechtigkeit als Fairness*, Berlin 2006.

Reich, Robert B., *Beyond Outrage. What Has Gone Wrong with Our Economy and Our Democracy, and How to Fix It*, New York 2012.

Reiss, Julian, Jan Sprenger, »Scientific Objectivity«, 25. 8. 2014, in: Edward N. Zalta (Hg.), *The Stanford Encyclopedia of Philosophy*, 〈 http://plato.stanford.edu/archives/fall2014/entries/scientific-objectivity 〉, letzter Zugriff 20. 5. 2017.

Rey, Hélène, »Dilemma not trilemma. the global financial cycle and monetary policy independence«, *National Bureau of Economic Research Working Paper* No. 21 162.

Ricardo, David, *On the Principles of Political Economy and Taxation*, New York 2004.

Rifkin, Jeremy, *Das Ende der Arbeit*, Frankfurt/M. 2005.

Rinderle, Peter, *Demokratie*, Berlin 2014.

Rixen, Thomas, »Internationale Steuerflucht und schädlicher Steuerwettbewerb«, in: Hans-Jürgen Bieling (Hg.), *Steuerpolitik. Analysen, Konzeptionen, Herausforderungen*, Schwalbach 2015, S. 38—64.

Roberts, Debbie, »Thick Concepts«, in: *Philosophy Compass* 8/8 (2013), S. 677—688.

Rodrik, Dani, *The Globalization Paradox. Democracy and the Future of the World Economy*, New York 2011.

Rosenberg, Nathan, L. E. Birdzell, *How the West Grew Rich. The Economic Transformation of the Industrial World*, New York 1986.

Roser, Dominic, Christian Seidel, *Ethik des Klimawandels. Eine Einführung*, Darmstadt 2013.

Rossi, Enzo, Matt Sleat, »Realism in Normative Political Theory«, in: *Philosophy Compass* 9/10 (2014), S. 689—701.

Rothhaar, Markus, *Die Menschenwürde als Prinzip des Rechts. Eine rechtsphilosophische Rekonstruktion*, Tübingen 2015.

Roughley, Neil, »The Double Failure of ›Double Effect‹«, in: Christoph Lumer, Sandro Nannini (Hg.), *Intentionality, Deliberation, and Autonomy*, Farnham 2007, S. 91—116.

Samuelson, Paul A., »A Note on the Pure Theory of Consumers' Behaviour«, in: *Economica* 5 (1938), S. 61—71.

Sandel, Michael, *Was man für Geld nicht kaufen kann. Die moralischen Grenzen des Marktes*, Berlin 2012.

Satz, Debra, *Why Some Things Should Not Be for Sale. The Moral Limits of Markets*, Oxford 2012.

Saunders, Ben, »Parfit's Leveling Down Argument Against Egalitarianism«, in: Michael Bruce, Steven Barbone (Hg.), *Just the Arguments. 100 of the Most Important Arguments in Western Philosophy*, New Jersey 2011.

Sayer, Andrew, *Warum wir uns die Reichen nicht leisten können*, München 2017.

Scanlon, Thomas, *Being Realistic About Reasons*, Oxford 2014.

Schaber, Peter, »Menschenwürde und Selbstachtung. Ein Vorschlag zum Verständnis der Menschenwürde«, in: *Studia Philosophica* 63 (2004), S. 93—119.

Schaber, Peter, »Achtung vor Personen«, in: *Zeitschrift für philosophische Forschung* 61/4 (2007), S. 423—438.

Schaber, Peter, »Globale Hilfspflichten«, in: Barbara Bleisch, Peter Schaber (Hg.), *Weltarmut und Ethik*, Münster 2007, S. 159—167.

Schaber, Peter, »Der Anspruch auf Selbstachtung«, in: Wilfried Härle, Bernhard Vogel (Hg.), *Begründung von Menschenwürde und Menschenrechten*, Freiburg im Breisgau 2008, S. 188—201.

Schaber, Peter, *Instrumentalisierung und Würde*, Münster 2010.

Schaber, Peter, »Absolute Armut«, in: Paulus Kaufmann, Hannes Kuch, Christian Neuhäuser, Elaine Webster (Hg.), *Humiliation, Degradation, Dehumanization. Human Dignity Violated*, Berlin 2011, S. 151—158.

Schaber, Peter, *Menschenwürde*, Ditzingen 2012.

Schäfer, Armin, *Der Verlust politischer Gleichheit. Warum die sinkende Wahlbeteiligung der Demokratie schadet*, Frankfurt/M. 2015.

Schatzki, Theodore, *Social Practices. A Wittgensteinian Approach to Human Activity and the Social*, Cambridge 1996.

Scherer, Andreas, Guido Palazzo, »Towards a political conception of corporate responsibility«, in: *Academy of Management Review* 32 (2007), S. 1096—1120.

Schmidtz, David, »Nonideal Theory. What It Is and What It Needs to Be«, in: *Ethics* 121/4 (2011),

S. 772—796.

Schriefl, Anna, *Platons Kritik an Geld und Reichtum*, Berlin, Boston 2013.

Schuler, Thomas, *Bertelsmannrepublik Deutschland. Eine Stiftung macht Politik*, Frankfurt/M. 2010.

Schumpeter, Joseph, *Theorie der wirtschaftlichen Entwicklung*, Nachdr. der ersten Aufl. von 1912, Berlin 2006.

Schumpeter, Joseph, *Kapitalismus, Sozialismus und Demokratie* [1942] , Stuttgart 2005.

Schwartz, Adina, »Meaningful Work«, in: *Ethics* 92 (1982), S. 634—646.

Schweiger, Gottfried, Gunter Graf, *A Philosophical Examination of Social Justice and Child Poverty*, Basingstoke 2015.

Schweickart, David, *After Capitalism*, Lanham 2002.

Schweikard, David P., *Der Mythos des Singulären. Eine Untersuchung zur Struktur kollektiven Handelns*, Münster 2011.

Scott, James, *Two Cheers for Anarchism*, Princeton NJ 2012.

Searle, John, *The Construction of Social Reality*, London 1995.

Searle, John, *Wie wir die soziale Welt machen. Die Struktur der menschlichen Zivilisation*, Berlin 2012.

Sedlácek, Tomás, *Die Ökonomie von Gut und Böse*, München 2013.

Sen, Amartya, »Choice Functions and Revealed Preference«, in: *Review of Economic Studies* 38/3 (1971), S. 307—317.

Sen, Amartya, »Behaviour and the Concept of Preference«, in: *Economics* 40 (1973), S. 241—259.

Sen, Amartya, *On Economic Inequality*, Oxford 1973.

Sen, Amartya, »Equality of What?«, in: Sterling McMurrin (Hg.), *Tanner Lectures on Human Values*, Cambridge 1980, S. 195—220.

Sen, Amartya, »Ethical Issues in Income Distribution. National and International«, in: Sven Grassman,

Eric Lundberg (Hg.), *The World Economic Order. Past and Prospects*, London 1981, S. 464—494.

Sen, Amartya, *Poverty and Famines. An Essay on Entitlement and Deprivation*, Oxford 1981.

Sen, Amartya, »Liberty and Social Choice«, in: *Journal of Philosophy* 80/1 (1983), S. 5—28.

Sen, Amartya, »Poor, Relatively Speaking«, in: *Oxford Economic Papers* 35/2 (1983), S. 153—169.

Sen Amartya, »A Sociological Approach to the Measurement of Poverty. A Reply to Professor Peter Townsend«, in: *Oxford Economic Papers* 37/4 (1985), S. 669—676.

Sen, Amartya, *Commodities and Capabilities*, Amsterdam 1985.

Sen, Amartya, *On Ethics and Economics*, New Jersey 1987.

Sen Amartya, »The Standard of Living«, in: Geoffrey Hawthorn (Hg.), *The Standard of Living. Tanner Lectures on Human Values*, Cambridge 1987, S. 1—38.

Sen, Amartya, *Inequality Re-Examined*, Cambridge MA 1992.

Sen, Amartya, *Ökonomie für den Menschen. Wege zu Gerechtigkeit und Solidarität in der Marktwirtschaft*, München 2002.

Sen, Amartya, *Rationality and Freedom*, Cambridge MA 2002.

Sen, Amartya, »What Do We Want from a Theory of Justice?«, in: *Journal of Philosophy* 103/5 (2006), S. 215—238.

Sen, Amartya, *Die Identitätsfalle. Warum es keinen Krieg der Kulturen gibt*, München 2007.

Sen, Amartya, *Die Idee der Gerechtigkeit*, München 2010.

Seneca, *Vom glückseligen Leben und andere Schriften*, übers. von Ludwig Rumpel, Stuttgart 1984, S. 45.

Sennett, Richard, *Respekt im Zeitalter der Ungleichheit*, Berlin 2004.

Sennett, Richard, *Die Kultur des neuen Kapitalismus*, Berlin 2007.

Sennett, Richard, *Handwerk*, Berlin 2008.

Sennett, Richard, *Zusammenarbeit. Was unsere Gesellschaft zusammenhält*, München 2014.

Shaefer, H. Luke, Kathryn J. Edin, »Rising Extreme Poverty in the United States and the Response of Federal Means-Tested Transfers«, in: *Social Service Review* 87/2 (2013), S. 250—268.

Sharma, Ruchir, *The Rise and Fall of Nations. Forces of Change in the Post-Crisis World*, New York 2016 .

Shields, Liam, »The Prospects for Sufficientarianism«, in: *Utilitas* 24/1 (2012), S. 101—117.

Shklar, Judith, *The Faces of Injustice*, Connecticut 1990.

Simmons, John A., »Ideal and Nonideal Theory«, in: *Philosophy and Public Affairs* 38/1 (2010), S. 5—36.

Singer, Peter, »Famine, Affluence, and Morality«, in: *Philosophy and Public Affairs* 1/3 (1972), S. 229—243.

Singer, Peter, *Praktische Ethik*, Ditzingen 1984.

Singer, Peter, *One World. The Ethics of Globalization*, New Haven 2004.

Singer, Peter, »Hunger, Wohlstand und Moral«, in: Barbara Bleisch, Peter Schaber (Hg.), *Weltarmut und Ethik*, Paderborn 2007, S. 37—51.

Singer, Peter, *Effektiver Altruismus. Eine Anleitung zum ethischen Leben*, Berlin 2016.

Skidelsky, Robert, *Keynes. The Return of the Master*, New York 2009.

Skidelsky, Robert, Edward Skidelsky, *Wie viel ist genug? Vom Wachstumswahn zu einer Ökonomie des guten Lebens*, München 2013.

Smiley, Tavis, Cornel West, *The Rich and Rest of Us. A Poverty Manifesto*, New York 2012.

Smith, Adam, *Der Wohlstand der Nationen. Eine Untersuchung seiner Natur und seiner Ursachen*. München 2005.

Smith, Barry, John Searle, »An Illuminating Exchange. The Construction of Social Reality«, in: *American Journal of Economics and Sociology* 62/2 (2003), S. 285—309.

Statista. Das Statistik-Portal, »Europäische Union. Arbeitslosenquoten in den Mitgliedsstaaten im März 2017«, in: 〈 http://de.statista.com/statistik/daten/studie/160142/umfrage/arbeitslosenquotein-den-eu-laendern/ 〉, letzter Zugriff 25. 5. 2017.

Statista. Das Statistik-Portal, »Weltweite Ausgaben für Werbung von 2008 bis 2011«, in: 〈 https://
de.statista.com/statistik/daten/studie/160585/umfrage/weltweite-ausgaben-fuer-werbung-
seit-2008/ 〉, letzter Zugriff 25. 5. 2017.

Statistisches Bundesamt (D-Statis), »Arbeitszeit von Frauen. Ein Drittel Erwerbsarbeit, zwei Drittel
unbezahlte Arbeit«, in: *Pressemitteilung* Nr. 179 vom 18. 5. 2015, in: 〈 https://www.destatis.de/DE/
PresseService/Presse/Pressemitteilungen/2015/05/PD15_179_63931.html 〉, letzter Zugriff 9. 6.
2017.

Statistisches Bundesamt (D-Statis), »Frauen und Männer auf dem Arbeitsmarkt. Deutschland und
Europa«, in: 〈 https://www.destatis.de/DE/Publikationen/Thematisch/Arbeitsmarkt/Erwerbstaetige/
BroeschuereFrauenMaennerArbeitsmarkt0010018129004.pdf?__blob=publicationFile 〉, letzter
Zugriff 9. 6. 2017.

Statman, Daniel, »Humiliation, dignity and self-respect«, in: *Philosophical Psychology* 13/4, S. 523—
540.

Steinfath, Holmer, »Selbstbejahung, Selbstreflexion und Sinnbedürfnis«, in: ders. (Hg.), *Was ist ein
gutes Leben?*, Berlin 1998, S. 73—93.

Steinfth, Holmer (Hg.), *Was ist ein gutes Leben? Philosophische Reflexionen*, Berlin 1998.

Steinfath, Holmer, *Orientierung am Guten. Praktisches Überlegen und die Konstitution von Personen*,
Berlin 2001.

Stemplowska, Zofia, »Responsibility and Respect«, in: Carl Knight, Zofia Stemplowska (Hg.),
Responsibility and Distributive Justice, Oxford, New York 2011, S. 115—135.

Stern, Nicholas, *The Economics of Climate Change. The Stern Review*, Cambridge 2007.

Stiglitz, Joseph, *Die Schatten der Globalisierung*, München 2004.

Stiglitz, Joseph, *Die Chancen der Globalisierung*, München 2006.

Stiglitz, Joseph, *Im freien Fall. Vom Versagen der Märkte und zur Neuordnung der Weltwirtschaft*,
München 2011.

Stiglitz, Joseph, *The Price of Inequality. How Today's Divided Society Endangers our Future*, New York
2012.

Stiglitz, Joseph, *The Great Divide*, New York 2016.

Stoecker, Ralf, »Menschenwürde und das Paradox der Entwürdigung«, in: ders. (Hg.), *Menschenwürde. Annäherung an einen Begriff*, Wien 2003, S. 133—151.

Stoecker, Ralf, »Die philosophischen Schwierigkeiten mit der Menschenwürde—und wie sie sich vielleicht lösen lassen«, in: *Information Philosophie* 1 (2011), S. 8—20.

Stoecker, Ralf, »Three Crucial Turns on the Road to an Adequate Understanding of Human Dignity«, in: Paulus Kaufmann, Hannes Kuch, Christian Neuhäuser, Elaine Webster (Hg.), *Humiliation, Degradation, Dehumanization*, Berlin 2011, S. 7—17.

Straubhaar, Thomas, »Hände weg vom Erbe!«, in: Steffen Mau, Nadine M. Schöneck (Hg.), *(Un-) Gerechte (Un-)Gleichheiten*, Berlin 2015, S. 154—164.

Streeck, Wolfgang, »A Crisis of Democratic Capitalism«, in: *New Left Review* 71 (2011), S. 1—25.

Streeck, Wolfgang, *Gekaufte Zeit. Die vertagte Krise des demokratischen Kapitalismus*, Berlin 2013.

Sukhdev, Pavan, *Corporation 2020. Warum wir Wirtschaft neu denken müssen*, München 2013.

Tan, Kok-Chor, *Justice, Institutions, and Luck*, Oxford 2012.

Taylor, Charles, *Multikulturalismus und die Politik der Anerkennung*, Berlin 2009.

Temkin, Larry, *Inequality*, Oxford 1993.

Therborn, Göran, *The Killing Fields of Inequality*, Cambridge 2013.

Thomas, Alan »Property-Owning Democracy, Liberal Republicanism, and 278the Idea of an Egalitarian Ethos«, in: Martin O'Neill, Thad Williamson (Hg.), *Property-Owning Democracy. Rawls and Beyond*, New Jersey 2014, S. 101—128.

Thomason, Krista K., »The Moral Value of Envy«, in: *Southern Journal of Philosophy* 53/1 (2015), S. 36—53.

Thompson, Paul B., »From World Hunger to Food Sovereignty. Food Ethics and Human Development«, in: *Journal of Global Ethics* 11/3 (2015), S. 336—350.

Thurow, Lester, *Die Zukunft der Weltwirtschaft*, Frankfurt/M. 2004.

Titmuss, Richard M., *The Gift Relationship. From Human Blood to Social Policy*, New York 1977.

Tomasi, John, *Free Market Fairness*, Princeton NJ 2013.

Townsend, Peter, *Poverty in the United Kingdom*, London 1979.

Townsend, Peter, *The International Analysis of Poverty*, London, New York 1993.

Tugendhat, Ernst, *Vorlesungen über Ethik*, Berlin 1993.

Tuomela, Reimo, *The Philosophy of Sociality. The Shared Point of View*, Oxford 2010.

Ullrich, Wolfgang, *Habenwollen. Wie funktioniert die Konsumkultur?*, Frankfurt/M. 2009.

Ulrich, Peter, *Integrative Wirtschaftsethik. Grundlagen einer lebensdienlichen Ökonomie*, Bern 1997.

Ulrich, Peter, »Ist die Weltwirtschaft gnadenlos? Ist sie es ›zwingend‹? Wie sind Weichen zu stellen für eine lebensdienliche Wirtschaft?«, in: Annette Dietschy, Beat Dietschy (Hg.), *Kein Raum für Gnade?*, Münster, Berlin u. a. 2002, S. 130—154.

Ulrich, Peter, *Zivilisierte Marktwirtschaft. Eine wirtschaftsethische Orientierung*, Bern 2010.

United Nations (UN), Department of Economic and Social Affairs (DESA), »The Millennium Development Goals Report 2013«, 2013, in:〈 https://www.un.org/development/desa/publications/mdgs-report-2013.html 〉, letzter Zugriff 20. 5. 2017.

United Nations (UN), Framework Convention on Climate Change (FCCC), »Adoption of the Paris Agreement«, 2015, in:〈 http://unfccc.int/resource/docs/2015/cop21/eng/l09r01.pdf 〉, letzter Zugriff 20. 6. 2017.

Valentini, Laura, »Ideal vs. Non-Ideal Theory. A Conceptual Map«, in: *Philosophy Compass* 7/9 (2012), S. 654—664.

Vallentyne, Peter, »Equality, Efficiency, and Priority of the Worst Off«, in: *Economics and Philosophy* 16 (2000), S. 1—19.

Vallentyne, Peter, »Nozick's Libertarian Theory of Justice«, in: Ralf Bader, John Meadowcroft (Hg.), *The Cambridge Companion to Nozick's Anarchy, State, and Utopia*, Cambridge 2011, S. 145—167.

Veblen, Thorstein, *Theorie der feinen Leute. Eine ökonomische Untersuchung der Institutionen* [1899], Frankfurt/M. 1997.

Vlastos, Gregory, »Justice and Equality«, in: Louis P. Pojman, Robert Westmoreland (Hg.), *Equality. Selected Readings*, Oxford 1997, S. 120—136.

Volkmann, Christine, Kim O. Tokarski, *Entrepreneurship. Gründung und Wachstum von jungen Unternehmen*, Stuttgart 2006.

Waldron, Jeremy, »Enough and as Good Left for Others«, in: *Philosophical Quarterly* 29 (1979), S. 319—328.

Waldron, Jeremy, *The Right to Private Property*, Oxford 1991.

Waldron, Jeremy, *Law and Disagreement*, Oxford 1999.

Waldron, Jeremy, »Superseding Historic Injustice«, in: *Ethics* 103/1 (1992), S. 4—28.

Waldron, Jeremy, »Dignity and Rank«, in: *European Journal of Sociology* 48/2 (2007), S. 201—237.

Waldron, Jeremy, *Dignity, Rank, and Rights*, Oxford 2012.

Walker, Robert, *The Shame of Poverty*, Oxford 2014.

Wallace, R. Jay, »Konzeptionen der Normativität. Einige grundlegende philosophische Fragen«, in: Rainer Forst, Klaus Günther (Hg.), *Die Herausbildung normativer Ordnungen*, Frankfurt/M. 2011, S. 33—56.

Wallace, R. Jay, »Normativität, Verpflichtung und instrumentelle Vernunft«, in: Christoph Halbig, Tim Henning (Hg.), *Die neue Kritik der instrumentellen Vernunft*, Berlin 2012, S. 103—152.

Walsh, Vivian, »Sen after Putnam«, in: *Review of Political Economy* 15/3 (2003), S. 315—394.

Walzer, Michael, *Sphären der Gerechtigkeit. Ein Plädoyer für Pluralität und Gleichheit* [1983] , Frankfurt/M. 2008.

Weber, Max, *Wirtschaft und Gesellschaft. Grundriss der verstehenden Soziologie* [1921/1922] , Tübingen 1976.

Weber, Max, *Die Wirtschaftsethik der Weltreligionen. Konfuzianismus und Taoismus*, Schriften 1915—1920, Studienausgabe der Max-Weber-Gesamtausgabe, Abt. I, Bd. 19 (MWS I 19), hg. von Helwig Schmidt-Glintzer in Zusammenarbeit mit Petra Kolonko, Tübingen 1991.

Weber, Michael, »Prioritarianism«, in: *Philosophy Compass* 9/11 (2014), S. 756—768.

Wehler, Hans-Ulrich, *Die neue Umverteilung. Soziale Ungleichheit in Deutschland*, München 2013.

Weinrich, Harald, *Über das Haben*, München 2012.

Weizsäcker, Carl Christian v., »Vorsicht vor dem ›gestaltenden Staat‹! Reaktion auf R. Schubert et al. 2011. Klar zur Wende! Warum eine ›Große Transformation‹ notwendig ist«, in: *GAIA* 20/4 (2011), S. 243—245.

Wenar, Leif, »Property Rights and the Resource Curse«, in: *Philosophy and Public Affairs* 36/1 (2008), S. 2—32.

Wenar, Leif, *Blood Oil. Tyrants, Violence, and the Rules that Run the World*, Oxford 2016.

West, Darrell M., *Billionaires. Reflections on the Upper Crust*, Washington D.C. 2014.

Wiens David, Paul Poast, William Roberts Clark, »The Political Resource Curse. An Empirical Re-Evaluation«, in: *Political Research Quarterly* 67/4 (2014), S. 783—794.

Williams, Bernard, »A Critique of Utilitarianism«, in: John J. C. Smart, Bernard Williams (Hg.), *Utilitarianism. For and Against*, Cambridge 1973, S. 124—132.

Williams, Bernard, »Persons, Character and Morality«, in: ders. (Hg.), *Moral Luck*, Cambridge 1981, S. 1—19.

Williams, Bernard, »Utilitarianism and Moral Self-Indulgence«, in: ders. (Hg.), *Moral Luck*, Cambridge 1981, S. 40—53.

Williams, Bernard, *Ethics and the Limits of Philosophy*, Cambridge MA 1985.

Williams, Bernard, »Muss Sorge um die Umwelt vom Menschen ausgehen?«, in: Angelika Krebs (Hg.), *Naturethik*, Berlin 1997, S. 296—306.

Williams, Bernard, *In the Beginning Was the Deed. Realism and Moralism in Political Argument*, Princeton NJ 2007.

Williams, Bernard, *Wahrheit und Wahrhaftigkeit*, Berlin 2013.

Williamson, Thad, »Is Property-Owning Democracy a Politically Viable Aspiration?«, in: Martin O'Neill, Thad Williamson (Hg.), *Property-Owning Democracy. Rawls and Beyond*, New Jersey 2014, S. 287—306.

Winch, Peter, *The Idea of a Social Science and Its Relation to Philosophy*, Abingdon 2008.

Wolf, Susan, »Moral Saints«, in: *Journal of Philosophy* 79/8 (1982), S. 419—439.

Wolf, Susan, »Happiness and Meaning. Two Aspects of the Good Life«, in: *Social Philosophy and Policy* 14/01 (1997), S. 207—225.

Wolf, Susan, »Morality and the View from Here«, in: *Journal of Ethics*, 3/3 (1999), S. 203—223.

Wolf, Susan, *Meaning in Life and Why It Matters*, New Jersey 2010.

Wolf, Ursula, *Die Philosophie und die Frage nach dem guten Leben*, Reinbek 1999.

Wolff, Jonathan, *An Introduction to Political Philosophy*, Oxford 1996.

Wollner, Gabriel, »Justice in Finance. The Normative Case for an International Financial Transaction Tax«, in: *Journal of Political Philosophy* 22/4 (2014), S. 458—485.

World Bank, »Gross Domestic Product 2015«, in: *World Development Indicators Database* 28. April 2017,〈http://databank.worldbank.org/data/download/GDP.pdf〉, letzter Zugriff 22. 6. 2017.

Young, Iris M., *Justice and the Politics of Difference*, New Jersey 1990.

Young, Iris M., *Inclusion and Democracy*, Oxford 2000.

Young, Iris M., »Responsibility and Global Labor Justice, in: *Journal of Political Philosophy* 12/4 (2004), S. 365—388.

Young, Iris M., *Responsibility for Justice*, Oxford 2011.

图书在版编目(CIP)数据

财富的道德问题 / (德)克里斯蒂安·诺伊豪斯尔著；
王伯笛译. -- 上海 ：上海三联书店，2024. 11.
ISBN 978-7-5426-8726-5

Ⅰ. B82-053

中国国家版本馆 CIP 数据核字第 20242UB712 号

著作权合同登记图字：09-2024-0778 号

财富的道德问题

著　者 / [德]克里斯蒂安·诺伊豪斯尔
译　者 / 王伯笛

责任编辑 / 李天伟
装帧设计 / 一本好书
监　制 / 姚　军
责任校对 / 王凌霄

出版发行 / 上海三联书店
　　　　　(200041)中国上海市静安区威海路 755 号 30 楼
邮　箱 / sdxsanlian@sina.com
联系电话 / 编辑部：021-22895517
　　　　　发行部：021-22895559
印　刷 / 山东新华印务有限公司

版　次 / 2024 年 11 月第 1 版
印　次 / 2024 年 11 月第 1 次印刷
开　本 / 890mm×1240mm　1/32
字　数 / 200 千字
印　张 / 9.875
书　号 / ISBN 978-7-5426-8726-5/B·932
定　价 / 78.00 元

敬启读者,如发现本书有印装质量问题,请与印刷厂联系 0538-6119360